농약과 건강의 보건학적 이해

Pesticides and Health in Public Health

학술연구총서 • 77

농약과 건강의 보건학적 이해

Pesticides and Health in Public Health

이원진

고려대학교출판부
KOREA UNIVERSITY PRESS

이 책은 고려대학교출판부가 조성한
학술출판기금으로 만들어졌습니다.

머리글(preface)

이 책은 우리 사회에서 농약이라는 환경오염 물질에 대한 보건학적 이해를 돕기 위해 집필하였다. 농약에 의한 건강문제는 전 세계적으로 중요한 보건문제임에도 불구하고 우리 사회에서 상대적으로 소외되어 있으며, 보건학은 우리 사회의 보건문제를 체계적으로 파악하고 해결하는 중요한 학문영역이지만 전체 학문분야에서 그 중요성을 충분히 인정받지 못하고 있다.

우리 사회는 농작업을 비롯하여 일상생활에서도 농약이라는 물질에 크게 의존하고 있다. 농약 노출은 매우 광범위하고 다양한 형태로 이루어지고 있으며 농약으로 인한 건강문제는 우리 사회에서 흔히 발생하고 있다. 농약 복용으로 인한 자살에서부터 농작업자의 급성 중독, 농약 살포로 인한 만성질환의 위험도 증가, 음식물에서의 농약 오염이나 모기향 사용을 통한 환경 중 농약 노출에 이르기까지 수많은 보건학적 문제들이 존재한다. 따라서 우리의 건강을 위해 농약에 대한 올바른 이해가 중요하다.

보건학, 역학 또는 예방의학으로 불리는 학문은 역사적으로 수많은 사람들을 질병과 사망으로부터 보호해 왔으며 이러한 과정에서 발전된 과학적인 개념과 연구방법론들은 학문 발전에 큰 기여를 해 왔다. 그럼에도 보건학적 연구들이 실험 및 임상적 연구에 비해 상대적으로 등한시 되어 온 것이 현실이다.

따라서 보건학이 사회보건 문제의 규모를 올바로 파악하고 그에 따른 현실적인 해결방안을 모색할 수 있는 중요한 기능을 담당하는 학문영역이라는 것을 이해하는 것이 필요하다.

그러나 기존의 보건학 관련 서적들은 대부분 수험교재용이며 구체적인 보건문제에 대한 종합적 접근 사례가 부족하였다. 농약에 대한 연구도 주로 농약의 약효를 증가시키거나 새로운 농약을 개발하는 실험적 독성 연구들이 주를 이루었으며, 인구집단에서 제기되고 있는 건강문제에 대한 설명을 충분히 해 주지 못하고 있다. 따라서 이 책에서는 농약에 대한 보건학적 연구 사례들을 살펴보면서 우리 사회에서의 농약과 건강에 대한 이해를 높이고자 하였다.

이를 위해 이 책에서는 그동안 진행되었던 연구들을 기반으로 국내외 자료를 종합하였다. 우선 1장에서는 농약의 정의와 종류, 분류체계 그리고 국내외 사용량에 대한 내용을 정리하였고, 2장에서는 우리나라에서 가장 문제가 되고 있는 급성 중독에 대한 규모 및 위험요인, 예방대책을 살펴보았다. 3장에서는 농약 노출 평가의 의미와 방법 그리고 노출 평가 시 발생될 수 있는 오류에 대해서 정리하였고, 4장에서는 농약에 대한 보건학적 연구를 수행하는 방법론과 관련 주제들을 살펴보았다. 5장에서는 직업적 농약 노출과 관련되어 보고되고 있는 만성 건강영향들 그리고 농약의 식품오염에 대해서 정리해 보았으며, 6장에서는 농약 중독의 질병 부담과 관리체계 및 농약 노출 감소 방안들에 대해서 살펴보았다.

책을 막상 출판하려니 아직 다루지 못한 보건학적 영역이 너무 많고 기술된 부분 중에서도 충분하지 못한 부분이 많다는 것을 절실히 느꼈다. 그럼에도 불구하고 이 책을 통해 우리나라에서 농약과 건강에 대한 보건학적 관점을 폭넓게 이해하고, 농약으로 인한 질병예방에 대한 대책들이 만들어지는 초석으로서의 역할이 수행되기를 바라는 마음에서 부족하지만 출판과정을 진행하였다.

이 책의 출판은 일일이 열거하기가 어려울 정도의 수많은 분들의 도움이 있었기 때문에 가능하였다. 연구 진행의 실질적인 활동에서부터 지적 자극을 주었던 여러 의견들에 이르기까지 도움주신 많은 분들께 진심으로 감사드린다. 특히 책의 준비과정과 교정에 많은 도움을 준 차은실, 고유선 연구원 그리고 책의 출판을 지원해 준 고려대학교출판부에 감사드린다. 또한 이미 여러 편의 저자로서 아빠로 하여금 책 출판의 직접적인 자극을 준 소영이에게도 고마움을 전한다.

차례

제3장 농약의 노출 평가(exposure assessment)

제4장 농약에 대한 보건학적 연구방법(methodology)

제1장

농약의 소개

introduction

1. 농약의 정의와 발달과정

농약(農藥)은 농작업에 사용되는 모든 약제들을 의미하는 것으로 농약을 의미하는 영어 단어(pesticide)를 풀어서 해석하면 해충(pest)을 죽이는(cide) 물질이라고 이해할 수 있다. 여기서 해충의 개념은 인간이 수확하고자 하는 작물의 성장을 방해하는 곤충, 벌레, 균 및 곰팡이를 비롯하여 농작물과 같은 공간에서 자라면서 영양분을 경쟁하는 잡초, 농작물을 먹어 없애는 설치류 등을 포괄하고 있다. 또한 농약은 해충을 죽이는 것 뿐 아니라 쫓거나 감소시키는 물질도 포함하는 매우 폭넓은 개념이다. 이러한 목적에 부합되는 모든 물질들이 농약이라고 정의될 수 있으며 여기에는 무기 및 유기물질, 자연 및 유기합성물질, 그리고 미생물도 포함된다. 그러나 일반적으로 유기합성 물질만을 농약으로 언급하는 경우가 많다. 간혹 농약을 살충제(insecticide)와 동일시하여 잘못 부르는 경우들이 있으나 이것은 농약의 범위를 해충에 대한 영역으로만 축소시킬 수 있다. 농약에 대한 개념을 이해하는 것은 '농약 중독(pesticide poisoning)' 또는 '농약 관련성 질병(pesticide-related illness)'을 정의하는 데 중요하기 때문에 올바로 이해할 필요가 있다.

우리나라 농약관리법에서 농약은 '농작물을 해치는 균, 곤충, 응애, 선충, 바이러스, 잡초, 기타 농림수산식품부령으로 정하는 동식물을 방제하는 데 사용하는 살균제, 살충제, 제초제, 기타 농림수산식품부령으로 정하는 약제와 농작물의 생리기능을 증진하거나 억제하는 데 사용하는 약제를 말한다'라고 정의하고 있다. 이러한 농약의 정의는 국제적으로 비슷하게 사용되고 있지만 각 나라별로 일부 물질들에 대해서는 포함 여부가 다르게 적용되기도 한다. 한편 농약이라는 용어 대신 보다 광범위한 개념의 농업화학물질(agrochemicals)[1]이라는 용어가 사용되기도 하며 농약제조회사들은 식물보호제(crop protection

1 농업에서 사용되는 화학물질을 말하며 농약, 화학비료, 호르몬 약제 및 기타 식물생장조절제 등을 포괄함.

products)라는 용어를 선호하기도 한다.

농약은 인류가 농업을 시작하면서부터 농작물을 병해충으로부터 보호하기 위한 노력의 과정에서 중요한 도구의 하나로서 발달되어 왔으며 오래전부터 여러 물질들이 농약의 목적으로 사용되어 왔다(표 1-1). 18세기 이전까지는 주로 재, 유황증기, 청산가스, 담뱃잎 추출물, 비누 및 제충국(insect flower)[2] 등을 경험적으로 사용하였다. 19세기 후반에 들어와서는 석회유황합제, 보르도액[3], 비산납, 석유 등의 무기합성농약을 이용하여 벌레를 쫓거나 죽이는 데 사용하였다. 오늘날 일반적으로 농약으로서 인식되고 있는 유기합성농약들은 1930년대 후반부터 본격적으로 사용되기 시작하였으며 이 시기 과학의 발달로 인해 농약 생산에 획기적인 변화를 맞이하였다. 이후 많은 유기합성농약들이 개발 및 사용되었으나 생태계와 인간에게 미치는 영향이 사회적 문제로 대두되면서 일부 농약들은 사용 및 제조가 금지되었다. 그러나 유기염소계 농약 대신 개발된 유기인계 농약들이 잔류성은 적지만 신경 독성은 더 강해서 농약의 발달이 반드시 농약의 안전성과 비례하는 것은 아닐 수 있다. 현재는 유기합성 농약들과 함께 생물농약(biopesticides) 등 새로운 형태의 농약들이 개발되고 있고 향후 기술발전과 더불어 다양한 농약들이 빠른 속도로 증가할 것으로 예상된다. 농약의 생산 및 사용의 변화는 결국 인구집단에서 건강영향의 종류와 정도에 변화를 가져올 수 있어 농약에 대한 보건학적 관심은 시기별로 지속적으로 추적 비교되는 것이 필요하다.

우리나라에서도 역사적으로 해충방제를 위해 다양한 방법들이 활용되어 왔다. 1429년 발간된 농사직설에 의하면 마른 쑥이나 재 등이 병해충 방제 방법으로 이용되어 왔다. 해방 전에는 석회보르도액, 포름알데하이드, 유기수은제 등이 사용되었으며 1930년에 조선삼공 농약사가 설립된 후 외국의 유기합성 농약이 우리나라에 소개되기 시작하였다. 이후 1940년대 중반부터 많은 농약

2 국화과에 속하는 식물로서 살충효과가 있는 피레트린이라는 물질이 함유됨.

3 황산구리와 석회의 혼합물.

〈표 1-1〉 농약의 역사적 발달과정

연도	주요 농약 종류
기원전	· 황, 소금, 재, 식물 가루
~18세기	· 비소, 미네랄 오일, 제충국, 담배, 비누
19세기	· 살충제 : 비산납, 석유, rotenone(식물성 살충제), Paris Green(비소와 구리 화합물) · 살균제 : 석회유황합제, 보르도(Bordeaux)액 · 훈증제 : 시안화수소, 포름알데하이드
~1930년대	· 비산칼슘 살충제 · 훈증제 : methyl bromide, ethylene oxide
1940년대	· 살충제 : 유기염소계(aldrin, benzene hexachloride, chlordane, DDT, dieldrin, endrin, heptachlor, toxaphene), 유기인계(parathion, tetraethyl pyrophosphate) · 살균제 : 디카복시마이드계(captan), 디치오카바메이트계(zineb) · 제초제 : 페녹시계(2,4-D, 2,4,5-T)
1950-60년대	· 살충제 : 카바메이트계(cabaryl) · 살균제 : benomyl · 제초제 : paraquat, atrazine, alachlor
1970-80년대	· 합성 피레스로이드계 살충제 · 생물농약 살충제 : *bacillus thuringiensis* · 제초제 : 요소계(sulfonylureas), glyphosate
1990년대	· 살충제 : 니코티노이드계(imidacloprid), fipronil · 다양한 생물농약 개발

출처 : Aspelin AL. *Pesticide Usage in the United States : Trends During the 20th Century*. Center for Integrated Pest Management, North Carolina State University. 2003.

제조회사들이 설립되어 유기합성농약들이 완제품으로 수입되어 사용되었다. 1940-50년대에는 주로 유기염소계 살충제인 DDT, benzene hexachloride를 비롯하여, 유기인계 살충제로서 EPN, parathion, malathion, 그리고 유기수은제 등이 사용되었으며 연도별 허가된 농약 현황은 〈표 1-2〉와 같다.

농약의 발달과정을 살펴보면 인류가 유기합성농약에 본격적으로 노출되기 시작한 것은 불과 수십 년 정도 밖에 되지 않았다는 것을 알 수 있다. 환경보건에

〈표 1-2〉 국내 연도별 농약 품목 허가 현황

연도 (총 품목수)	주요 농약 종류
1949년(26종)	· 살충제 : DDT, 제충국, 비산납 살충제, rotenone, 니코틴 · 살균제 : 유기수은계, 석회유황합제
1950년대 (364종)	· 살충제 : 기계유[4], aldrin, benzene hexachloride, diazinon, EPN, lindane, malathion, methyl bromide, parathion · 살균제 : 황산구리 성분 살균제, captan, mancozeb, zineb, ziram · 제초제 : 2,4-D
1960년대 (2,867종)	· 살충제 : cabaryl, cartap hydrochloride, dieldrin, dimethoate, dichlorvos, heptachlor, toxaphene · 살균제 : chlorothalonil, dithianon, iprobenfos, maneb · 제초제 : alachlor, edifenphos, MCP, paraquat, pentachlorophenol
1970년대 (1,554종)	· 살충제 : carbofuran, chlorpyrifos, endosulfan, fenobucarb, methomyl · 살균제 : benomyl, isoprothiolane, propineb, tricyclazole, validamycin · 제초제 : butachlor, glyphosate
1980년대 (3,149종)	· 살충제 : alpha-cypermethrin, carbosulfan, deltamethrin, terbufos · 살균제 : hymexazol, metalaxyl, polyoxin, prochloraz, triflumizole · 제초제 : dicamba, glufosinate ammonium, mefenacet, pendimethalin
1990-1993년 (1,977종)	· 살충제 : abamectin, bifenthrin, etofenprox, imidacloprid, phorate · 살균제 : carbendazim, diethofencarb, hexaconazole · 제초제 : bensulfuron-methyl, daimuron, pyrazosulfuron-ethyl

출처 : 농약공업협회. 《농약공협 20년사》, 1993.

서 주로 문제가 되는 중금속이나 유기용제들이 수백 년 또는 수천 년 전부터 인간에게 노출되고 그로 인한 건강영향들이 연구된 물질들인 것에 비하면 농약은 상당히 새로운 물질인 것이다. 환경물질이 건강영향을 유발하는 데는 일반적으로 수년에서 수십 년의 긴 잠복기가 필요한 것을 고려할 때 인류에 대한 농약의 건강영향을 올바로 파악하는 것은 최근에서야 본격적으로 가능하다고 할 수 있다. 그리고 유기합성농약은 다른 물질과 달리 의도적으로 식물 또는

4 기계의 윤활용으로 사용되는 제품(machine oil)이지만 농약으로 사용될 경우 곤충의 몸 표면을 기름으로 싸서 질식시키는 작용을 함.

해충을 죽이려고 만들어진 화학물질이다. 따라서 사람에게도 잠재적인 독성이 문제될 수 있어 농약에 대한 보건학적 관심이 필요하다.

2. 농약의 종류

1) 농약의 명칭과 분류

농약은 한 물질에 4가지 이름을 동시에 갖는다. 즉 화학물질을 의미하는 화학명, 국제표준화기구에서 사용되는 일반명, 농약의 형태 정보를 일반명에 추가하여 표기하는 품목명, 그리고 제조사가 판매를 위해 붙인 상품명 등이다. 예를 들어 우리나라에서 자살 목적으로 가장 악명이 높았던 패러쾃 농약은 화학명이 1,1′-dimethyl-4,4′-bipyridinium이고 일반명은 paraquat dichloride, 품목명은 패러쾃 디클로라이드 액제이며 상품명은 제조사에 따라 그라목손 인티온, 뉴속사포, 파라손 골드 등 다양한 이름을 갖고 있다. 이러한 명칭의 이해는 각 농약에 대한 올바른 이해, 특히 상품명을 통해 어떤 화학물질인지를 파악하고 개별 농약의 독성 및 인체영향을 이해하는 데 중요하다.

농약의 종류는 〈표 1-3〉과 같이 분류기준에 따라 다양하게 나누어질 수 있다. 사용목적에 따라 살충제, 살균제, 제초제 등으로, 화학성분에 따라서는 유기인계, 유기염소계, 카바메이트계, 피레스로이드계, 페녹시계 농약 등으로, 제형에 따라서는 유제, 수화제, 액제, 수용제, 분제, 입제, 훈연제 등으로 표현된다. 세계보건기구(WHO)의 독성기준에 따라서는 맹독성(Class Ia), 고독성(Class Ib), 보통독성(Class II), 저독성(Class III), 미독성(Class U)으로 구분하고 있다. 이러한 분류체계는 유동적인 것으로 새로운 기능이 추가되거나 형태가 변화됨으로 인해 분류가 달라질 수 있다. 다양한 농약들 중 건강과 관련되어 그동안 주로 연구되어 온 농약은 유기합성농약으로서의 살충제, 살균제, 제초제 등이다.

우리나라 농약관리법에서는 농약 포장지를 색깔별로 구분하여 살균제는 분

〈표 1-3〉 농약의 분류

분류 기준	농약 종류
사용목적 (functional class)	살충제(insecticide), 살균제(fungicide), 제초제(herbicide), 살비제(acaricide), 살선충제(nematocide), 살서제(rodenticide), 식물생장조절제(plant growth regulator)
화학성분 (chemical class)	무기농약(무기황제, 비소제 등), 천연유기농약(담배의 니코틴 등), 유기합성농약(organophosphate, organochlorine, phenoxy, carbamate, pyrethroid, triazine 등)
제형 (formulation)	유제(emulsifiable concentrate), 수화제(wettable powder), 액제(soluble concentrate), 수용제(water soluble powder), 분제(dustable powder), 입제(granule), 연무제(aerosol), 훈연제(smoking generator)
독성 (toxicity, WHO)	맹독성(Ia), 고독성(Ib), 보통독성(II), 저독성(III), 미독성(U)

홍색, 살충제는 녹색, 제초제는 황색 및 적색(비선택적 제초제), 생장조절제는 청색, 기타약제는 백색으로 각각 표시하여 판매하도록 하고 있다. 또한 세계보건기구의 독성기준에 따라 고독성은 적색, 보통독성은 황색, 저독성은 청색의 색띠를 포장지 하단에 표시하도록 규정하고 있다.

개별 농약들은 서로 다른 종류의 독성을 갖고 있어 각 농약의 건강영향에 대해 일괄적으로 표현하기가 어렵다. 즉 농약별로 발암성, 신경독성, 내분비독성, 생식독성, 면역독성 등 다양한 건강영향을 나타낼 수 있으며, 어떠한 건강영향에 초점을 맞추느냐에 따라 독성이 크거나 작다고 표현될 수 있다. 예를 들어 패러콰 농약의 경우 복용 시 치명적인 폐독성을 유발시키는 반면 발암성은 거의 없는 것으로 보고되고 있다. 따라서 개별 농약들의 건강영향을 파악하기 위해서는 각 독성별로 세분류하여 접근하는 것이 필요하다.

개별 농약들의 자세한 화학구조, 분류체계 및 독성에 대한 정보는 미국 환경보호국(www.epa.gov/pesticides/index.htm), Compendium of Pesticide Common Names(www.alanwood.net/pesticides/index.html), 세계보건기구

독성분류(www.who.int/ipcs/publications/pesticides_hazard/en/index.html), 국제농약행동기구 농약 데이터베이스(www.pesticideinfo.org), 우리나라 농촌진흥청 농약관리시스템(epmso.rda.go.kr), 한국작물보호협회 농약사용지침서(www.koreacpa.org) 등에서 찾아볼 수 있다.

2) 농약의 유효성분과 비활성물질

농약은 유효성분(active ingredient)과 비활성물질(inert ingredient)이 섞여져 있는 형태로 사용된다. 따라서 농약의 건강영향을 언급할 때 흔히 유효성분만을 언급하지만 실제로는 유효성분만이 아니라 비활성물질에 의한 건강영향이 합쳐진 것으로 해석하는 것이 정확하다. 유효성분은 농약의 가장 기본적인 기능을 수행하는 것으로 이에 따라 농약의 특성 및 종류가 결정된다. 농약에는 한 가지 유효성분만이 아니라 여러 유효성분의 농약들이 혼합된 형태들도 많아 신체영향이 복잡하게 나타날 수 있다. 2012년 현재 우리나라에서 등록된 농약의 약 30%는 2가지 또는 3가지의 유효성분들이 함께 섞여 있는 혼합제이다.

비활성물질은 부성분(co-formulants) 또는 첨가제라고 불리기도 하며 농약의 기능을 보조하는 역할을 하는 것으로 용제, 안정제, 계면활성제 등을 말한다. 비활성물질의 종류에 따라 농약의 제형이 결정되며 일반적으로 농약에서 차지하는 분율이 유효성분보다 훨씬 많다. 그러나 비활성물질이라는 이름과는 다르게 인체에 유해한 영향을 주는 물질들이 포함될 수도 있다. 즉 비활성물질은 유효성분과의 상호작용을 통해 독성을 증가시키거나, 농약의 피부 흡수를 증가시키고, 환경 중 농약의 이동과 잔류를 증가시킬 수 있다. 따라서 비활성물질이 유효성분과 결합한 제형으로 사용될 때 유효성분 자체보다 더 심하거나 예기치 않은 건강영향을 초래할 수도 있다. 따라서 비활성물질의 성분을 파악하는 것이 중요하지만 유효성분과는 달리 구체적인 성분의 종류와 양을 파악하는 것은 어려운 경우들이 많다.

미국의 경우 비활성물질로 사용되는 성분의 종류는 유효성분의 종류보다 3배 이상 많으며 벤젠, TCDD, 포름알데하이드 등 독성 물질들도 포함되어 있는 것으로 보고된 바 있다. 따라서 농약에 의한 종합적인 건강 및 환경영향을 평가하기 위해서는 비활성물질에 대한 정보 공개에 많은 노력과 제도적 뒷받침이 필요하다. 또한 사람들에게 노출되는 농약제품 자체의 종합적 건강영향을 평가하기 위해서는 유효성분 및 비활성물질에 대한 연구가 함께 진행되는 것이 중요하다.

3) 세계보건기구의 농약 독성 분류체계

농약의 독성을 평가하여 분류하는 기준으로 가장 대표적인 것은 세계보건기구의 독성분류이다. 1975년 세계보건기구에서는 쥐(rat)를 대상으로 한 급성 경구 및 피부 독성실험에 근거하여 LD_{50}[5]를 산출하고 이 값에 따라 농약의 독성을 분류하였다. 2009년에 개정된 분류 기준은 〈표 1-4〉와 같다.

〈표 1-4〉 세계보건기구의 농약 독성 분류 기준

독성 분류		쥐에서의 LD_{50} (mg/체중 kg)		농약 종류
		경구	피부	
Ia	맹독성	〈 5	〈 50	parathion, terbufos 등 28종
Ib	고독성	5-50	50-200	carbofuran, dichlorvos 등 58종
II	보통 독성	50-2000	200-2000	alachlor, chlorpyrifos, dimethoate, DDT, endosulfan, paraquat 등 216종
III	저독성	2000 초과	2000 초과	atrazine, glyphosate, malathion 등 104종
U	미독성	5000 이상		benomyl, mancozeb, maneb 등 179종

출처 : WHO. *The WHO Recommended Classification of Pesticides by Hazard.* 2010.

5 Lethal Dose 50%의 약자로서 시험물질을 실험동물에 투여하였을 때 50%가 죽는 농도.

그런데 이러한 분류는 단지 동물의 급성독성 평가를 근거로 설정된 것으로 실제 사람에 대한 독성과는 차이가 있을 수 있다. 스리랑카에서 2002년에서 2008년까지의 농약 복용 환자 약 9,000명에 대한 연구를 통해 보고한 바에 의하면 세계보건기구 분류에서 보통독성으로 분류된 농약이지만 실제 사람들에게는 맹독성 또는 고독성 농약과 비슷하거나 더 높은 치명률을 보이는 농약들(예를 들어 paraquat, endosulfan, dimethoate 등)도 있었다.

이처럼 동물 실험에서의 독성에 근거한 세계보건기구의 농약 독성 분류체계를 사람에 대한 농약 독성 관리 기준으로 활용하는 데는 많은 한계점을 갖고 있다. 보건학적 입장에서 실제 사람들에게 치명률이 매우 높은 농약들이 보통독성으로 구분되어 있는 것은 비합리적이다. 예를 들어 패러콧 농약의 경우 세계보건기구에서는 보통독성으로 분류되어 있으나 사람에서는 소량을 복용하더라도 매우 치명적이기 때문에 기존의 분류기준 자체에 대한 논란이 꾸준히 제기되어 왔다. 또한 세계보건기구의 농약 독성분류가 농약의 유효성분만을 근거하여 이루어진 것인 반면 인구집단에서의 독성효과는 유효성분과 비활성물질이 혼합된 실제 사용되는 농약 제품에 의해 이루어지는 차이도 있다. 따라서 세계보건기구의 독성 분류는 단지 생태 및 환경영향의 일차적인 평가를 위해서 참고로 활용되어야 하며 인구집단에 대한 기준으로 직접 적용하기에는 적절하지 않다.

세계보건기구 독성분류는 각 국의 농약 규제 정책과 연계되어 있어 그 의미가 매우 크기 때문에 분류체계에 있어서 사람에 대한 독성 정보를 최대한 반영하여 실제 인구집단에 올바로 적용될 수 있도록 하는 것이 중요하다. 일부에서는 현재까지 보고된 농약 중독 환자들의 치명률을 기준으로 등급을 재분류하여야 한다고 주장하기도 한다. 농약을 올바르게 분류하려면 동물이 아닌 농약에 중독된 환자 및 노출 인구집단에 대한 역학적 자료의 수집이 우선적으로 필요하다.

3. 농약 사용량

1) 국제 현황

전 세계적으로 실제로 농약이 얼마나 사용되고 있는지를 파악하기는 어렵기 때문에 일반적으로 직접 사용량 대신 농약상품 판매자료에 근거하여 사용량을 추산하고 있다. 2007년도 자료에 따르면 전 세계적으로 사용된 농약 성분량은 약 52억 파운드로 보고되었고, 제초제가 39%로 가장 많은 양을 차지하였다. 그 다음으로 기타제(살선충제,[6] 유황계 농약, 기계유 등)가 33%, 살충제가 17%, 살균제가 10%를 차지하였다. 지역별 농약 사용 분포는 미국과 캐나다를 포함한 북미지역이 가장 많고 유럽, 아시아, 남미 순이나 중남미 지역에서의 농약 사용이 급격히 증가하는 추세를 보이고 있다. 지역별, 종류별 농약 사용 상황은 경제 상태와 날씨에 따라 변동되고 있으며 제초제보다는 살충제 및 살균제의 사용 증가가 두드러진다. 한편 기후변화에 따라 농약 살포의 증가 혹은 농약 사용 간격의 감소가 예상되며 이에 따라 농약 사용은 증가될 것으로 예상되고 있다.

농약 판매량이 농약 노출에 대한 직접적인 지표는 아니며 실제로 나라별 비교에서는 이러한 수치가 농약으로 인한 위험도와 직접적으로 비례하지 않을 수 있다. 농약의 생산 및 수입량이 많아도 농약에 대한 관리가 잘되어 있는 나라에서는 농약으로 인한 피해는 크지 않을 수 있다. 실제로 유럽 지역에서의 농약 사용량은 아시아 지역보다 많지만 농약 중독 건수는 매우 낮으며 오히려 농약을 더 적게 사용하는 아시아 지역에서 훨씬 많은 농약 중독자들이 발생하는 것으로 보고되고 있다. 따라서 국가 간 농약에 의한 건강영향을 비교하기 위해서는 단지 생산 및 수입량만이 아니라 농약 관리 실태를 함께 비교하는 것이 중요하다.

6 토양 또는 식물체 내에 기생하는 선충을 죽이는 약제(nematocides).

〈그림 1-1〉 미국의 농약 사용량 추이, 1988-2007

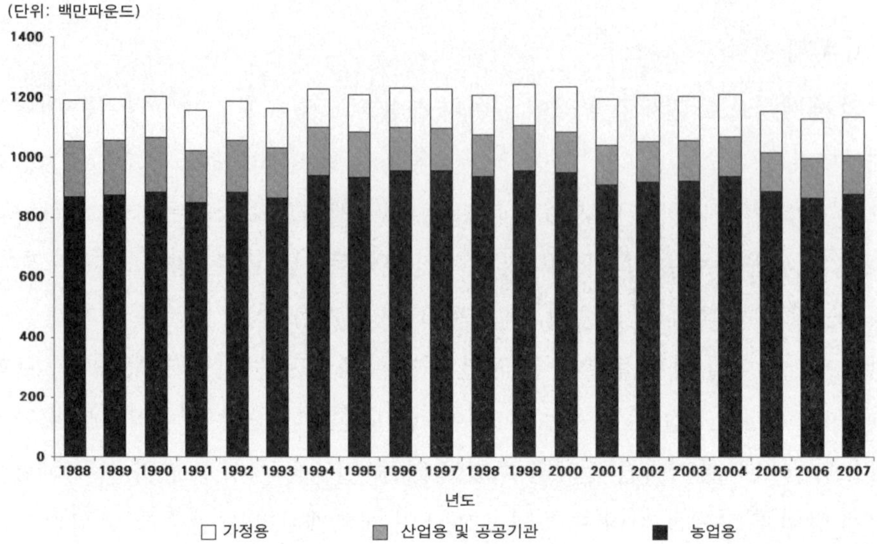

출처: Grube A et al. *Pesticides Industry Sales and Usage. 2006 and 2007 Market Estimates.* U.S. EPA. 2011.

한편, 2007년도 미국에서 사용된 전체 농약 중에서 약 77%가 농업용으로 사용되었으며 나머지 23%가 산업 현장이나 공공시설, 가정 및 정원 등의 농업외 용도로 사용된 것으로 보고되었다(그림 1-1). 이처럼 농약은 주로 농업용으로 사용되고 있지만 직장이나 가정에서 일상생활을 하면서도 자주 사용되고 있다. 즉 파리, 모기, 바퀴벌레 등 병해충 방제약제들은 잘 알려진 생활상의 농약들이다. 그 외에 공원이나 길가의 잡초제거, 아파트 단지의 수목 관리 등에서도 많이 사용되고 있다. 또한 농작업 시 사용되는 농약이 식품이나 수질을 통해서 일반 국민들에게 노출될 수도 있다. 따라서 농약에 대한 건강영향은 직업적으로 노출되는 농업인에만 국한되는 것이 아니라 환경적으로 노출되는 전체 국민들에 대한 보건학적 문제이다.

2) 국내 현황

우리나라에서 농약이 얼마나 사용되고 있는지에 대한 정확한 정보는 없으나 농약의 출하량을 통해서 간접적으로 추정해 볼 수 있다. 출하량은 직접적인 농약 사용량을 의미하지는 않지만 생산량과 수입량을 총괄하여 실제 국내 유통량을 가장 가깝게 반영해 준다고 할 수 있다. 한국작물보호협회(구 농약공업협회) 자료에 의하면 2011년도에 우리나라에서 출하된 농약은 19,131톤으로, 살충제가 약 35%로 가장 많이 차지하였고 그 다음으로 살균제 28%, 제초제 27%, 기타제[7] 10% 순이었다(표 1-5). 제초제가 가장 많이 사용되는 것으로 보고된 국제 양상과는 달리 우리나라에서는 살충제가 가장 많이 사용되는 것으로

〈표 1-5〉 국내에서 출하된 농약 성분량 및 종류별 순위, 2007-2011

단위 : 톤(%)

농약 종류	2007	2008	2009	2010	2011
전체	24,262 (100.0)	25,368 (100.0)	22,790 (100.0)	20,431 (100.0)	19,131 (100.0)
살충제	8,568 (35.3)	9,960 (39.3)	8,810 (38.7)	7,414 (36.3)	6,634 (34.7)
1순위	machine oil	machine oil	machine oil	machine oil	machine oil
2순위	carbofuran	carbofuran	carbofuran	carbofuran	carbofuran
3순위	cartap hydrochloride	phosphamidon	phosphamidon	dichlorvos	dichlorvos
살균제	6,758 (27.9)	6,865 (27.1)	6,142 (27.0)	6,017 (29.5)	5,351 (28.0)
1순위	mancozeb	mancozeb	mancozeb	mancozeb	mancozeb
2순위	iprobenfos	iprobenfos	iprobenfos	chlorothalonil	chlorothalonil
3순위	chlorothalonil	chlorothalonil	chlorothalonil	iprobenfos	iprobenfos
제초제	5,946 (24.5)	6,073 (23.9)	5,909 (25.9)	5,225 (25.6)	5,180 (27.1)
1순위	paraquat	paraquat	glyphosate	glyphosate	glyphosate
2순위	glyphosate	glyphosate	paraquat	paraquat	paraquat
3순위	butachlor	butachlor	butachlor	butachlor	butachlor
기타제	2,990 (12.3)	2,470 (9.7)	1,929 (8.4)	1,775 (8.6)	1,966 (10.2)

출처 : 한국작물보호협회. 《2012 농약연보》. 2012.

추산되고 있다. 우리나라에서 가장 많이 출하된 농약 성분을 농약 종류별로 살펴보면 살충제 중에서는 기계유, carbofuran, dichlorvos, 살균제로는 mancozeb, chlorothalonil, iprobenfos, 제초제로는 glyphosate, paraquat, butachlor이었으며 연도별로 이러한 양상에 큰 변화는 없었다. 국내 농약 사용에 대한 정보들을 연도별로 체계적으로 파악하여 정리하는 것은 우리나라 국민들이 역사적으로 노출된 농약의 종류와 노출량을 파악하는데 중요한 자료가 될 수 있다.

그러나 각 나라별로 농약의 범주에 포함시키고 있는 물질이 완전히 일치하지 않기 때문에 각 나라의 총 농약 사용량을 단순히 비교하는 것은 적절하지 않을 수 있다. 예를 들어 우리나라에서는 전체 농약 사용량의 약 15%(전체 살충제 중에서는 약 50%)를 차지하는 기계유가 살충제로 분류되어 있으나 미국에서는 다른 유기합성농약과 구분하기 위해서 기타 농약제로 구분하고 있다. 그리고 일본에서는 살서제를 농약으로 포함시키고 있으나 우리나라에서는 농약이 아닌 방역용으로 별도로 취급하고 있다. 또한 한 나라 내에서도 시기별로 농약의 성분과 독성이 달라질 수 있다. 따라서 국가 간 농약사용 양상을 비교할 때에는 각 나라의 농약 분류체계 및 농약의 정의를 확인해야 하며, 각 나라에서 산출한 총 농약 사용량을 직접 비교하는 것보다는 개별 유효성분에 대한 사용량을 비교하는 것이 바람직하다.

농촌진흥청 농약등록 데이터베이스에 의하면 2012년 4월 현재 2,265 개의 농약 상품이 등록되어 있으며 이를 종류별로 살펴보면 살충제 661개, 살균제 829개, 살균살충제 45개, 제초제 605개, 살충제초제 1개, 생장조절제 99개, 기타제 25개로 분류되었다. 그러나 품목명(농약의 일반명과 제형)은 같으나 단지 상품명이 달라 여러 개의 상품으로 분류된 것을 묶어서 살펴보면 전체 품목수는 1,427개가 된다. 품목이 다르더라도 동일한 유효성분별로 분류해 보면

7 전착제(농약 살포액을 식물 또는 병해충의 표면에 넓게 퍼지게 하기 위하여 사용하는 보조제), 생장조절제, 훈증제 및 종자처리제 등이 포함됨.

우리나라에서 사용되는 농약의 유효성분은 약 350여 개로 추산된다. 농약 품목수의 증가는 같은 유효성분의 농약이라고 하더라도 사용 형태가 다양하게 개발되어 왔기 때문이다. 미국에서 사용되는 농약의 유효성분은 약 600개, 품목수는 약 16,000개에 이르며 영국과 일본에서 사용되는 농약의 유효성분은 약 400-500개, 품목수는 약 4,000-5,000개에 이르는 것으로 보고되고 있다.

이처럼 농약에는 매우 다양한 종류들이 있어 농약의 건강영향을 평가할 때 단지 농약이라는 용어로 표현하기보다는 개별 물질별로 파악하는 것이 중요하다. 또한 점차 두 가지 이상의 유효성분이 섞인 혼합제의 개발이 증가하면서 전통적인 농약 분류의 의미가 희석되고 있다. 예를 들어 유기염소계 농약의 경우 다른 유효성분과 혼합된 경우 다른 계통으로 분류될 수 있어 실제 유기염소계 성분이 사용되고 있음에도 불구하고 사용량 자료에는 유기염소계 농약은 없는 것처럼 보일 수 있다.

국내에서의 농약사용량 통계는 1970년부터 산출되기 시작하였는데 그 당시 사용된 양은 약 3,700톤이었으며, 사용량이 급격히 증가하여 70년대 중반에는 10,000톤을 초과하였고, 80년대 중반부터 20,000톤에 이르렀다. 1990년대에 약 25,000여 톤을 유지하다가 2001년도에는 28,200톤으로 최고치를 기록하였다. 그 이후에는 약 24,000여 톤을 유지하다가 2011년에 19,131톤으로 감소하는 양상을 보이고 있다. 그러나 이러한 농약 사용량의 변화는 농업인당 사용량의 감소를 의미하기보다는 농업인수 자체가 감소한 것에 기인한 것으로 해석된다.

국내 농약 사용량을 농업인구 변화에 따라 살펴보면 〈그림 1-2〉와 같다. 농약을 직업적으로 사용하는 농업인의 수는 지속적으로 감소되어 왔으나 농약 사용량 자체는 그것에 비해 크게 줄어들고 있지는 않은 것을 확인할 수 있다. 단순히 농약 생산량의 연도별 변화를 보면 우리나라에서의 농약 사용이 줄었다고 생각될 수 있으나 전체 농업인의 감소를 함께 고려하면 농업인 개인당 노출량이 감소되었다고 보기는 어렵다. 즉 단위 면적(ha[8])당 농약 사용량과 농

〈그림 1-2〉 국내 농가인구 및 농약 사용량 변화, 1998-2011

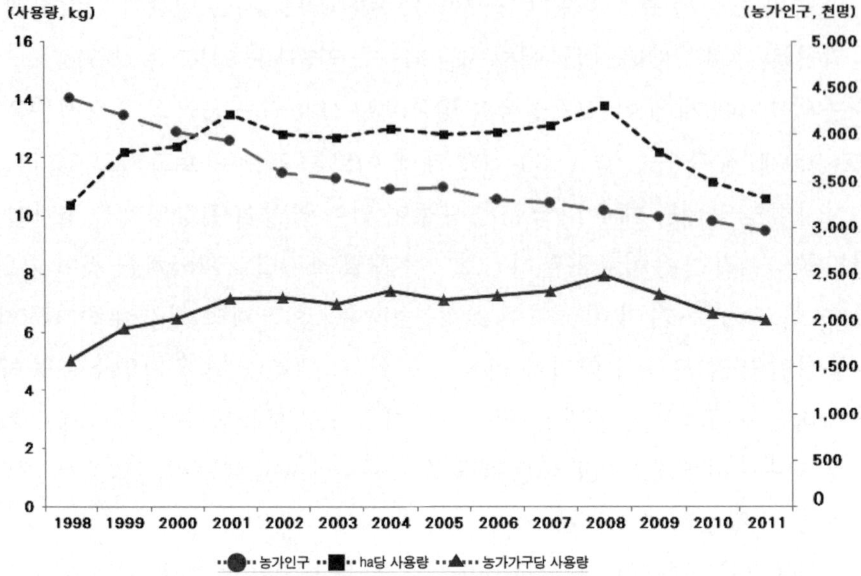

출처 : 통계청. 〈농약 및 화학비료 사용량, 농어가 및 농어가 인구〉.

가인구당 농약 사용량은 10년 전과 비교하여 비슷하거나 약간 감소한 정도이다. 2011년도에 우리나라의 단위 면적당 농약 사용은 10.6kg으로 일본 및 네덜란드와 함께 경제협력개발기구(OECD) 국가들 중 가장 높은 사용량을 보이고 있다.

국내에서 농약의 유통 경로는 크게 제조사로부터 도매 및 소매상을 통해 농업인에게 판매되는 경우와 제조사에서 농협중앙회와 각 농협조합을 통해 농업인에게 판매되는 경우로 나눌 수 있다. 2011년 현재 우리나라 농약 판매업소는 5,017개소(시판상 3,265, 농협 1,752)이고 이중 농협의 시장 점유율은 전체 물량기준으로 약 57%를 차지하고 있으며 점차 증가되고 있는 추세이다. 이러한

8 가로 100m×세로 100m의 크기.

농약 구입경로는 농업인들이 농약에 대한 정보를 취득하는 방식과도 관련될 수 있다.

3) 개별 농약의 독성분류

국내에서 출하된 농약의 유효성분들을 세계보건기구 독성 분류와 유럽연합의 내분비계 독성 분류에 따라 살펴보면 〈표 1-6〉과 같다. 국내에 등록된 농약 중 세계보건기구의 독성분류에 의해서 분류가 가능한 것은 약 60% 정도였으며 나머지 분류가 안된 농약들에 대해서는 농촌진흥청에서 대부분 저독성 농약으로 구분하고 있다. 2011년 현재 국내에서 출하된 농약 중 세계보건기구 독성분

〈표 1-6〉 국내 농약(유효성분)의 급성 독성 및 내분비계 독성별 분포, 2007-2011

(단위 : 톤)

독성분류 \ 연도	2007		2008		2009		2010		2011	
	개수	출하량	개수	출하량	개수	출하량	개수	출하량	개수	출하량
급성 독성[a]										
Ia	7	1,106	7	1,188	6	1,058	6	769	6	737
Ib	14	1,314	14	1,323	13	1,340	13	1,061	14	1,043
II	88	6,276	88	6,454	86	5,645	87	4,995	81	4,614
III	33	2,673	32	2,520	34	2,604	33	2,111	34	2,084
U	75	4,578	80	4,757	80	3,924	75	3,704	78	3,543
내분비계 독성[b]										
CAT1	12	2,693	12	2,963	12	2,560	11	2,591	11	2,480
CAT2	18	2,531	18	2,157	19	1,946	18	1,679	15	1,487
CAT3a	9	1,880	9	1,850	10	2,280	10	1,639	10	1,887
CAT3b	12	552	13	530	12	365	11	383	12	380

[a]WHO. *The WHO Recommended Classification of Pesticides by Hazard.* 2010. Ia : 맹독성, Ib : 고독성, II : 보통독성, III : 저독성, U : 미독성

[b]EU. *EDS Database and Categorisation.* CAT1 : 내분비계독성 근거 있음, CAT2 : 내분비계독성 가능성 있음, CAT3a : 내분비계독성 근거 없음, CAT3b : 자료 불충분

류에 의해 맹독성에 해당하는 성분은 EPN, ethoprophos, phorate, phosphamidon, tebupirimfos, terbufos 등 6종이고, 고독성에 해당하는 성분은 azinphosmethyl, beta-cyfluthrin, blasticidin-S, cadusafos, carbofuran, cyfluthrin, dichlorvos, edifenphos, methidathion, methiocarb, methomyl, monocrotophos, tefluthrin, zeta-cypermethrin 등 14종이 있다. 유럽연합의 내분비계 독성분류에 의해 우리나라에서 내분비계 독성의 근거가 있는 농약의 유효성분들로는 alachlor, bifenthrin, carbaryl, deltamethrin, fenarimol, fenitrothion, linuron, mancozeb, metiram, procymidone, trifluralin 등 11종이 있어 해당 물질들에 대한 철저한 감시와 관리가 요구된다.

주요 참고문헌

농약공업협회. 《농약공협 20년사》. 서울 : 농약공업협회. 1993.

농촌진흥청. 〈농약관리시스템〉. http://epmso.rda.go.kr

통계청. 〈농약 및 화학비료 사용량, 농어가 및 농어가 인구〉. http://www.index.go.kr

한국작물보호협회. 《2012 농약연보》. 서울 : 한국작물보호협회. 2012.

Aspelin AL. *Pesticide Usage in the United States : Trends During the 20th Century*. Raleigh : Center for Integrated Pest Management, North Carolina State University. 2003.

Cox C and Surgan M. Unidentified inert ingredients in pesticides : implications for human and environmental health. *Environmental Health Perspectives*. 2006;114(12):1803-6.

Dawson AH, Eddleston M, Senarathna L, Mohamed F, Gawarammana I, Bowe SJ, Manuweera G, Buckley NA. Acute human lethal toxicity of agricultural pesticides : a prospective cohort study. *Public Library of Science Medicine*. 2010;7(10): e1000357.

European Commission. EDS Database and Categorisation. http://ec.europa.eu/environment/endocrine/strategy/substances_en.htm

Grube A, Donaldson D, Kiely T, Wu L. *Pesticides Industry Sales and Usage. 2006 and 2007 Market*

Estimates. Washington, D.C. : U.S. Environmental Protection Agency. 2011. http://www.epa.gov/opp00001/pestsales/07pestsales/market_ estimates2007.pdf

Miller M and Bhalla K. An urgent need to restrict access to pesticides based on human lethality. *Public Library of Science Medicine.* 2010;7(10):e1000358.

World Health Organization. *The WHO Recommended Classification of Pesticides by Hazard.* Geneva : World Health Organization. 2010.
http://www.who.int/ipcs/publications/pesticides_hazard/en/index.html

제2장

급성 농약중독

acute pesticide poisoning

1. 급성 농약 중독의 규모

농약으로 인해 급성으로 중독되는 사람들의 규모를 파악하는 것은 농약 및 질병관리의 기초 자료를 제공한다는 의미에서 매우 중요하다. 만약 노출 및 질병에 대한 기술 역학적 기본 정보들이 부정확한 자료에 근거하였다면 이후에 수행되는 일련의 연구들과 해당 질병에 대한 관리 방향이 잘못될 수 있다. 우리나라와 같이 농약 중독에 대한 감시체계가 없고 산발적인 연구들에 의해 농약 중독이 보고되는 국가일수록 이러한 위험성이 높다. 질병 규모를 올바로 파악하는 것은 중요하며 이러한 역할은 다른 학문 분야보다는 보건학이라는 학문 영역에서 가장 적합하게 담당해 줄 수 있다.

기술역학(descriptive epidemiology) 연구는 인구집단에서 질병의 발생양상을 인적, 지역적, 시간적 특성별로 파악하여, 질병발생 원인에 관한 가설을 규명하는 데 중요한 단서를 제공해 주는 연구 분야이다. 이러한 연구결과는 의료자원의 효율적인 배분을 결정하고 의료정책 수립 그리고 효과적인 질병예방 또는 보건교육 프로그램을 개발하는 데 크게 기여한다. 기술적 연구만으로는 질병발생의 인과관계를 규명할 수는 없지만, 질병발생 양상을 파악하고 인과관계의 가설을 설정하는 데 활용될 수 있다. 예를 들어, 농약 중독으로 인한 사망률이 남성 노인층에서 높았다면 이들을 농약 중독의 고위험집단으로 설정하여 예방대책을 세우는 것과 더불어 이 집단에서의 농작업 특성이나 사회적으로 고립된 환경요인 등이 높은 농약 중독 사망의 원인일 것이라는 가설을 설정할 수 있다. 기술역학은 각 인구집단의 특성을 반영하고 설명해 줄 수 있기 때문에 보건학에서 가장 중요한 기초를 이룬다.

질병 규모를 파악하기 위해서는 우선 질병 자체를 분명히 정의할 수 있어야 한다. 농약에 의한 사망(pesticide-related death)은 상대적으로 쉽고 분명하게 정의할 수 있으나 농약 중독(pesticide poisoning)은 그 자체를 진단하기가 쉽지 않으며 무엇을 기준으로 중독의 정의를 내리느냐에 따라 달라질 수 있다.

더구나 농약 관련성 질병(pesticide-related illness)의 개념에는 농약으로 인한 급성중독 외에 만성질환들(암, 신경계 질환, 생식기계 질환, 발달 장애, 면역 질환, 천식 및 호흡기 질환 등)이 포함되며 이들은 농약과의 연관성 자체가 불분명한 경우들이 있고 노출 후 발생까지 기간이 명확하지 않아 그 규모를 파악하는 것은 향후 큰 과제이다.

1) 국제 현황

농약 중독은 전 세계적으로 중요한 보건학적 문제로서 세계보건기구에서는 1990년에 전 세계적으로 약 3백만 명이 농약 중독으로 입원하였고 그중 2백만 명은 자살목적으로 농약을 복용하였으며, 이중에서 22만여 명이 사망하였을 것으로 추정한 바 있다. 이후 2001년도 자료에 의하면 중국과 동남아시아 지역에서만 약 30만 명의 농약 복용 자살자가 보고되었으며 남아메리카 등 다른 지역의 피해를 고려하면 농약으로 인한 사망자는 훨씬 많을 것으로 추정된다. 한편 2007년 연구에 의하면 전 세계적으로 농약 복용으로 인한 자살은 매년 258,234(233,997-325,907)명으로 추산된 바 있다(표 2-1).

〈표 2-1〉 농약 중독으로 인한 연간 자살 추정치에 대한 국제적 분포

지역	전체 자살자 수	농약 복용 자살자 수 (전체 자살에서의 %)	농약 복용 자살자 수의 범위
아프리카	34,000	7,800 (22.9)	5,200-21,910
미주	63,000	3,105 (4.9)	1,974-8,715
동부 지중해	34,000	5,629 (16.5)	4,501-7,022
유럽	163,000	6,080 (3.7)	1,872-9,170
동남아시아	246,000	51,050 (20.7)	47,720-82,680
서태평양	331,000	184,570 (55.8)	172,730-196,410
전체	873,000	258,234 (30.0)	233,997 (27%)-325,907 (37%)

출처 : Gunnell D et al. The global distribution of fatal pesticide self-poisoning : systematic review. *BMC Public Health*. 2007.

이것은 전 세계 자살의 약 30%를 차지하는 규모이며 지역적으로는 서태평양 지역에서 56%, 아프리카 23%, 동남아시아 21%, 동부 지중해 17%, 미주 5%, 유럽 4% 정도씩을 차지하고 있다.

반면 경미한 증상의 농약 중독에서부터 입원의 경우까지 다양한 중독을 포함하는 비사망(nonfatal) 농약 중독은 사망의 경우보다 규모를 파악하기가 훨씬 어렵다. 일반적으로 감시체계를 비롯하여 전국표본조사, 지역사회 설문조사, 병원 자료 등 여러 방법들이 활용되고 있으나 각 나라별로 사용될 수 있는 방법이 서로 다르고 각 자료원에 대한 제한점으로 인해 통일성 있는 비교는 쉽지 않다. 특히 임상증상이나 노출 상황에 대한 주관적 판단이 필요한 경우 일관된 비교가 더욱 어렵다. 따라서 농약 중독 사망과는 달리 비사망 농약 중독 규모에 대한 전 세계적 추산은 아직까지 이루어지지 못하였으며 각 나라별로 개별적인 보고들이 이루어지고 있다.

미국에서는 국립산업안전보건연구원(US NIOSH)에서 진행하고 있는 농약 중독 감시 프로그램을 통해서 1998년과 1999년 사이에 농업인에서 10만 명당 18명, 비농업인에서 0.5명의 농약 중독 발생률을 보고한 바 있으며, 캘리포니아 지역 감시체계에서는 1998년도에 10만 명당 3명으로 보고하였다. 미국 내 퇴원환자 자료에서는 10만 명당 1-8명의 농약 중독 환자가 보고되었으며 인종별로 큰 차이를 보였다. 또한 중앙아메리카 7개 나라(벨리즈, 코스타리카, 엘살바도르, 과테말라, 온두라스, 니카라과, 파나마)에서 진행된 감시체계에서는 2001년도에 10만 명당 8-32명의 농약 중독을 보고한 바 있다. 한편 남아프리카 공화국의 농촌 지역 자료에서는 10만 명당 41명을, 브라질의 한 지역 중독 감시 자료를 통해서는 10만 명당 25-66명의 농약 중독 발생률을 보였다. 그리고 대만에서는 병원 자료를 통해 10만 명당 2-6명의 농약 중독 환자를 보고하기도 하였으며 북유럽에서는 10만 명당 1명 미만으로 전 세계적으로 가장 낮은 농약 중독률을 보고하였다. 이처럼 비치명적 농약 중독률에 대해서는 각 나라별 차이가 크며 한 나라 내에서도 자료원이나 지역 및 시기에 따라서 다양한 결과를 보이고 있다.

2) 국내 현황

우리나라에서 농약으로 중독되는 사람들의 규모를 올바로 파악하기 위해서는 다양한 자료원이 동원되어야 한다. 왜냐하면 한 가지 특정 자료원이 사망에서부터 경미한 증상까지 다양한 농약 중독의 양상을 반영하지는 못하기 때문이다. 즉 사망원인통계 자료는 주로 자살목적으로 농약을 복용한 경우를 반영해 주는 반면, 지역사회 설문조사 자료는 직업적 농약 노출로 인한 경미한 농약 중독의 경우를 주로 반영해 준다. 따라서 각 자료원의 특성을 고려하여 다양한 각도에서 농약 중독의 규모를 파악하고 입체적으로 해석하는 것이 중요하다. 국내에서 농약 중독 규모 산출을 위한 활용 가능한 자료원들의 특성은 〈표 2-2〉와 같으며, 이들 자료원 중에서 사망원인통계 자료, 퇴원손상심층조사 자료, 국가응급환자진료정보망 자료, 건강보험 자료 등 2차 자료들을 통해서 농약 중독의 규모에 대한 연구가 실시된 바 있다.

이러한 2차 자료(secondary health data)는 주로 행정적 목적으로 수집된 자료이기 때문에 연구 목적으로 활용하기에는 여러 제한점을 갖는다. 우선 의료이용을 하지 않은 가벼운 중독 증상이나 자가 치료한 중독의 경우 포함시키지 못하는 단점이 있다. 따라서 농약 중독이 전체적으로 과소보고(under-reporting)될 가능성이 높다. 농약 중독의 원인별로는 직업적 노출로 인한 농약 중독을 과소평가시키고 자살에 의한 비중을 상대적으로 과대평가할 수 있으며 그에 따라 중독 원인 물질 및 중독자의 대상자 특성도 왜곡될 수 있다. 따라서 각 자료의 특성을 고려한 종합적이고 합리적인 해석을 하는 것은 매우 중요하다. 그리고 2차 자료는 연구 목적으로 자세한 정보를 갖고 있지 않아 특정 농약 물질 및 직업력을 구체적으로 파악하는 데 많은 한계가 있다. 이러한 제한점에도 불구하고 2차 자료는 지속적으로 수집되고 있어 매우 효율적으로 보건문제의 규모를 파악할 수 있는 장점이 있다. 제한점이 없는 자료원을 연구에 활용하는 것이 가장 이상적이겠지만 실제로 그러한 자료원은 현실적으로 존재하기 어렵다. 특히 보건학 연구에서는 무결점의 완벽한 자료원을 찾는 것보다는 현실적으로 존재하는 자료원의 장단점을 정확히 파악하여 올바른 해석을 하는 것이 더욱 중요하다고 할 수 있다.

〈표 2-2〉 국내에서 농약 중독 규모 산출을 위해 활용 가능한 자료원

자료원	특징
설문조사 자료	· 연구자에 의해서 농약 중독을 정의할 수 있는 설문문항을 개발하여 경미한 농약 중독 규모까지 파악할 수 있음 · 대상 인구집단을 대표할 수 있는 표본설계방법을 적용할 수 있음 · 농약 중독에 대한 정의가 각 연구간 차이가 날 수 있음 · 비용 및 인력 부담이 큼
사망원인통계자료	· 우리나라 전 국민의 농약 중독으로 인한 사망 규모 산출 가능 · 국제질병표준분류에 의해 T60.0-T60.9로 정의 · 연구를 위한 구체적인 정보가 제한적임(대상자의 성, 연령, 거주지, 직업 등의 기본적인 정보만 제공)
퇴원손상 심층조사 자료	· 100병상 이상 병원을 모집단으로 수행한 표본조사 자료로서 농약 중독 입원(퇴원) 규모 산출 가능 · 국제질병표준분류에 의해 T60.0-T60.9로 정의 · 100병상 미만 병원의 농약 중독 환자 규모는 포함되어 있지 않음
국가응급환자 진료정보망 자료	· 표본설계 자료가 아니며 전체 응급환자 중 일부만을 포함하고 있음 · 국제질병표준분류에 의해 T60.0-T60.9로 정의 · 개인 식별자가 없는 발생 건수 자료임
건강보험 자료	· 우리나라 전 국민의 농약 중독으로 인한 병원 이용 규모 파악 가능 · 농약 중독으로 인한 비용 산출의 근거자료로 활용 가능 · 연구를 위한 구체적인 정보(직업, 거주지)가 제한적임 · 원자료의 접근성 및 분석 가능 연도가 제한적임
병원의무기록자료	· 농약 중독 진단이 타 자료에 비해서 정확함 · 농약 중독 환자의 임상검사결과들이 포함되어 다양한 분석 가능 · 병원 및 의료진에 따라 농약 중독의 정의에 차이를 보일 수 있음

가) 사망원인통계 자료를 통한 연구

사망은 가장 극단적인 건강영향으로서 사망의 규모와 원인을 파악하기 위해서 일반적으로 통계청에서 제공하는 사망원인통계자료가 이용되고 있다. 사망원인통계 자료는 국제질병표준분류에 따라 질병 및 사망원인을 코드화하였고 이를 통해 농약 중독으로 인한 사망을 정의하여 파악할 수 있다. 사망원인통계 자료에서 선행사인(underlying cause of death) 코드가 T60.0- T60.9인 경우를 농약 중독으로 정의하고, 사망의 외인(external cause of death) 코드를 이용하여 농약에 의한 불의의 중독(X48), 농약에 의한 자의의 중독(X68), 농약에 의한 가해(X87), 농약에 의한 의도 미확인의 중독(Y18)으로 분류하고 있다.

국내 사망원인통계 자료에 의하면 1996년에서 2010년 사이 농약 중독으로 인해 연평균 약 2,700명 이상이 사망하고 있는 것으로 나타났다(표 2-3). 이러한 수치는 전체 사망의 1%, 전체 자살의 23%, 전체 중독의 61%를 차지하는 규모이다(표 2-4). 농약 중독 사망률(pesticide poisoning mortality)은 연령증가에 따라 증가하였으며 60세 이후 급격히 증가하는 양상을 보였다. 전체 자살 및 전체 중독에서 농약 중독이 차지하는 분율도 연령증가에 따라 증가하는 양상을 보였다. 같은 기간 우리나라의 전체사망에 대한 연령표준화율이 1,000명당 6.91명에서 3.93명으로 감소한 것에 비해 농약으로 인한 표준화 사망률은 10만명당 4.63명에서 5.07명으로 증가한 것은 주목할 만하다.

서로 다른 시기 혹은 지역 간 질병의 규모를 올바로 비교하기 위해서는 표준화(standardization)율을 산출하는 것이 필요하다. 표준화는 질병에 영향을 미칠 수 있는 요인, 대표적으로 연령과 성별의 구성이 다른 인구집단에서의 질병 양상을 비교하기 위해 사용되는 방법이다. 예를 들어 연령표준화율을 산출함으로서 비교하고자 하는 인구집단의 연령구조의 차이로 인한 영향을 배제할 수 있다. 일반적으로 연령이나 성별에 대한 표준화율을 주로 산출하지만 연구 특성에 따라서 중요하게 생각되는 다른 변수를 기준으로 표준화율을 산출할 수도 있다. 만약 표준화를 하지 않으면 집단 간의 객관적인 비교가 가능하지 않기 때문에 자료 해석의 왜곡을 갖고 올 수 있다. 연령표준화의 원리는 비교하고자 하는 인구집단의 연령별 율을 표준인구집단의 연령별 인구구조에 적용했을 때 기대되는 가상적인 사망자수(발생자수, 유병자수)를 산출하는 것이다. 표준인구 구조를 적용하여 산출된 연령별 사망자수를 모두 합산한 값을 분자로, 표준인구집단의 전체인구수를 분모로 하여 표준화율을 산출한다(계산과정은 제4장 참조).

농약으로 인한 사망의 원인별 분포를 살펴보면 자살목적의 고의적 복용이 85%를 차지하고, 사고로 인한 사망이 6.3%, 고의적 가해로 인한 사망이 0.2%를 차지하였다. 농약 복용으로 인한 자살률은 급격히 증가한 반면 사고에 의한

〈표 2-3〉 국내 농약 중독의 연령표준화 사망률, 1996-2010

사망원인 (ICD-10)	전체 농약 중독 (T60)		자살(X68)		사고(X48)		가해(X87)		미확인(Y18)	
연도	사망자	사망률[a]	사망자	사망률	사망자	사망률	사망자	사망률	사망자	사망률
1996	1,900	4.63	1,405	3.40	439	1.09	1	〈0.01	55	0.14
1997	1,710	4.10	1,216	2.91	419	1.01	7	0.01	68	0.16
1998	2,048	4.79	1,595	3.71	407	0.98	1	〈0.01	45	0.10
1999	1,904	4.38	1,495	3.42	330	0.78	2	〈0.01	77	0.18
2000	1,789	4.40	1,487	3.33	130	0.31	4	0.01	168	0.39
2001	2,126	4.69	1,712	3.76	154	0.35	6	0.01	254	0.57
2002	2,875	6.14	2,631	5.61	95	0.21	9	0.02	140	0.31
2003	3,591	7.48	3,301	6.87	74	0.16	10	0.02	206	0.43
2004	3,890	7.89	3,536	7.17	93	0.19	8	0.02	253	0.51
2005	3,527	6.92	3,126	6.14	110	0.21	10	0.02	281	0.55
2006	3,201	6.07	2,747	5.21	127	0.24	8	0.02	319	0.60
2007	3,288	5.98	2,881	5.25	82	0.15	2	〈0.01	323	0.58
2008	3,296	5.79	2,800	4.94	58	0.10	8	0.02	430	0.74
2009	3,169	5.31	2,743	4.61	44	0.07	4	0.01	375	0.61
2010	3,206	5.07	2,719	4.33	69	0.11	2	〈0.01	416	0.63
전체	41,520	5.73	35,394	4.88	2,631	0.36	82	0.01	3,410	0.47

[a]10만 명당 연령표준화 사망률

농약사망은 감소하는 양상을 보여 농약이 우리나라 자살 문제와 밀접히 연관되어 있음을 알 수 있다. 또한 의도 미확인의 농약 중독사망이 증가하는 양상을 보이고 있는데 이 중에서 자살이 차지하는 비중이 높을 것으로 판단된다.

〈표 2-4〉 국내 농약 중독의 연령별 사망률과 자살 및 중독에서 차지하는 분율, 1996-2010

연령	농약 중독 사망자	농약 중독 사망률[a]	전체 사망 중 농약 중독 사망 분율(%)	전체 자살 중 농약 자살 분율(%)	전체 중독 사망 중 농약 중독 사망 분율(%)
0-19	550	0.28	0.58	8.57	36.23
20-29	2,228	1.87	2.71	9.95	44.74
30-39	4,875	3.72	3.21	16.06	53.02
40-49	6,755	5.83	2.24	20.68	57.79
50-59	6,667	8.73	1.54	24.94	61.33
60-69	8,382	16.10	1.22	33.49	67.70
70-79	8,041	29.48	0.84	38.59	71.03
≥ 80	4,022	42.29	0.39	34.10	70.40
전체	41,520	5.73	1.11	23.33	61.36

[a]10만 명당 연령별 사망률

농약 중독으로 인한 사망자는 남자가 여자보다 약 2배 정도 많았으며 계절별로는 4월에서 9월까지의 사망률이 다른 계절보다 높게 나타나고 있어 농작업 기간과 밀접히 관련되어 있음을 보여준다(그림 2-1). 농약사망의 주요 원인 물질은 제초제 및 살균제(66.3%)가 가장 많았고, 그 다음으로 유기인계 및 카바메이트계 살충제(11.1%)순이었다. 그리고 농약으로 인한 사망이 시골지역에서뿐만 아니라 도시지역에서도 약 20% 정도 발생하고 있어 농약이 단지 농촌지역만의 문제가 아니라는 것을 알 수 있다(그림 2-2). 직업별 양상을 살펴보면 농업종사자가 전체 사망자에서 약 30%를 차지하고 있었고 절반이 넘는 사망자가 무직이었다. 농촌지역에서 농사를 짓는 노인들의 직업이 농업으로 분류되지 않는 경우들이 많은 것을 고려해 보면 무직자의 상당수가 농사를 짓는 사람

〈그림 2-1〉 국내 농약 중독으로 인한 사망의 월별양상, 1996-2010

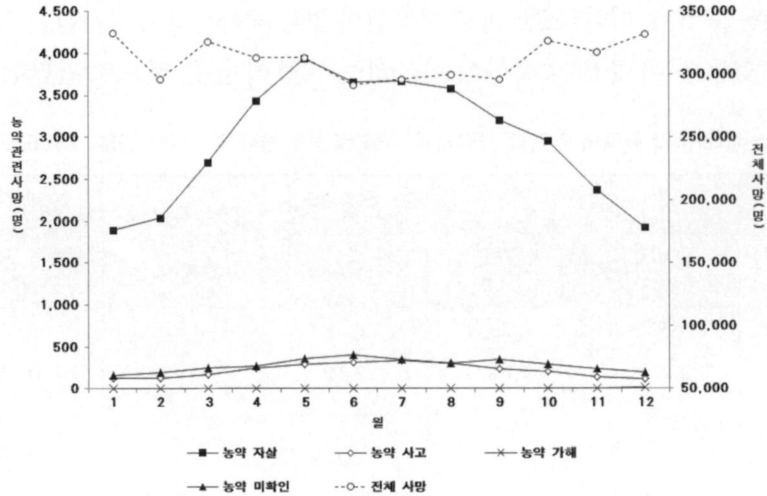

〈그림 2-2〉 국내 농약 중독으로 인한 10만 명당 사망률의 지역적 분포, 1996-2005

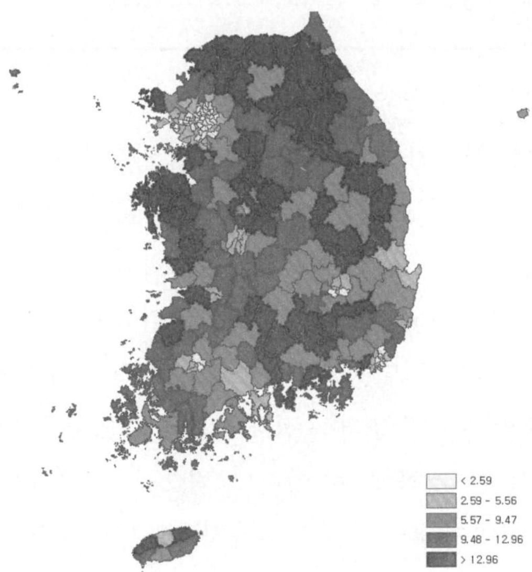

출처 : Lee WJ and Cha ES. Overview of pesticide poisoning in South Korea. *Journal of Rural Medicine*. 2009.

들일 것으로 추정된다. 농업 및 무직 이외의 직업군에는 서비스업종사자와 단순노무종사자 등도 포함되어 있었다. 사망자의 교육수준별 양상을 살펴보면 초등학교 졸업 이하가 전체 사망자의 약 60%로 대부분을 차지하여 전반적으로 사회적 계층이 낮은 사람들에서 농약 중독 사망이 많이 발생함을 알 수 있다.

농약 중독으로 인한 사망자 수는 우리나라에서 다른 질환의 사망 원인과 비교해서 결코 적지 않은 규모이다. 국내 사망원인통계 자료에 의하면 유방암, 자궁암, 간염, 뇌종양, 백혈병, 알쯔하이머병 등 상대적으로 잘 알려진 질환으로 사망하는 경우에 비하여 농약 중독으로 인한 사망 규모가 훨씬 크다. 그러나 농약 중독은 그 규모에 비해서 의료계 및 국민들에게 간과되어 왔으며 이는 농약 중독이 대체로 사회적 소외계층 및 약자들에서 주로 발생되고 있다는 점과 무관하지 않다. 농약 중독은 다른 질병들보다 상대적으로 효율적인 개입과 예방이 가능하기 때문에 보다 많은 사회적 관심이 필요하다.

■ 농약 중독에 대한 국제질병표준분류(ICD-10)

국제질병분류체계에서는 농약 중독과 관련된 질병 및 사망원인을 다음과 같이 분류하고 있다. 따라서 통계청 사망원인통계 자료 및 병의원 자료들을 활용한 연구에서는 다음과 같은 코드 번호를 통해 급성 농약 중독의 정의 및 분류가 가능하다. 그러나 농약(pesticides)과 살충제(insecticides)에 대한 구별 없이 번역되어 있다.

〈물질별 분류〉

T60.0 유기인산 및 카바메이트계 살충제의 중독 작용
T60.1 할로겐화 살충제의 중독 작용
T60.2 기타 살충제의 중독 작용
T60.3 제초제 및 살진균제의 중독 작용
T60.4 살서제의 중독 작용
T60.8 기타 살충제의 중독 작용
T60.9 상세불명의 살충제의 중독 작용

〈원인별 분류〉

X48 살충제에 의한 불의의 중독 및 노출
X68 살충제에 의한 자의의 중독 및 노출
X87 살충제에 의한 가해
Y18 살충제에 의한 의도 미확인의 중독 및 노출

나) 퇴원손상심층조사 자료를 통한 연구

사망에 이르지는 않았지만 농약 중독으로 입원하는 사람들의 규모를 파악하는 것은 전체적인 농약 중독의 크기를 파악하기 위해 중요하다. 우리나라 질병관리본부에서는 전국 100병상 이상의 일반 병원에 입원하였다가 퇴원한 모든 환자 중 표본으로 선정된 170개 병원의 표본 환자를 선정하여 퇴원환자에 대한 전국단위의 표본조사를 실시하고 있다. 비록 병원의 입퇴원 환자를 모두 파악하는 것은 현실적으로 불가능하지만 이러한 표본조사 자료를 통해 전국 추정치를 산출할 수 있다. 농약 중독의 정의는 주 진단코드가 T60.0에서 T60.9인 경우로 정의하고 질병의 외인코드(X48, X68, X87, Y18) 정보를 가지고 있는 경우 농약 중독의 원인을 구분할 수 있다.

이러한 표본조사(sample survey)는 인구집단의 대표성을 갖는 지표를 산출하는 데 유용하다. 표본조사는 연구대상이 되는 모든 사람들(모집단) 중에서 대표성이 있는 일부 집단을 선정하여 조사를 하는 것으로 연구의 효율성과 신속성을 위해 보건학 연구에서 많이 활용되고 있다. 이를 위해 우선 표본틀 설정이 필요하며 이 안에서 대상자들이 동등한 가능성으로 선정될 방법을 적용하는 것이 표본추출이다. 대표성을 위해 일반적으로 지역과 주택유형 등의 변수를 기준으로 층화하며, 퇴원환자조사에서는 지역과 병원규모를 기준으로 층화하였다. 표본조사 자료를 분석할 때에는 일부 표본에 대한 자료를 근거로 전체 규모를 추정해야 하므로 가중치(sampling weights)를 고려한 추정치 산출이 중요하다. 이때 가중치는 여러 단계(설계가중치, 무응답 보정, 사후층화 보정 등)를 통해 구해진다. 예를 들어 퇴원손상심층조사에서는 전국 100병상 이상의 병원에서 일부 병원을 확률비례배분법으로 선정하고 각 병원 내에서 퇴원환자를 계통추출법으로 선정하는 2단 추출법을 적용하였다. 따라서 가중치는 전체 모집단에서 해당 병원이 뽑힐 비율의 역수와 병원 내에서 해당 환자가 뽑힐 비율의 역수를 곱하여 산출한다.

■ **퇴원손상심층조사를 이용한 농약 중독 입원율 추정치 산출 방법**

- 농약 중독 관련 전국 퇴원환자 추정치
  - 퇴원환자 가중치=1차 가중치 × 2차 가중치

$$1차\ 가중치(병원\ 추출률의\ 역수) = \frac{모집단의\ 병원수}{표본\ 병원수}$$

$$2차\ 가중치(퇴원환자\ 추출률의\ 역수) = \frac{각\ 표본병원의\ 전체\ 퇴원환자\ 수}{각\ 표본병원의\ 표본\ 퇴원환자\ 수}$$

  - 전국 농약 중독 관련 퇴원환자수 추정치

$$= \sum_{표본병원별} 농약중독\ 관련\ 퇴원환자수 \times 가중치$$

- 연령표준화 농약 중독 입원율(퇴원율)

$$= \frac{\sum_{5세별}\left(\frac{농약중독\ 퇴원환자\ 추정치(5세별)}{주민등록\ 인구수(5세별)}\right) \times 5세별\ 표준인구수}{주민등록\ 인구\ 총합(표준인구)} \times 10만명$$

퇴원손상심층조사 자료를 이용한 연구 결과에 의하면 2004-2006년 동안 농약 중독 입원율(퇴원율)(pesticide-related hospitalization)은 10만 명당 17.8명으로 총 환자수는 25,982명으로 추산되었다(표 2-5). 이 중에서 연간 5,185명이 사망하였으며 사망률은 10만 명당 3.5명으로 산출되었다. 이러한 규모는 비슷한 형태의 자료를 통해 보고된 미국이나 대만보다 훨씬 높은 수치로서 우리나라에서 농약으로 입원하는 경우가 생각보다 많다는 것을 보여 준다. 만약 100병상 미만의 병원에 입원한 농약 중독 환자들까지 포함하면 그 규모는 더욱 클 것이다. 의도적인 목적으로 복용한 경우가 전체 농약 중독에서 약 70%를 차지하였고 농약 중독 입원율은 남성인 경우, 60세 이상에서, 시골지역에 거주하는 경우, 그리고 농사를 짓는 시기에 높게 나타나 농약 중독 사망에서와 비슷한 지역적, 인적, 시간적 분포의 특성을 보여 주었다.

〈표 2-5〉 국내 농약 중독의 연령표준화 입원율, 2004-2006

연도	환자수	추정 환자수	입원율[a] (95% 신뢰구간)
2004	364	9,373	19.3 (16.7-21.9)
2005	243	7,475	15.3 (12.9-17.8)
2006	284	9,134	18.6 (15.7-21.6)
전체	891	25,982	17.8 (16.2-19.3)

[a]10만 명당 연령표준화 입원율

출처 : Kim HJ et al. Pesticide poisonings in South Korea : findings from the National Hospital Discharge Survey 2004-2006. *Human & Experimental Toxicology*. 2012.

다) 국가응급환자진료정보망 자료를 통한 연구

농약 중독으로 응급실을 방문해서 치료받은 경우들을 살펴보는 것도 농약 중독의 규모를 파악하는 데 유용한 자료원이 될 수 있다. 우리나라에서는 국가응급환자진료정보망(National Emergency Department Information System)이라는 체계를 구축하고 있으며 2011년 현재 142개의 응급의료센터로부터 자료를 수집하고 있다. 중앙응급의료센터에서 발간한 응급의료 통계연보에 의하면 2011년 한 해 동안 전국 응급의료센터에 내원한 응급환자 수는 총 10,327,028명이었고, 이 중 국가응급환자진료정보망에 등록된 응급의료센터를 내원한 환자는 4,429,353명(42.9%)으로 보고되었다.

이 자료를 분석한 결과에 의하면 농약 중독으로 응급실을 방문한 경우는 2006-2009년간 11,985명으로 연평균 10만 명당 26.8명의 응급실 방문율(emergency department visit)을 보여 주었으며(표 2-6) 연도별 큰 차이는 없었다. 응급실을 방문한 전체 중독 환자 중에서 농약 중독은 18.2%를 차지해 사망자료에서의 분율보다 약 1/3 수준으로 낮았다. 농약 중독으로 인한 입원기간은 3일 이하가 대부분이었고 사망률은 퇴원손상심층조사 자료에서보다 낮았다. 농약 중독으로 인한 응급실 방문율은 연령증가에 따라 급격히 증가하였으며 남성에서 높았다. 원인별로는 의도적 복용이 약 절반을 차지하고 있었으며 원

〈표 2-6〉 국내 연령별 농약 중독으로 인한 응급실 방문율, 2006-2009

연령	환자수	응급실 방문율[a]	전체중독 중 농약 중독 분율(%)
0-19	427	3.8	5.5
20-29	585	9.2	7.5
30-39	1,417	18.4	13.5
40-49	2,516	32.0	19.1
50-59	2,160	38.8	20.9
60-69	2,111	61.0	26.8
70-79	1,912	93.0	32.4
≥ 80	857	120.3	34.1
전체	11,985	26.8	18.2

[a]10만 명당 연령별 응급실 방문율

출처 : Ko Y et al. Emergency department visits due to pesticide poisoning in South Korea, 2006-2009. *Clinical Toxicology(Philadelphia)*. 2012.

인물질은 제초제류가 가장 많았다. 계절별로는 여름이 34%로 가장 높았고 겨울이 16%로 가장 낮았다.

국가응급환자진료정보망은 표본 자료가 아니므로 우리나라 전체 응급실 방문을 대표한다고 보기에는 한계점을 갖는다. 그러나 지역과 연도별 응급의료센터의 수와 방문 환자들의 분포를 고려하여 가중치를 적용하면 어느 정도 대표성 있는 결과를 보고할 수 있다. 또한 도시와 농촌 간의 보고체계에 대한 차이가 결과에 영향을 주는지를 판단하기 위해서 도시와 농촌 간에 비특이적 물질(unspecified substances)이라고 보고한 분율을 비교할 수 있다. 즉 비특이적 물질로 보고된 분율이 높을수록 부정확한 정보가 많고 정보 입력 등의 처리가 불완전하다고 볼 수 있는데 이 자료에서는 농촌과 도시가 각각 7.6%, 7.2%로 거의 비슷하였다. 따라서 도시와 농촌 간의 차이가 이 시스템의 자료 입력상의 신뢰도나 정확도에 큰 영향을 주지 않았음을 보여 준다. 그리고 이 자료에서는 환자의 개인 식별 구분이 되어 있지 않기 때문에 같은 환자가 병원 간의 이동으로 중복 계산될 수 있으므로, 이를 파악하기 위해서는 환자가 처음 도착한 병원과 전원된 병원, 그리고 각 병원의 입퇴원 일자의 시간적 경과를 방문 환자들의 성별, 나이, 발생일자, 그리고 보험유형을 결합하여 확인하는 것이 중요하다. 이처럼 보건학에서는 비록 자료의 특성상 제한점이 있다고 하더라도 다양하고 깊이 있는 해석을 통해 대안을 모색할 수 있다.

라) 건강보험 자료를 통한 연구

건강보험 자료는 전 국민을 대상으로 한 대규모 자료원으로서 보건학 영역에서 다양하게 활용되고 있다. 건강보험 자료에 포함된 변수는 외래 및 입원 서비스를 이용할 경우 발생되는 모든 진료내역 및 비용에 대한 정보로서, 성별, 연령 등의 환자에 대한 일반적인 특성과 상병 코드, 요양개시 및 종료일자, 수술 항목 및 처방약제 등의 진료내역, 총 의료비와 개인부담의료비, 각 진료내역 및 약제비에 대한 비용, 병의원의 유형과 지역 등 요양기관 현황들의 정보가 수집되어 있다.

농약 중독의 규모를 파악하기 위해서 건강보험 자료를 활용할 때에는 몇 가지 사항을 고려해야 한다. 우선 건강보험 자료에는 주상병 및 부상병이 구분되어 있고 각 사람마다 여러 개의 부상병을 포함할 수 있다. 따라서 농약 중독의 정의를 주상병에 국한할지 부상병까지 확대할지 판단하는 것이 필요하다. 건강보험 자료에서의 상병 코드의 타당성 문제가 일부 제기되기도 하지만 급성 농약 중독의 경우 응급성 질환이면서 상대적으로 중증도가 심한 질병이기 때문에 다른 질환에 비해서 오분류되는 정도가 적을 것으로 판단된다. 또한 건강보험 자료에는 자세한 진료내역이 포함되어 있기 때문에 특정 질환에 대한 특이적인 처방약제 및 처치코드를 활용하여 보다 정확한 질병의 확인을 위한 조작적 정의가 가능하다. 그리고 동일한 사람이 여러 번 병의원을 방문한 경우에는 방문한 모든 건수에 대한 정보가 포함되어 있기 때문에 요양개시 일자가 가장 빠른 첫 번째 청구 건을 기준으로 발생자를 정의하여 발생률을 산출할 수 있다.

2006년부터 2010년까지의 건강보험 자료를 활용하여 분석한 결과, 5년간 농약 중독으로 병의원을 이용한 환자는 총 45,290명이었고, 발생률은 10만 명당 18.3명이었다(표 2-7). 지역별로 농약 중독 발생자의 분포를 살펴보면 중소도시(55%), 대도시(25%), 시골지역(21%) 순이었으나, 지역별 인구수를 고려한 발생률을 산출해 보면 시골지역이 10만 명당 40.6명, 중소도시지역이 23.2명, 대도시가 8.4명으로 나타나 대도시에 비해서 시골지역이 약 5배 정도 높았다. 10만 명당 농약 중독 발생률은 남성에서 23.7명, 여성에서 14.0명으로 다른 자료에서와 마찬가지로 남성에서 농약 중독률이 높았다. 연령이 증가할수록 농약 중독이 급격히 증가하는 양상을 보여 10만 명당 연령별 발생률은 0-9세 구간이 4.9명에서 80세 이상이 78.1명을 보이고 있어 고연령층에서의 농약 중독이 매우 높았다.

농약 중독의 발생 및 사망은 주로 늦은 봄과 여름에 많이 발생하여 농번기와 시기적으로 일치함을 알 수 있다. 농약을 자주 사용할 때 농약 중독이 많이 발생되는 양상은 농작업 시 농약 살포로 인한 직업성 사고가 자주 발생되는 것으로 설명할 수 있다. 그러나 농약을 복용해서 자살하는 월별양상도 비슷하게 나타

〈표 2-7〉 국내 농약 중독의 연령표준화 발생률, 2006-2010

연도	전체		입원		외래	
	환자수	발생률[a]	환자수	발생률	환자수	발생률
2006	9,186	19.8	4,999	10.8	4,187	9.0
2007	9,660	20.1	5,185	10.8	4,475	9.3
2008	10,046	20.3	5,638	11.4	4,408	8.9
2009	9,921	19.5	5,732	11.2	4,189	8.2
2010	9,367	17.6	5,240	9.8	4,127	7.8
전체[b]	45,290	18.3	26,274	10.6	19,016	7.7

[a]10만 명당 연령표준화 발생률

[b]각 연도별 중복 환자수 제외

나고 있어 농약 안전살포 뿐만 아니라 농업인 및 일반인에서의 농약에 대한 접근성 제한 등 농약 관리가 시급하게 요구된다.

농약 중독 발생에 있어서도 가장 많은 물질은 제초제 및 살균제(38.8%)였으나 사망 자료에서보다는 분율이 낮았다. 그 대신 유기인계 및 카바메이트계 살충제(18.3%), 기타 살충제(10.7%)가 상대적으로 많은 분포를 보였다. 이는 독성이 심한 제초제에 대한 관리가 우선적으로 필요하다는 것을 시사하며 독성은 약하지만 가정용 살충제 및 일상생활에서 사용되는 살충제로 인한 중독 증상도 흔히 발생하고 있음을 보여 준다.

한편 소아는 성인보다 신진대사가 활발하고 농약에 대한 감수성이 높아 성인과 같은 양에 중독되어도 건강영향이 성인보다 심각하게 나타날 수 있는 취약집단이기 때문에 별도로 살펴보는 것이 중요하다. 건강보험 자료를 활용하여 파악된 2006년부터 2010년까지의 0세부터 14세의 소아 농약 중독 환자는 총 1,407명이었고, 소아의 전체 중독에서 농약 중독은 1.7%를 차지하였다(표 2-8). 우리나라 소아에서의 농약 중독 발생률은 10만 명당 3.3명으로 남아와 1-4세인 경우에 주로 발생하였으며, 계절적으로는 여름인 6월에서 8월에 많이

〈표 2-8〉 국내 소아 농약 중독의 연령표준화 발생률, 2006-2010

연도	전체 중독 환자수	농약 중독		
		환자수	분율(%)	발생률[a]
2006	15,908	254	1.6	2.9
2007	17,361	282	1.6	3.3
2008	17,092	363	2.1	4.3
2009	18,559	351	1.9	4.2
2010	17,795	179	1.0	2.2
전체[b]	68,892	1,407	1.7	3.3

[a]10만 명당 연령표준화 발생률

[b]각 연도별 중복 환자수 제외

발생하였다. 소아의 농약 중독 환자는 외래인 경우가 80%로 대부분을 차지하였고, 재원기간은 1일인 경우가 가장 많았다. 또한, 1,407명의 소아 농약 중독 환자 중에서 사망한 경우는 6명으로 농약 중독의 중증도는 성인에 비해 경미한 것으로 나타났다. 그러나 농약중독 규모가 외국에 비해 크며 대부분 예방 가능한 사고성 중독이어서 소아 및 어린이에 대한 농약 중독 감시와 관리에 많은 노력이 있어야 한다.

이상의 결과를 종합하면 우리나라의 농약 중독률과 농약 중독으로 인한 치명률은 외국과 단순 직접 비교하기는 어렵지만 대체로 높다고 할 수 있다. 이러한 주요 원인은 우리나라에서 농약 관리가 허술해 누구나 쉽게 농약을 구입하고 사용할 수 있기 때문이다. 또한 농약 중독자 중 노인인구가 많은 것도 높은 치명률의 원인이 될 수 있다. 2차 자료를 통해 지금까지 파악된 농약 중독 관련 요인들로는 남성, 고연령, 농촌 지역, 농업인 및 낮은 교육수준, 농사철인 늦은 봄부터 여름까지의 시기 등이 포함된다. 향후 보다 체계적인 조사를 통해 우리나라에서 농약복용이 많으며 치명률이 높은 이유에 대한 분석과 그에 대한 예방대책을 강구하는 것이 요구된다.

2. 직업성 농약 중독

직업성 농약 중독(occupational pesticide poisoning)은 농업인 외에도 농약 제조근로자, 농약 운반 및 폐기 근로자, 농약 살포 대행 근로자 등 농약을 취급하고 있는 다양한 직업군에서 발생할 수 있다. 미국 국립산업안전보건연구원에서 운영하는 농약 중독 감시체계의 자료에 의하면 직업성 농약 중독에 의해 보고된 환례 중 농업인은 절반 정도였으며 나머지는 농업 이외의 직종으로 보고된 바 있다. 농약을 다루는 가장 대표적인 직업군인 농업인들 중에서도 농약 중독을 경험하는 사람들의 규모를 정확히 파악하는 것은 매우 어렵다. 조사된 사람들이 전체 농업인을 대표할 수 있어야 하며 농약 중독을 어떻게 정의하는지 등에 따라 규모가 달라질 수 있기 때문이다. 따라서 국제적으로도 농업인에서의 직업성 농약 중독의 규모에 대한 해답을 갖고 있는 나라는 많지 않다.

미국에서는 국립산업안전보건연구원의 농약 중독 감시체계를 통해 1998-2005년도에 농작업자 10만 명당 연평균 54명의 농약 중독자를 보고하였다. 에콰도르에서도 1991-1992년도에 감시체계를 통해 10만 명당 171명의 농업인이 농약 중독으로 보고되었고, 코스타리카에서는 1986년도의 병원 기록을 통해 10만 명당 15명의 농업인을 농약 중독으로 보고하였다. 한편 설문조사를 통해 조사된 결과에 의하면 니카라과 농업인의 6.7%, 브라질은 6.5%, 중국은 8.8%, 베트남은 31%, 인도는 83.6%의 농업인이 1년 동안 급성 농약 중독에 해당하는 증상을 갖고 있는 것으로 보고된 바 있다. 이처럼 국가별 큰 차이를 보이는 것은 실제로 발생되는 농약 중독의 차이뿐 아니라 각 나라별 농약 중독을 정의하는 방식과 조사 방식 및 범위가 서로 다르기 때문이며, 따라서 각 나라별 발생률을 직접 비교하는 것에는 많은 제한점이 있다.

한편 국내에서 농업인을 대상으로 실시된 기존 연구들을 살펴보면 매우 다양한 직업성 농약 중독률(5.7-86.7%)이 보고된 바 있다. 이러한 차이는 농약 중독에 대한 정의, 노출 형태 및 노출량, 조사 연도 및 대상자의 차이 등으로 인한 것으로 우리나라를 대표하는 직업성 농약 중독률을 제시하기에는 많은 한계가 있다. 따라서 국내 직업성 농약 중독률을 파악하기 위해서 표본조사가 실시되었다.

1) 국내 농업인 표본조사

우리나라 농약 중독 표본조사는 남성 농업인을 대상으로 우선적으로 실시되었다. 그 이유는 직업성 농약 중독은 남성에서 여성보다 높게 보고되어 왔으며, 남성은 전통적으로 농작업 시 여성보다 농약 살포 작업에 많은 시간과 기회를 갖기 때문이다. 그러나 여성의 농작업 참여도 실제로 많이 이루어지고 있어 향후 여성에 대해서도 농약 중독에 대한 조사가 이루어져야 할 것이다.

국내 남성농업인 표본조사는 2010년 한국농촌가구에 등록된 농가들을 모집단으로 하였으며 가구수, 연령별 가구원수 그리고 아파트 거주 분율의 3가지 변수를 기준으로 모집단을 층화한 후 약 2,000명의 표본 규모를 설정하였다. 표본수는 예측되는 농약 중독 유병률 및 오차범위와 연구 예산 등을 고려하여 설정되었다. 비례추출법에 의해서 모집단내의 67개의 읍 · 면을 추출하였고, 각 읍면에서 3개의 마을이 선정되었으며 최종적으로 선정된 197개의 마을에서 각각 10개의 가구를 대상으로 설문조사가 수행되었다.

표본조사 결과 2010년 한 해 동안 우리나라 남성 농업인에서 급성 농약 중독은 약 209,512명(농업인 100명당 24.7명)이 발생한 것으로 추산되었다(표 2-9). 대다수가 농약 살포로 인한 경미한 임상증상을 호소한 경우들이지만 이 중 18,319명(농업인 100명당 2.2명)은 농약 중독으로 인해 병의원을 방문하여 외래치료를 받았고 4,278명(농업인 100명당 0.5명)은 병원에 입원치료를 받은 것으로 추산되었다. 한편 평생 동안 한 번이라도 농약 중독으로 입원한 경우는 약 6.1%로서 이를 전체 남성 농업인으로 추산하면 52,068명에 해당된다. 이 결과는 우리나라 최초로 대표성을 지닌 직업성 농약 중독 발생률을 보고하였다는 데에 중요한 의미가 있다. 우리나라 직업성 농약 중독 발생률 규모는 비록

〈표 2-9〉 국내 남성 농업인 표본조사에서 치료형태별 직업성 농약 중독률(%), 2010

치료형태	추정 발생자수	중독률(95% 신뢰구간)
미치료	167,512	19.7 (17.3-22.1)
자가치료	15,430	1.8 (1.1-2.5)
외래	18,319	2.2 (1.5-2.8)
입원	4,278	0.5 (0.2-0.8)
전체[a]	209,512	24.7 (22.1-27.2)

[a]치료형태의 결측치로 인해 각 범주의 합과 전체 환자수에는 차이가 있음

출처 : Lee WJ et al. Incidence of acute occupational pesticide poisoning among male farmers in South Korea. *American Journal of Industrial Medicine*. 2012.

직접적인 비교에 제한점이 있지만 베트남, 인도네시아, 인도 등의 결과와 비슷하고 미국, 니카라과, 브라질의 결과보다 높은 수준이다.

2) 직업성 농약 중독의 정의

직업성 농약 중독을 정의하기 위해서는 설문을 통해서 농약 중독의 경험을 묻거나 농약을 살포한 후의 증상을 물어보는 방법이 가장 많이 활용되고 있다. 이 방법은 특히 병의원 치료 이전 단계의 경미한 농약 중독자를 선별하거나, 직업성 농약 중독의 발생 규모를 신속히 파악할 수 있는 장점이 있다. 반면 중독 경험이나 증상이 자가보고(self-reporting)에 의한 것이므로 주관이 개입될 수 있다. 따라서 농약 중독 증상 및 징후의 정보를 활용하되 농약 중독 정의를 위한 합리적인 원칙을 설정하는 것이 더욱 중요하다.

세계보건기구(표 2-10)와 미국 국립산업안전보건연구원(표 2-11) 프로그램에서는 광범위한 문헌고찰과 전문가 자문을 통해 증상 및 징후를 이용하여 농약 중독을 정의 내릴 수 있는 기준을 제시한 바 있다. 이 기준은 농약에 노출된 것에 대한 정확성, 농약 중독 증상 및 징후, 그리고 이 둘의 인과관계성을 기준으로 한다. 엄밀한 의미에서 이러한 기준은 농약 중독 환자인지 아닌지를 명확하게 구분하기보다 농약 중독의 가능성이 높고 낮은지를 판단하는 기준으로 해석되는 것이 더 적절하다.

한편 미국 국립산업안전보건연구원에서는 농약 노출, 건강영향, 인과관계 요인들을 〈표 2-11〉과 같이 4가지로 나누고 각 기준들을 조합하여 정의한다. 즉 농약 노출, 건강영향, 인과관계 모두가 1점인 경우 '확실한 환례'로 정의하고, 농약 노출만 2점인 경우이거나 건강영향만 2점인 경우는 '환례로 추정'한다.

〈표 2-10〉 세계보건기구의 농약 중독 분류기준

환례 분류 / 범주	환례로 추정됨 (각 범주마다 최소한 1개가 해당될 경우)	환례일 가능성 있음 (각 범주마다 최소한 1개가 해당될 경우)	불분명한 환례 (범주 상관없이 최소한 1개가 해당될 경우)
농약 노출	· 의사나 전문가에 의한 농약 잔여물, 냄새, 기타 오염의 관찰 · 환자나 목격자 또는 농약사용 기록지에 근거한 농약 노출 설명 · 농약 노출이 확실한 생물학적 모니터링 결과나 생리적 반응 · 토양, 의복, 공기, 마시는 물에서 농약검출 · 농약 중독에 대한 해독제 처방이나 임상치료	· 의사나 전문가에 의한 농약 잔여물, 냄새, 기타 오염의 관찰 · 환자나 목격자 또는 농약사용 기록지에 근거한 농약 노출 설명 · 농약 노출이 짐작되는 생물학적 모니터링 결과 · 토양, 의복, 공기, 마시는 물에서 농약검출	· 농약노출의 증거 없음 · 농약 노출이 아니라는 증거 있음
건강 영향	의사나 전문가에 의해서 다음과 같이 기록된 경우 · 농약으로 인한 독성증후군이나 건강영향 · 농약 노출로 인한 징후와 일치하며 다른 조건으로는 설명이 잘 안됨 · 농약 노출로 인한 실험적 결과와 일치하며 다른 조건으로는 설명이 잘 안됨 · 농약 노출에 합당한 3개 이상의 증상 · 농약 중독이 확인된 부검결과	의사나 전문가에 의해서 다음과 같이 기록된 경우 · 농약 노출에 의한 건강영향(특정 증후군이 없더라도) · 기저질병의 악화 · 실험적 결과나 객관적인 징후는 없고 환자에 의해 진술된 2개 이상의 주관적인 증상	· 징후나 증상에 관한 문서가 없음 · 주관적인 증상 1개만 호소 · 건강영향에 대한 불충분한 정보
인과 관계	· 농약독성과 일치되는 건강영향과 농약 노출 간에 시간적 인과관계가 있음	· 농약독성과 일치되는 건강영향과 농약 노출 간에 시간적 인과관계가 있음 · 환례보고와 일치되는 건강영향과 농약 노출 간에 시간적 인과관계가 있음 · 비록 관찰된 적이 없는 건강영향이지만 농약독성과 모순되지 않고 다른 요인으로 설명이 되지 않으면서 농약 노출과 시간적 선후관계가 있음	· 농약 노출과 건강영향의 시간적 인과관계가 타당하지 않음 · 농약독성이나 환례보고와 일치하지 않는 건강영향을 보임 · 인과성에 대한 정보가 불충분함

출처 : Thundiyil JG et al. Acute pesticide poisoning : a proposed classification tool. *Bulletin of the World Health Organization.* 2008.

〈표 2-11〉 미국 국립산업안전보건연구원 농약 중독 감시체계에서의 농약 중독 분류기준

범주 \ 점수	1	2	3	4
농약노출	실험적, 임상적, 환경적 증거에 의해서 확증된 경우	문서 또는 진술에만 의존한 증거	농약 노출이 아닌 것에 대한 확실한 근거	불충분한 정보
건강영향	의료 전문가의 보고에 의한 2개 이상의 징후나 실험적 결과	2개 이상의 주관적 증상 또는 의사에 의해 진단된 새로운 질병 및 기존 질병의 악화	농약 노출 후에 관찰된 징후, 증상, 실험적 결과 없음	불충분한 정보
인과관계	농약 노출과 건강영향 간에 시간적 선후관계가 있거나 기존 지식과 일치함	농약 노출과 건강영향의 연관성에 대한 근거가 없음	원인물질이 농약이 아닌 것에 대한 확실한 근거	농약 노출과 건강영향 간에 원인적 연관성을 결정하는데 필요한 독성학적 정보가 불충분함

범주 \ 환례 분류	확실함	추정됨		가능함	의심됨	불분명함	불충분한 정보		환례 아님: 증상 없음	환례 아님: 관련 없음	
농약노출	1	1	2	2	1 또는 2	1 또는 2	4	-	-	3	
건강영향	1	2	1	2	1 또는 2	1 또는 2	-	4	3	-	
인과관계	1	1	1	1	4	2	-	-	-	-	3

출처 : NIOSH. *Pesticide-Related Illness and Injury Surveillance : A How-To Guide for State-Based Programs*. 2005.

3) 농약 중독 증상

일반적으로 농약의 급성 노출에 의한 신체영향은 농약의 화학적 종류에 따라 다르게 나타날 수 있다. 가장 잘 알려진 독성 기전은 유기인계 및 카바메이트계 농약에 의해서 아세틸콜린에스테라제의 활성도가 감소되는 것이다. 이들 농약이 콜린에스테라제와 결합하여 콜린에스테라제의 작용을 억제함으로써 신경근접합부(neuro-muscular junction)에 아세틸콜린이 과잉 축적되어 처음에는 신경 전도를 자극하다가 피로현상에 의해 점차 신경전달이 마비된다. 축적된 아세틸콜린과 농약들은 무스카린(muscarine) 및 니코틴(nicotine) 수용체에 대한 자극으로 호흡곤란, 구토, 동공 수축, 눈물 · 땀 · 침 분비물의 증가 등의 증상을 유발한다. 대표적인 유기인계 증상은 DUMBELS(Diarrhea, Urination, Miosis, Bronchospasm, Emesis, Lacrimation, Salivation)이라고도 알려져 있다. 그러나 이러한 임상증상은 노출량, 농도, 접촉시간, 노출경로 등에 따라 차이가 있을 수 있다.

24개 국가에서 6,359명을 대상으로 한 연구에 의하면 대부분의 농약 중독에서 두통, 어지러움, 메스꺼움, 구토가 가장 많이 나타나는 증상이라고 보고한 바 있다. 영국에서 약 4,000명의 농업인을 대상으로 한 연구에서도 보고된 증상들이 농약의 독성학적 성질에 따라 크게 다르지 않았다고 보고하였으며, 우리나라 농업인들에서도 작업 시 농약 중독과 관련되어 농약 종류별로 다르게 나타나기보다는 어지러움, 메스꺼움, 구토, 피로감, 두통, 피부 가려움, 눈앞이 흐려짐 등 비특이적인 증상이 흔하게 관찰되었다. 이러한 결과들은 특정 물질에 노출되는 복용이나 사고와 달리 농작업 시에는 여러 가지 농약들을 함께 사용하기 때문에 농약 성분별 특이적 증상보다는 비특이적으로 혼합된 증상들을 먼저 호소하기 때문으로 해석된다.

농약 중독에 의한 증상은 대체로 주관적이고 비특이적이어서 객관적으로 검증하기는 쉽지 않다. 또한 기존에 수행된 연구들에 의하면 조사 대상자들마다 농약 노출 이후에 호소하는 증상의 종류와 횟수에 차이를 보이고 있어, 국외 연구에서의 증상을 우리나라 농업인에게 그대로 적용하기에는 많은 제한점이 있다. 이처럼 농약 중독증상이 갖는 주관성은 많은 연구에서의 공통적인 한계점이지만 경미한 상태의 중독자를 파악하는 유일한 방법으로 활용되고 있다. 따라서 비록 주관적이고 비특이적인 방법이라고 하더라도 일관된 기준을 설정하여 중독자를 정의한다면 보건학 연구에서 유용한 도구가 될 수 있다.

임상증상을 보다 객관적으로 검증하기 위해서 노출과의 연관성을 평가하는 것이 필요하다. 이를 위해서 임상증상과 별도로 농약 노출이 있었는지를 묻는 절차가 중요하다. 이 두 가지를 모두 갖고 있는 경우에 한해서 그리고 노출이 먼저 일어났을 때 농약 중독이라고 정의내릴 수 있다. 더 간단한 방법으로는 스스로 농약 노출 때문에 중독이 발생되었다고 판단하는 경우를 농약 중독이라고 정의하기도 한다. 그러나 이 방법은 노출과 증상 및 질병을 스스로 판단하는 주관성 때문에 개인별 차이가 클 수 있다.

우리나라 남성 농업인 표본조사에서는 먼저 21개의 임상 증상(메스꺼움, 목이 따가움, 콧물이 남, 두통, 어지러움, 불안감, 과도한 땀분비, 근무력, 피부가 가렵거나 화끈거림, 눈이 따가움, 눈물이 많아짐, 피로감, 구토, 설사, 호흡곤란, 시야 흐려짐, 손발 저림, 말 어눌해 짐, 가슴이 답답함, 사지마비, 실신) 유무를 조사하였고 다음으로 이러한 증상이 농약 노출 48시간 이내에 발생된 것인지를 물었으며, 이 두 가지 조건을 모두 만족하는 경우를 직업성 급성 농약 중독으로 정의하였다. 임상증상 자체에 대해서는 과대 보고가 있을 수 있으나 노출 여부 및 인과성 항목을 동시에 적용하면 상당 부분 줄일 수 있다. 따라서 농약 중독의 인과성을 판단하는데 있어서 대한 전문가적 평가가 한 요소로 포함되는 것이 중요하다.

시간이 경과할수록 기억력이 감소하기 때문에 얼마의 기간을 두고 농약 중독 경험을 물어보아야 하는지에 대한 주제도 보건학 분야에서 연구되고 있는 내용이다. 일반적으로 심한 질병의 경우일수록 정확히 기억하는 경우가 높기 때문에 심한 재해의 경우 12개월까지는 재해율 산출에 영향을 주지 않은 기억력을 보인 반면 경미한 경우는 3개월이 지나면 기억력이 유의하게 감소된다고 보고되기도 하였다. 따라서 농약 중독에 대한 설문조사에서도 증상만 호소한 경우에는 기억력 손실로 인해 과소 보고될 가능성이 있으나 입원 등의 경우는 상대적으로 정확히 보고되었을 것으로 판단할 수 있다. 경미한 농약 중독 증상에 대한 조사를 위해서는 지난 1년간으로 묻는 것보다는 농약 살포시기에 지난 1개월 동안의 중독증상과 작업 상황을 조사하는 것이 바람직하다.

4) 농약 중독 중증도 분류

농약 중독의 개념은 가벼운 증상에서부터 입원 및 사망에 이르는 경우까지 매우 넓은 범위를 포함한다. 이처럼 이질적인 농약 중독을 동일한 범주로 취급하는 것은 질병의 효율적 관리를 위해서도 바람직하지 않다. 따라서 농약 중독을 중증도(severity)에 따라 분류하여 살펴보는 것이 중요하며 분류기준으로는 임상증상, 치료형태, 작업손실 정도 등이 있다(표 2-12).

우선 증상의 종류를 구별하여 중증도를 구별할 수도 있다. 예를 들어 단순한 두통보다는 마비가 오거나 구토를 하는 경우가 심한 중독이라고 볼 수 있다. 비록 증상이 주관적이긴 하지만 증상의 종류를 통해 중증도를 구별하는 방법은 나름 합리적이라고 할 수 있다. 이러한 구별은 이미 농약 중독의 중증도를 구분하기 위해 세계보건기구에서 제시된 바 있으며 베트남 및 인도 등 다른 나라 연구에서도 비슷하게 등급화하였다. 보다 간단하면서도 객관적으로 접근할 수 있는 것은 치료 유형에 따른 분류이다. 즉 단지 증상만 있었던 경우, 자가 치료(약복용 포함)를 했던 경우, 외래를 이용한 경우, 심해서 입원까지 했던 경우들을 설문으로 파악하여 중증도 분류에 적용할 수 있다.

우리나라 남성 농업인 조사에서 증상을 기준으로 농약 중독의 중증도를 구별하면 전체 중독률 24.7% 중에서 경미한 경우는 16.0%, 중간 정도는 7.9%, 심한 경우는 0.8%였다. 치료형태별로는 미치료 78.8%, 자가치료 7.6%, 외래치료 9.8%, 입원치료 2.0% 순으로 나타났다. 증상이 심각할수록 외래 또는 입원치료 분율이 높아, 경미한 증상의 경우 입원치료가 0.3%, 외래치료가 7.5%인 반면 심각한 증상의 경우 각각 14.3%, 21.4%였다. 또한 농약 중독으로 인해 입원한 경우에 외래나 자가치료한 경우보다 작업손실 일수가 많아짐을 확인함으로서 중증도와 작업손실 일수가 비례함을 볼 수 있었다. 이처럼 중독자의 개념이 이질적이라고 하더라고 중증도별로 파악한다면 보다 객관적인 비교가 가능하며 중증도별 규모 파악은 보건학적 대책을 세우는 데에 있어서 중요한 의미를 가질 수 있다. 미국의 농약 중독 감시체계에서도 외래 치료 일수 또는 입원 일수를 기준으로 중증도를 분류한 바 있다.

또한 질병 이환 시 약을 복용하였는지에 대한 정보도 중증도 분류에 중요한 기준이 될 수 있다. 예를 들어 천식과 농약 노출 연구에서 천식의 중증도를 구분하기 위해 약물 복용 또는 천식으로 인한 입원 여부의 변수가 활용될 수 있으며, 악성종양의 경우에는 병기(stage) 정보가 활용될 수 있다. 이러한 중증도 변수들은 농약 노출과 질병의 양-반응관계를 파악할 수 있게 한다. 따라서 보건학 연구에서 가능한 다양한 정보를 활용하여 질병의 중증도에 대해 구분을 하려는 노력이 필요하며, 비록 정확한 정보는 아닐지라도 중증도를 합리적으로 판단하는 데 활용될 수 있다.

〈표 2-12〉 농약 중독의 중증도 분류 방법

분류 방법	중증도	내용
임상증상	경미한 증상	메스꺼움, 목이 따가움, 콧물이 남, 두통, 어지러움, 불안감, 과도한 땀분비, 피부가 가렵거나 화끈거림, 눈이 따가움, 눈물 많아짐, 피로감
	중간 증상	구토, 설사, 호흡곤란, 시야 흐려짐, 손발 저림, 말 어눌해짐, 가슴이 답답함
	심각한 증상	사지마비, 실신
치료형태	미치료	농약 중독 증상을 치료하지 않은 경우
	자가치료	자가 치료하거나 약을 복용한 경우
	외래	병의원 방문 후 통원 치료받은 경우
	입원	병의원 방문 후 입원하여 치료받은 경우
작업손실	1일 미만	농약 중독 증상으로 일을 못한 기간이 24시간 미만
	1-3일 미만	일을 못한 기간이 1일 이상, 3일 미만인 경우
	3-7일 미만	일을 못한 기간이 3일 이상, 7일 미만인 경우
	7일 이상	농약 중독 증상으로 인해 일주일 이상 일을 못한 경우

5) 농약 중독 원인물질

가장 많은 중독을 일으킨 농약을 파악하는 것은 실질적인 예방대책을 세우기 위해 매우 중요한 정보이다. 흔히 가장 독성(toxicity)이 강하거나 사용량(amount)이 많은 농약일 것이라고 생각하기 쉬우나 실제로는 가장 자주(frequency) 사용하는 농약이 중독을 가장 많이 발생시키는 것으로 조사되었다. 다시 말해 농약의 사용 빈도 즉 얼마나 자주 사용하느냐가 농약 중독에 더 중요한 것이라고 볼 수 있으며 따라서 농약 중독을 예방하기 위해서는 농약 살포 횟수 자체를 줄이는 것이 무엇보다도 중요하다. 이러한 의미에서 농약 중독의 예방을 위해 각 작목별 농약 살포 횟수 자체를 줄이려는 농학적 연구들도 중요하다.

국내 남성 농업인 표본조사에서 가장 많은 중독 원인물질로 보고된 물질은 cartap, paraquat, fenobucarb 등이다(표 2-13). Cartap은 네레이스톡신이라는 갯지렁이에서 추출한 살충성분을 합성한 살충제이고 fenobucarb은 카바메이

〈표 2-13〉 국내 남성 농업인 조사에서 중독을 일으킨 농약과 흔히 사용된 농약의 순위 비교

순위	중독시 보고된 농약	흔히 사용되는 농약
	일반명(분류)	일반명(분류)
1	cartap hydrochloride(살충제)	paraquat(제초제)
2	paraquat(제초제)	butachlor(제초제)
3	fenobucarb(살충제)	fenobucarb(살충제)
4	imidacloprid(살충제)	cartap hydrochloride(살충제)
5	glyphosate(제초제)	tricyclazole(살균제)
6	carbofuran(살충제)	glyphosate(제초제)
7	fenitrothion(살충제)	mancozeb(살균제)
8	mancozeb(살균제)	imidacloprid(살충제)
9	butachlor(제초제)	carbofuran(살충제)
10	cypermethrin(살충제)	ferimzone+tricyclazole(살균제)

트게 살충제이다. 이 두 가지 모두 우리나라에서 가장 많은 작목인 벼에서의 방제(pest control)를 위해 주로 사용되는 농약들이다. Paraquat은 국내에서 가장 자주 사용되는 비선택적 제초제 중의 하나이다. 한편 다른 아시아 국가 및 남미국가에서는 유기인계 농약이 농약 중독의 원인으로 가장 많이 보고되고 있다. 이러한 차이는 각 나라별, 지역별, 조사 시기별, 대상자 등의 차이와 더불어 작목별 농약 사용에 의한 차이라고 판단된다. 미국 국립산업안전보건연구원의 감시체계 결과와 캘리포니아 주에서의 감시체계 결과에서도 가장 흔한 중독을 발생시키는 농약의 종류에 많은 차이를 보였다.

6) 농약 중독 관련 요인

질병의 위험요인(risk factor)을 찾아내는 것은 역학연구의 한 분야로서 질병의 원인을 규명하는 데 기여하고 농약 중독의 예방대책을 세우기 위해서 중요한 역할을 담당한다. 농약 중독의 위험 요인을 평가하기 위해서는 위험요인별로 교차비(odds ratio) 혹은 비교위험도(relative risk)라는 지표를 사용하여 어떤 요인이 중독의 위험성을 얼마나 높이는지 또는 감소시키는지로 표현된다. 즉 농약 중독 여부를 종속변수로 하고 성, 연령, 작업형태 등을 독립변수로 하는 모델을 구축한다. 만약 종속변수가 단순히 중독인지 아닌지의 두 가지 경우보다 많은 경우로 분류된다면, 예를 들어 중독의 중증도(비중독, 경미한 중독, 심한중독 등)별로 위험도를 산출한다면 다항로지스틱(multinomial) 분석을 적용한다.

지금까지 농약 중독의 위험도를 높이는 것으로 인구학적 및 작업 관련 요인들이 보고되었지만 연구 대상자와 시기가 달라 연관성 여부 및 크기가 일관적이지 못한 경우들이 많다. 또한 지금까지 파악된 객관적인 요인들 외에 보다 심층적인 사회심리학적 요인들에 대한 연구는 거의 실시된 적이 없다. 그리고 직업성 중독요인과 자살 목적 복용의 위험요인들과는 대체로 일치하지만 몇 가지 요인들은 서로 다른 방향으로 나타나기도 한다. 즉 자살 복용에서는 고연령과 낮은 교육수준이 위험요인으로 작용하였지만 직업성 중독의 경우는 반대

양상을 보인다.

가) 인구학적 요인

개인적 특성들도 농약 중독과 많이 관여하고 있어 젊은 연령, 남성, 높은 교육 수준 및 경제상태일수록 직업성 농약 중독의 위험이 높다. 고령으로 갈수록 위험도가 감소하는 것은 훈련효과(training effect)와 더불어 젊은 층이 상대적으로 직접적인 농작업을 더 많이 하기 때문으로 판단된다. 그리고 남성이 더 많은 농약 작업을 하므로 전 세계적으로 남성이 농약 중독에 많이 이환되는 공통성을 가진다. 그러나 미국 국립산업안전보건연구원 자료에 의하면 여성 농업인에서의 급성 농약 중독 발생률이 남성보다 높았다. 그것은 미국에서 여성들이 소규모 작업 또는 농기계를 덜 사용하는 작업에 종사하는데 이런 작업들이 오히려 실제 농약 노출은 많은 경우가 있기 때문이다. 또한 남성들의 경우 중한 질병만 보고하는 경향이 있어 상대적으로 여성에서 중독률이 높게 보고될 수도 있다. 한편 교육 및 경제수준이 높은 사람들에서 위험도가 높게 나오는 것은 이들이 대체로 많은 경작면적을 소유하고 있어 농약 살포의 기회가 많아지기 때문으로 알려졌다.

국내 남성 농업인 표본조사에서 50대 미만이 가장 중독률이 높았으며 연령 증가에 따라 감소하였다. 이것은 젊은 연령층에서 작업을 많이 하고 상대적으로 교육수준이 높아 같은 중독 상태에서 증상 보고 자체가 높을 수 있기 때문이다. 이러한 양상은 농약복용으로 인한 중독사망과는 반대이다. 특히 노인들은 같은 수준의 농약에 노출되더라고 젊은 층보다 병원에 입원하기 쉽고 사망률도 높은 취약집단이다. 우리나라와 달리 외국에서는 20-30대에서 중독률이 가장 높은 경우가 많으며 이러한 연령별 중독률의 차이는 각 나라 농업인구 구성과 밀접한 관련이 있다.

한편 개인이 갖고 있는 중독의 의도성은 중독 이후의 건강 상태에 중요한 영향을 끼친다. 우리나라를 비롯한 아시아 및 라틴아메리카 국가들은 자살 목적으로 농약을 복용하는 경우가 가장 많으며 의도적인 중독의 경우 비의도적인 중독보다 대체로 예후가 나쁘다. 농약에 대한 보관이 철저하지 못해 음료수로 오인해서 복용하는 경우들도 있다. 농약 보관 및 관리가 철저한 나라들에서는 복용에 의한 경우는 거의 없고 상대적으로 농약 살포로 인한 중독이 많이 차지하고 있다.

농약 중독과 관련된 요인으로 개인적인 염려(concern)가 행위를 바람직하게 하는 중요한 요인이라고 보고되고 있다. 염려의 수준이 높은 사람은 그렇지 않은 사람에 비해서 보호구 착용률도 높고 살포 시 안전행위들도 잘 지키는 것으로 보고되었다. 한편 교육을 통해 보호구 착용률을 높인다는 보고가 있으나 개입 연구를 통해서 교육이 유용하다는 증거를 찾지는 못하고 있어, 단지 교육만이 아니라 사회적 규범 또는 문화 등과 함께 접근하는 것이 중요하다.

나) 작업 관련 요인

농약 작업 관련 요인들이 농약 중독의 위험을 높이는 데 가장 중요한 영향을 준다. 즉 농약 사용량이 많을수록, 농약 살포 경력이 오래 될수록, 연간 농약 살포일이 많을수록, 연속 살포 일수 및 1일 살포 시간이 길수록, 보호구를 착용하지 않을수록, 위생행위를 지키지 않을수록 농약 중독과 유의하게 관련된 것으로 보고되었다. 여러 농작업 중에서 특히 비닐하우스 작업, 고랭지 농작업, 과수재배 작업들이 농약 중독 위험이 높은 것으로 보고되고 있다. 일반적으로 경지면적이 클수록 농약 살포 기회가 많아지기 때문으로 농약 중독의 위험도가 높게 나오는 경우가 많다. 그러나 간혹 대규모 경지면적을 소유한 농업인의 경우 직접 살포보다는 농약 살포자를 고용하는 경우가 있어 반대로 나오는 경우도 있다.

농약 중독 시 작업형태는 대부분 농약을 직접 살포할 때 발생되는 것으로 알려져 있다. 그러나 농약을 섞을 때 또는 이동 중에도 발생할 수 있다. 계절별로는 농약 작업이 많은 여름철에 중독 위험이 높다. 우리나라에서도 대부분의 농약 중독이 여름철에 발생하는 것으로 보고되었다. 이는 다른 나라도 공통적인 현상으로 농번기에 특히 중독 예방을 위한 사업이 중요하다는 것을 보여주는 자료가 된다.

작업 시 개인보호구의 미착용은 일관되게 중독의 위험성을 높인다. 특히 장갑과 마스크의 미착용이 다른 보호구보다 위험도의 크기를 더욱 증가시킨다. 이것은 농약의 피부와 호흡기 흡수의 중요성을 의미한다. 그러나 장갑 및 마스크 착용이라는 것 자체가 직접 의미하는 것 외에 간접적으로 다른 상태를 암시할 수 있고 그것이 의미하는 바를 파악해 내는 것이 종합적인 예방대책을 위해 중요하다.

농약 살포 시 위생행위 준수 여부도 중독 위험과 밀접한 관련이 있다. 특히 바람을 등지지 않고 살포하는 경우, 한낮에 살포하는 경우, 농약 사용법과 용량을 준수하지 않는 경우 중독의 위험도가 높은 것으로 알려졌다. 따라서 위생행위 수칙을 준수하고 보호구를 올바로 착용하는 것이 무엇보다도 중요하다고 할 수 있다. 한편 각 보호구 착용 및 위생행위 수칙 준수여부를 조합한 위험행동 점수(behavior risk score)를 적용하여 점수가 높을수록 농업인에서 농약 중독과 연관성이 있음을 평가하기도 한다.

대부분의 기존 연구들에 의하면 어떤 한 가지 요인이 중독 여부를 설명하지 못하고 있다. 따라서 특정 요인에 국한된 예방 대책이 아니라 전체적인 작업 과정에서 안전 환경(safety climate)를 평가하고 증가시키기 위한 환경을 조성하는 연구들이 직업역학 분야에서 진행되고 있다. 일부 연구에 의하면 안전 환경 관련 점수는 연령, 성, 교육수준, 업무형태 등과는 큰 차이가 없지만 소규모 사업장의 경우 대규모 사업장보다 안전하지 못한 행위를 하는 것으로 보고되었다. 이러한 소규모 사업장에서의 낮은 안전환경 점수는 우리나라 대부분의 농작업이 소규모 자영농임을 감안할 때 시사하는 바가 크다. 따라서 특히 소규모 농가에 대한 안전 문화를 증진시키고 이를 통한 농약 중독 예방사업이 중요하다.

3. 급성 농약 중독의 규모와 예방

1) 국내 급성 농약 중독의 규모

농약 중독에 대해 우리나라에서 2차 자료 및 표본 설문조사를 통해 살펴본 결과들을 종합해 보면 〈그림 2-3〉과 같다. 즉 우리나라에서 10만 명당 급성 농약 중독으로 인한 사망은 약 5.7명, 농약 중독으로 인한 입원은 약 17.8명, 응급실 방문은 약 26.8명, 병의원 이용은 약 18.3명으로 파악되었다. 건강보험 자료의 경우 자살이 보험에 적용되지 않기 때문에 의도적 농약 복용의 경우가 상당히 누락되어 있을 것으로 판단된다. 또한 국내 농업인 표본조사에 의하면 남성 농업인 100명당 직업성 농약 중독 발생률이 약 24.7명으로 보고되었으며, 농업인 100명당 약 2.7명은 매년 농약 중독에 의해 병의원 치료를 받은 것으로 나타났다. 전체적으로 우리나라의 급성 농약 중독 규모는 비슷한 경제수준의 다른 나라에 비해서 매우 높다고 할 수 있다. 이처럼 다양한 자료원을 통해 급성 농약 중독의 규모를 종합적으로 파악한 결과는 국제적으로도 흔하지 않는 내용으로서 우리나라에서 급성 농약 중독의 규모를 파악하고 농약 중독의 예방을 위한 중요한 기초 자료라고 할 수 있다.

한편 각 자료원별 중독 의도성, 치명률, 남녀별 특성을 살펴보면 〈표 2-14〉와 같다. 의도성은 사망 자료에서 가장 높고 퇴원손상심층조사 자료, 응급실 자료 순으로 감소되었으며 건강보험 자료에서는 관련 정보가 없었다. 치명률은 사망 자료에서는 산출할 수 없었으며 퇴원손상심층 자료에서 다른 자료원보다 상대적으로 높게 나타났다. 농약 중독자는 남자가 여자보다 많았으며 사망 자료에서는 그 차이가 약 2배로 가장 컸다. 각 자료원별로 농약 중독 환자들의 차이가 나타나는 것은 각 자료원이 가진 특성에 기인한 것으로 각각의 장단점을 파악하는 것이 농약 중독 환자들의 역학적 특성을 올바로 해석하는 데 중요하다.

〈그림 2-3〉 국내 자료원별 급성 농약 중독률 규모(인구 10만 명당)

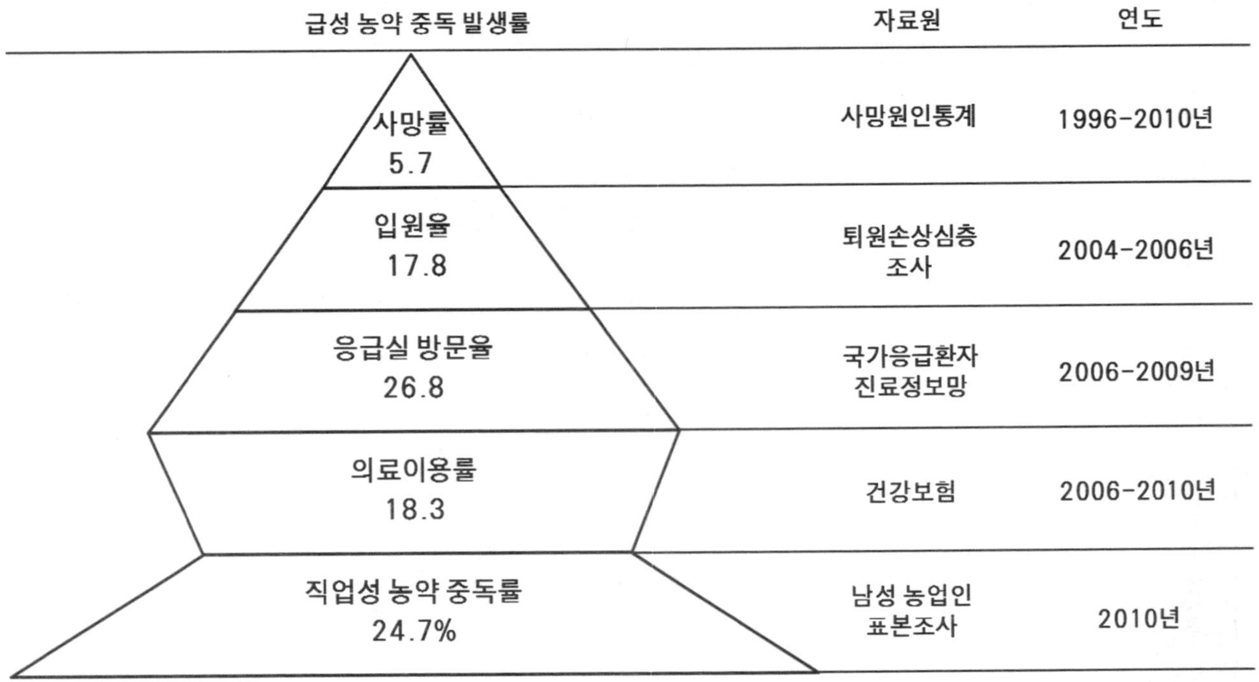

〈표 2-14〉 국내 자료원별 농약 중독 환자의 특성별 비교

(단위 : %)

자료원	의도성	치명률	성별	
			남자	여자
사망원인통계	85.2	-	67.0	33.0
퇴원손상심층조사	72.1	19.1	59.4	40.6
국가응급환자진료정보망	51.4	15.0	60.7	39.3
건강보험	-	13.3	59.3	40.7

농약 중독의 규모를 파악하는 데 있어서 사망 및 병의원 이용 자료만을 살펴보게 되는 경우 농약 중독에서 자살복용의 문제점만을 부각하게 되며 농약의 문제가 마치 자살 복용의 문제만인 것처럼 잘못된 판단을 할 수 있다. 그러나 농약 중독에는 병의원 자료에 잡히지 않는 많은 수의 직업적 중독 및 만성적 노출에 의한 건강영향, 그리고 일반 주민에서의 여러 농약 관련 사고 등이 있다. 의료인들도 농약 중독에 대한 인식이 높지 않아 농약 중독을 모두 진단하지 못하는 경우도 있다. 따라서 단지 병의원에 찾아오는 환자들만이 아니라 의료기관에서 공식적으로 잡히지 않은 농약 중독 환자들을 파악하는 것이 중요하다. 반대로 지역사회 설문조사를 통해서는 직업적 중독을 파악하는 데 유리하지만 자살 목적으로 복용하는 경우는 올바로 파악하기 어렵다. 따라서 농약 중독에 대한 전체적인 규모와 발생 양상을 올바로 파악하기 위해서는 한 가지 자료원에 의존하는 것이 아니라 다양한 2차 자료 및 직접조사를 모두 종합하여 해석하는 것이 필요하다.

2) 패러콰 농약

패러콰(paraquat)은 비선택적 제초제(상품명 : 그라목손, 뉴속사포 등)로서 우리나라에서 가장 많이 사용되어 왔던 농약이다. 2011년 말 재등록이 취소되었고 2012년 11월 말부터는 판매가 전면 금지되었지만 우리나라 역사상 가장 많은 사람들의 사망 및 중독과 관련되어 있는 농약이며 전 세계적으로는 아직도 많이 사용되고 있다.

패러콰트은 다른 농약에 비해 동일한 양을 복용하더라도 사망률 자체가 훨씬 높다. 2008년에 농촌진흥청이 전국 응급실 환자를 조사한 바에 의하면 농약 중독 중에서 패러콰트으로 인한 중독 건수가 가장 많았으며 사망률도 약 78%로 다른 농약들에 비해 가장 높았다. 독성기전으로는 일차 표적 장기로서 폐에 미치는 호흡기 영향이 가장 치명적으로 고노출 시 폐조직에 산화손상을 야기해 초기에는 폐부종 및 폐손상이 일어나고 이후 폐섬유화로 진행되어 1-2주 내 사망하는 경과를 보인다.

패러콰트은 직업적으로 농약에 노출되고 있는 농업인의 파킨슨병, 천식, 호흡기 증상, 갑상선 기능저하 등 많은 건강문제와도 연관성이 의심되고 있다. 국내 농업인들에서 패러콰트의 직업적 살포가 폐쇄성 폐 기능 장애의 위험도를 유의하게 증가시킨다고 보고된 바 있다. 또한 국내 남성 농업인에서 패러콰트 농약으로 중독된 경우 우울 증상의 위험도가 2배 이상 유의하게 증가되었으며 농약 중독의 중증도가 심할수록 우울 증상이 증가되었다는 연구결과도 보고된 바 있다.

유럽 여러 나라에서는 패러콰트의 독성이 매우 강하고 사람에게 비가역적인 치명적 건강영향을 초래하며 치료제가 없다는 이유로 사용을 금지시킨 바 있다. 유럽연합에서는 2007년도에 패러콰트의 재등록을 취소하였는데 그 이유 중 하나가 패러콰트 노출과 파킨슨병과의 연관성에 대한 우려 때문이었다. 따라서 패러콰트을 사용할 때 철저한 보호구 착용과 안전규칙을 준수하여야 할 필요가 있다. 그러나 규정을 잘 따르고 작업하더라도 허용기준보다 높게 노출된다는 연구 결과가 보고된 바 있으며 이것은 유럽연합에서 패러콰트을 재등록시키지 않는 또 다른 이유의 하나였다.

유럽연합에서는 패러콰트의 사용을 원천적으로 금지시키는 형태로 관리하는 반면 미국에서는 사용을 허용하되 사용 시 철저히 관리하는 방식을 취하고 있다. 우리나라에서는 그동안 미국에서와 비슷한 방법을 적용하기 위해서 1999

년과 2005년에 두 차례에 걸쳐 패러콰트 특별 관리대책을 발표한 바 있으나 패러콰트으로 인한 농약 중독 사망은 전혀 줄어들지 않았다. 한편 농약제조 회사의 영향력이 큰 일본에서는 1986년부터 5%로 희석된 패러콰트 농약을 생산하는 변형된 방법을 적용하고 있다. 그러나 남아 있던 24% 패러콰트을 복용하여 사망하는 경우들이 2000년대 초반 연구에서도 보고되고 있다. 일본에서 패러콰트으로 인한 중독 사망은 지금까지도 계속되고 있으며 비록 희석 농약이라 하더라도 80% 이상의 높은 치명률을 보이고 있다. 따라서 패러콰트의 경우 제품 농도를 낮추는 것이 중독을 예방하는 적합한 방법이 아니며 희석된 농도의 패러콰트이라고 하더라도 농업인이 작업 중 살포 시에는 희석하여 사용하므로 결국 고농도 제품과 비슷한 농도로 노출되게 된다.

우리나라는 다행히 2012년 말부터 패러콰트의 판매가 금지되었으나 그동안 패러콰트으로 희생된 수많은 사람들을 고려하면 매우 늦은 조치였다. 이와 관련되어 우리나라 자살을 비롯한 농약 중독 건수가 패러콰트 사용금지 전후로 줄어들 것인지 비교해 보는 것은 중요한 의미를 줄 수 있다. 또한 농약 중독의 물질이 다른 농약으로 바뀔 가능성이 있어 물질별 확인에 초점을 맞추는 노력도 필요하다. 이를 위해 사망 및 중독 자료들을 비교할 필요가 있으며, 각 일선 병원에서도 2012년을 전후로 농약 중독 환자들의 건수, 치명률, 증상, 역학 및 임상적 치료 형태 등이 차이가 나는지 조사해 보는 것이 중요하다. 이러한 결과들을 통해 특정 농약의 금지가 우리나라에서 어떻게 농약 중독의 규모와 양상 그리고 자살률을 바꿔어 놓을지 파악할 수 있으며, 이것은 앞으로 농약 규제에 중요한 근거 자료가 될 수 있다.

3) 급성 농약 중독의 예방

농약 복용에 의한 중독을 예방하기 위해서는 종합적인 예방책이 강구되어야 한다. 이와 관련되어 주로 손상연구에 적용되었던 해던매트릭스(Haddon matrix)를 자살 목적의 농약 복용 예방에 적용하여 인적 요인, 농약 자체 요인,

환경적 요인으로 나누어 제시된 바 있다(표 2-15). 해던매트릭스는 1968년 William Haddon이 사고 예방을 위한 방안을 모색할 의도로 제시된 개념적 체계를 말한다. 사고에 관련된 요인들을 사람, 원인인자, 물리적 환경, 사회적 환경 등 4가지로 나누고 이를 사고 발생에 따른 시간적 과정(사고 전, 사고 시, 사고 후)에 따라 정리한 표인데, 사고뿐 아니라 다양한 질병들의 서로 다른 요인들을 입체적으로 살펴보고 예방을 위한 개입을 설계하는 데 도움을 준다.

인적 요인으로 가장 중요한 것은 음주이다. 음주로 인해 자기 통제력을 잃게 되고 농약을 복용하는 경우가 많으며 음주상태에서 농약을 복용하게 되면 질식과 호흡부전의 위험성도 높아진다. 또한 농약 중독 후 치료과정에서도 음주에 의한 금단증상은 치료 경과를 더욱 나쁘게 만든다. 따라서 음주는 농약 복용 전, 복용 시, 복용 후 모든 과정에 걸쳐 통제해야 할 중요한 요인이다. 그 외 고연령, 남성, 충동성, 식후 경과시간 등이 농약 복용에 중요한 요인이 될 수 있다. 복용 당시에는 음주와 의도성 요인이, 복용 이후에는 도움을 구하는 행위, 건강상태, 연령, 유전적 요인 등이 농약 중독으로 인한 결과에 영향을 미칠 수 있다.

농약 자체 요인으로는 농약의 독성, 농도, 섭취량, 제조 형태, 중독 발현 속도,

〈표 2-15〉 농약 복용 사망에 영향을 주는 인적, 농약 및 환경적 요인

	인적 요인	농약 자체 요인	환경적 요인
사건 전	술에 취한 상태, 성별, 체중, 충동성, 농약의 치명률에 대한 지식, 복용 전 식사	접근 가능한 농약의 농도와 수량	농약의 안전보관, 농약 금지/제한, 독성 농약의 접근성
사건 시	술에 취한 상태, 의도성 수준	섭취된 양, 농약의 독성, 흡수/맛에 영향을 주는 첨가제	복용 시 다른 사람과의 근접성
사건 후	도움추구행동, 건강상태, 나이, 만성적인 알코올 의존성, 농약 대사에 영향을 미치는 유전적 요인	중독 발병의 속도, 치료의 효과, 해독제와 호흡장치 사용 가능성	응급 처치, 도움추구행동, 의료기관으로 이동/접근성, 1, 2차 병원에서의 의료 서비스 가능성 및 수준

출처 : Eddleston M et al. Identification of strategies to prevent death after pesticide self-poisoning using a Haddon matrix. *Injury Prevention*. 2006.

치료 효율 및 치료제 여부 등이 관여한다. 환경적 요인으로서 사고 전에 중요한 요인들은 농약의 안전한 보관, 농약 금지 및 제한, 접근성(accessibility) 등이며 중독 시에는 다른 사람과의 근접성이 중요한 영향을 준다. 중독 후에는 일차 치료, 도움 추구 행위, 병원후송 체계, 각 병원에서의 치료 가능성 및 질적 수준 등이 관여할 수 있다. 이러한 매트릭스는 농약 중독에 어떤 요인들이 관여하는지를 입체적으로 살필 수 있고 그에 따른 예방대책을 수립하는 데 유용한 도구가 될 수 있다.

그러나 이러한 매트릭스는 어떤 요인에 우선을 두어야 하는지 그리고 비용효과가 검증된 예방대책은 무엇인지에 대한 설명은 부족하다. 즉 성, 연령, 유전적 요인은 교정할 수 없지만 이러한 요인들이 사회에서 어떻게 발현되느냐는 사회적 환경 및 문화를 통해 조절될 수 있다. 특히 남성과 여성이 사회적으로나 문화적으로 어떻게 다르게 취급되느냐에 따라 생물학적 성적 차이는 불평등하게 나타날 수도 있고 그렇지 않을 수도 있다. 그리고 비록 위에 제시된 해던매트릭스에서는 누락되어 있지만 사회경제적 수준에 대한 항목도 농약 중독 요인과 중요하게 관여되어 농약 복용은 교육수준이 낮고 경제적으로 낙후되어 있는 집단에서 더 잘 나타나고 있다. 따라서 이들에 대한 적극적 개입은 농약 복용으로 인한 자살을 예방하는 데 실질적 기여가 된다. 또한 농약 자체 및 환경적 요인을 교정하는 것이 인적 요인의 개입보다 더 쉽고 효율적인 접근이 될 수 있다.

농약 복용 중독의 예방을 위해 고독성 농약의 사용을 줄이고 접근을 제한시키는 것이 중요하다. 대부분의 농약 복용은 충동적이어서 농약의 접근성을 제한하는 것으로 상당한 예방이 가능하다. 스리랑카에서는 맹독성 및 고독성 농약과 endosulfan 농약을 금지시킴으로 인해 자살률을 감소시켰고, 인도에서도 농약을 사용하지 않는 농작업을 적용한 이후에 자살자의 숫자가 감소된 바 있다. 우리나라와 스리랑카에서 보고된 연구들에 의하면 농약 복용 시 특정 농약을 선택하는 주된 이유는 그 농약에 대한 접근성에 있었다. 즉 의도적으로 특정 농약을 선택하는 경우보다는 주변에 있는 농약이 무엇인가가 더욱 중요하다.

따라서 농약에 대한 접근성을 줄이는 것이 농약 중독을 예방하기 위한 매우 중요한 대책이다.

농약의 접근성을 줄일 수 있는 방법으로 현재 스리랑카에서 각 농가에 농약 보관함을 설치하는 방법이 시도되고 있다. 현재까지 부분적인 예방 효과를 보여 주고는 있지만 이러한 방법은 자칫 농약 복용의 모든 책임을 개인에게 전가시킬 수도 있다. 보관함 설치 이전에 맹독성 농약을 사회에서 원천적으로 차단하는 제도적 대책이 선결되는 것이 사람들에게 농약의 접근성을 줄이는 가장 중요한 방법이다.

우리나라에서도 해던매트릭스에 제시된 많은 요인들이 농약 중독 예방을 위해 적용될 수 있다. 특히 농약 복용자 중에 상당수는 술을 마신 상태에서 농약을 복용한 것으로 알려져 있어 음주는 중요한 요인이라고 판단되며, 그 외 농약 자체의 독성을 감소시키거나 복용하기 어렵게 제조하는 것 그리고 지속적인 교육 등이 중요하다. 그러나 우리나라 상황에 맞는 요인들을 보다 구체적으로 파악하기 위해서는 농약 중독 환자들에 대한 자세한 조사를 통해 우리나라 특이적인 매트릭스를 구축할 필요가 있다. 기존에 잘 알려진 교육 및 프로그램이라 하더라도 개발도상국에서는 효과가 낮은 것으로 알려져 있어 각 나라별 적합한 특이적 전략 개발은 중요하다. 또한 농약 복용뿐 아니라 직업성 농약 중독의 경우에도 농약의 살포과정, 농작업의 특성 및 농업인의 사회경제적 상태를 고려한 종합적인 예방책이 강구되어야 한다.

주요 참고문헌

Calvert GM, Mehler LN, Alsop J, De Vries AL, Besbelli N. Surveillance of pesticide-related illness and injury in humans. In : Krieger R, ed. *Handbook of Pesticide Toxicology*. 3rd edition. San Diego : Academic Press. 2010:1313-69.

Calvert GM, Plate DK, Das R, Rosales R, Shafey O, Thomsen C, Male D, Beckman J, Arvizu E, Lackovic M. Acute occupational pesticide-related illness in the US, 1998-1999 :

surveillance findings from the SENSOR-pesticides program. *American Journal of Industrial Medicine*. 2004;45(1):14-23.

Chien WC, Lin JD, Lai CH, Chung CH, Hung YC. Trends in poisoning hospitalization and mortality in Taiwan, 1999-2008 : a retrospective analysis. *BMC Public Health*. 2011;11:703.

Corriols M, Marin J, Berroteran J, Lozano LM, Lundberg I. Incidence of acute pesticide poisonings in Nicaragua : a public health concern. *Occupational and Environmental Medicine*. 2009;66(3):205-10.

Eddleston M, Buckley NA, Gunnell D, Dawson AH, Konradsen F. Identification of strategies to prevent death after pesticide self-poisoning using a Haddon matrix. *Injury Prevention*. 2006;12(5):333-7.

European Commission. *Judgment of the Court of First Instance*. 11 July 2007. http://curia.europa.eu/juris

Galvao LA, Escamilla JA, Henao S, Loyola E, Castillo S. C, Arbelaez P. *Pesticides and Health in the Central American Isthmus*. Washington, D.C. : Pan American Health Organization. 2002. http://www.paho.org/English/AD/ SDE/RA/RA_Pesticides.pdf

Gunnell D, Eddleston M, Phillips MR, Konradsen F. The global distribution of fatal pesticide self-poisoning : systematic review. *BMC Public Health*. 2007;7:357.

Kim HJ, Cha ES, Ko Y, Kim J, Kim SD, Lee WJ. Pesticide poisonings in South Korea : findings from the National Hospital Discharge Survey 2004-2006. *Human & Experimental Toxicology*. 2012;31(8):751-8.

Kim JH, Kim J, Cha ES, Ko Y, Kim D, Lee WJ. Work-related risk factors for acute pesticide poisoning by severity among male farmers. *International Journal of Environmental Research and Public Health*. 2013[In print]

Ko Y, Kim HJ, Cha ES, Kim J, Lee WJ. Emergency department visits due to pesticide poisoning in South Korea, 2006-2009. *Clinical Toxicology(Philadelphia)*. 2012;50(2):114-9.

Lee WJ, Cha ES, Park J, Ko Y, Kim HJ, Kim J. Incidence of acute occupational pesticide poisoning among male farmers in South Korea. *American Journal of Industrial Medicine*. 2012;55(9):799-807.

Lee WJ and Cha ES. Overview of pesticide poisoning in South Korea. *Journal of Rural Medicine*. 2009;4(2):53-8.

Lee WJ, Cha ES, Park ES, Kong KA, Yi JH, Son M. Deaths from pesticide poisoning in South Korea : trends over 10 years. *International Archives of Occupational and Environmental Health*. 2009;82(3):365-71.

London L and Bailie R. Challenges for improving surveillance for pesticide poisoning : policy implications for developing countries. *International Journal of Epidemiology*.

2001;30(3): 564-70.

Nagami H, Nishigaki Y, Matsushima S, Yajima N. Paraquat poisoning in Japan : a hospital-based survey. *Journal of Rural Medicine.* 2007;2(2):85-92.

National Institute for Occupational Safety and Health. *Pesticide-Related Illness and Injury Surveillance : A How-To Guide for State-Based Programs.* Cincinnati : National Institute for Occupational Safety and Health. 2005.
http://www.cdc.gov/niosh/docs/2006-102/pdfs/2006-102.pdf

Seok SJ, Gil HW, Jeong DS, Yang JO, Lee EY, Hong SY. Paraquat intoxication in subjects who attempt suicide : why they chose paraquat. *The Korean Journal of Internal Medicine.* 2009;24(3):247-51.

Solomon C, Poole J, Palmer KT, Peveler R, Coggon D. Acute symptoms following work with pesticides. *Occupational Medicine.* 2007;57(7):505-11.

Tanner CM, Kamel F, Ross GW, Hoppin JA, Goldman SM, Korell M, Marras C, Bhudhikanok GS, Kasten M, Chade AR, Comyns K, Richards MB, Meng C, Priestley B, Fernandez HH, Cambi F, Umbach DM, Blair A, Sandler DP, Langston JW. Rotenone, paraquat, and Parkinson's disease. *Environmental Health Perspectives.* 2011;119(6):866-72.

Thundiyil JG, Stober J, Besbelli N, Pronczuk J. Acute pesticide poisoning : a proposed classification tool. *Bulletin of the World Health Organization.* 2008;86(3):205-9.

Warner M, Schenker N, Heinen MA, Fingerhut LA. The effects of recall on reporting injury and poisoning episodes in the National Health Interview Survey. *Injury Prevention.* 2005; 11(5):282-7.

제3장

농약의 노출 평가

exposure assessment

1. 노출 평가의 일반적 사항

농약 노출로 인한 건강영향 연구가 체계적이고 활발히 이루어지기 위해서는 농약 노출에 대한 평가가 필수적이다. 노출 평가란 신체가 특정 환경 요인에 얼마나 접촉되어 있는지 또는 몸 안에 얼마나 흡수되었는지를 파악하는 것이다. 그런데 대부분의 환경 오염물질의 진짜(true) 노출량을 파악하는 것은 매우 어렵고, 특히 생물학적 지표가 활발히 연구되지 못한 농약 연구에 있어서는 더욱 그러하다. 따라서 대략적(approximate) 노출을 평가할 수밖에 없고 진짜를 반영하는 대리지표(surrogate)를 합리적으로 만들어 내는 것이 중요하다. 노출의 절대값을 파악하지 못하였다고 하더라도 대리지표가 진짜 노출과 상관성이 높고 인구집단의 노출 정도를 올바르게 분류(categorization)할 수 있으면 효율적으로 역학적 연구를 수행할 수 있다.

보건학에서의 노출 평가의 목적은 노출의 절대량 자체를 파악하는 것에 있는 것이 아니라 노출의 변이(variation)를 구분하고 그와 관련된 요인들을 파악해서 각 노출 수준별로 관련 질환의 위험도 산출에 적용하는데 있다. 즉 보건학에서 노출 평가란 합리적 기준에 따라 연구대상자들에게 농약 노출에 대한 점수를 주거나 분류하는 과정이다. 매우 자세한 수치를 부여할 수도 있고 대략적인 수준만을 부여할 수도 있다. 물론 자세한 수치를 부여하는 것이 노출 평가를 더 정교하게 할 수 있지만 보건학 연구에서는 합리적인 집단분류(예를 들어 고노출, 중간노출, 저노출 등)을 통해서 노출과 질병과의 연관성을 충분히 확보할 수 있는 경우들이 많다. 즉 실험적 측정 등이 인구집단에 대한 노출 분류에 도움이 되지만 집단 간 분류를 위해 반드시 절대값이 필요한 것은 아니다. 따라서 보건학적 입장에서는 농약 노출 평가에서 중요한 것은 정교함보다는 합리성이라고 할 수 있다. 정교한 장비를 통한 실측값 측정보다도 합리적 근거에 의한 집단 간 분류가 투자되는 시간과 노력 및 비용을 고려하면 더 큰 의미가 있다.

노출 평가를 위해서 파악하는 정보의 종류들에는 노출 기간(duration; 시간, 일수, 연수 등), 노출 시점(timing; 민감한 연령 등), 노출 농도(density; mg/m^3, mg/L 등), 노출 횟수(frequency; 주당 또는 연간 횟수 등) 등이 포함된다. 노출을 올바로 평가하기 위해서는 이러한 영역별로 종합적으로 정보를 수집하는 것이 필요하다. 이때 단순히 노출 혹은 비노출에 대한 정보보다 얼마나 노출되었는지에 대한 양적 평가는 보다 근거 있는 노출과 질병과의 연관성을 제공할 수 있다. 이러한 목적으로 농약 살포 여부 외에 살포 연수, 연평균 살포 일수 등에 대한 정보를 확보하는 것이 중요하다. 노출량에 대한 가장 일반적인 개념은 누적 노출이며 노출 연수, 횟수, 그리고 농도를 곱해서 산출한다.

노출-반응 관련성(exposure-response relationship)을 효율적으로 파악하기 위해서는 노출수준의 분포를 다양하게 확보하는 것이 필요하다. 즉 노출 수준이 비슷한 집단에 대한 연구는 노출에 따른 건강영향을 파악하는데 불리하기 때문에 저노출에서부터 고노출 집단까지 다양한 노출 수준을 보이는 집단을 선정하는 것이 중요하다. 노출 수준의 범위가 좁으면 오차의 조그마한 변화에도 분류 오류가 크게 발생될 수 있다. 따라서 농약에 고노출된 집단을 우선적으로 연구하는 것이 중요하지만 노출의 수준이 다양하게 분포되어 있는 집단을 확보하는 것이 연구에서 원인적 연관성을 파악하는 데 유리하다.

또한 노출 집단을 어떻게 선정하느냐에 따라 노출과 질병과의 연관성이 다르게 나타날 수 있다. 즉 올바르게 추출된 대상자인 경우 양-반응관계를 보일 수 있지만 만약 노출 정도가 치우친 대상자가 선정된다면 양-반응관계를 보이지 않거나 또는 거꾸로 된 연관성을 보일 수 있어 노출과 질병과의 연관성 평가를 위해서는 대상자 선정이 매우 중요하다.

특히 농약 노출 평가에서 노출 시점(timing of exposure)을 정확히 평가하는 것은 매우 중요하다. 노출과 관련된 시기는 원인적 시기(aetiological time window), 유도기(induction period), 잠재기(latent period)로 나누어 표현될 수 있다. 이 중에서 노출이 질병과 직접적으로 관련된 시기는 원인적 시기이며 나머지는 관련이 없거나 적다고 할 수 있다. 즉 유도 및 잠재기에 노출된 농약량은 엄밀한 의미에서 질병 발생에 있어서는 불필요한 정보가 되며 이들을 포함시키는 것은 노출의 분류 오류를 발생시킬 수 있다.

DDT 노출과 유방암과의 연관성은 1993년 환자-대조군 연구를 통해 크게 부각되었으나 이후 일련의 과정을 통해 연관성이 입증되지 못하였다. 그러나 미국에서 DDT가 금지되기 이전 시료를 통해 DDT의 노출 시기에 따른 유방암의 발생에서 큰 차이가 있었음이 보고되었다. 즉 14세 이상에서 노출되었을 때는 유의하지 않은 위험도를 보인 반면 4세 이하 노출에서는 11.5배, 7세 미만에서는 9.6배의 매우 큰 위험도를 보였다. DDT 예에서 볼 수 있듯이 동일한 농약이라도 그것이 언제 노출되었는지에 따라 위험도가 달리 나타날 수 있으므로 질병 발생에 민감한 노출 시기의 정보를 확보하는 것이 중요하다.

■ **노출에 있어서 개인과 집단의 차이**

만약 모든 인구집단이 같은 정도의 농약에 노출되었다면 농약 노출과 질병 발생과의 연관성은 발견하기 어렵게 된다. 단지 유전적 차이에 따른 건강영향의 차이를 발견하고 농약 노출이 문제가 아니라 유전자형에 따라 질병이 발생하는 것처럼 착각될 수 있을 것이다. 예를 들어 만약 모든 사람들이 하루에 20개비씩 담배를 피운다면 폐암은 단지 유전적 차이에 의해 발생되는 것처럼 보이고 정말 중요한 흡연의 영향에 대해서는 파악하지 못하게 된다. 따라서 노출이 집단에 어떤 형태로 이루어져 있는지를 파악하는 것은 보건학 차원에서 매우 중요하다. 이를 위해 연구 대상을 한 집단만이 아니라 다양한 집단으로 넓혀 나가는 것이 필요하다. 한 지역에서는 정상적인 노출 정도가 다른 곳에서는 비정상일 수도 있다. 예를 들어 스코틀랜드에서 진행된 물의 경도(hardness)와 심혈관계 질환의 사망에 대한 연구에서 스코틀랜드 내에서는 대부분의 물이 경도가 낮았기 때문에 심혈관계 질환의 사망과 물의 경도 사이에는 관련이 없는 것으로 나타났다. 그러나 연구 대상을 전체 영국으로 확대하여 노출의 분포를 다양하게 살펴보았을 때에는 심혈관계 질환의 사망이 물의 경도와 반비례한다는 것을 관찰할 수 있었다. 이러한 연관성은 스코틀랜드라고 하는 노출이 비슷한 집단만을 대상으로 아무리 많은 연구를 실시해도 파악할 수 없으며 노출 분포가 다른 여러 집단으로 확대할 때에 비로소 파악할 수 있는 것이다. 이러한 사례들은 혈압과 식이 등 다른 경우에서도 흔히 관찰되는 것으로 노출에 있어서 개인의 차이를 조사하는 것 못지않게 집단의 차이를 조사하는 것이 중요하다는 것을 말해 준다.

농작업에 있어서 동일한 농약을 장기간 사용하였을 때 병해충에 내성이 생길 수 있기 때문에 시기별로 다양한 성분의 농약들이 사용될 수 있다. 또한 악성 종양과의 연관성이 의심된다면 첫 노출 시점, 즉 언제부터 농업에 종사하였는지 또는 농약을 살포하였는지에 대한 정보가 중요하다. 왜냐하면 노출 시기에 따라 위험성이 달라질 수 있으며 총 노출보다는 민감한 시기의 노출이 더 중요하게 작용할 수 있기 때문이다.

2. 농약 노출 평가 방법 및 사례

농약은 공기, 식수, 음식, 토양 등 다양한 노출원(source)을 통해 사람에게 노출될 수 있다. 농약의 노출 경로는 호흡기, 소화기 및 피부를 통해 이루어진다. 농약을 직접 살포하는 사람들은 주로 피부 및 호흡기를 통해 노출되는 반면 일반 사람들은 음식을 통한 소화기 노출이 주된 경로이다. 농약 노출 평가를 위한 직접적인 방법으로서 환경 중 농약에 대한 개인별 측정과 생체 지표 측정이 있으며, 간접적인 방법으로는 지역별 환경 측정, 설문조사, 일지 및 2차 자료를 통한 대리지표 산출, 그리고 직간접방법들을 합하여 적용하는 모델링 방법이 있다. 그러나 농약 노출 평가에 있어서 직접적인 방법을 수행하기에는 많은 제한점과 기술적인 어려움이 있기 때문에 주로 간접적인 방법들이 활용되고 있다.

1) 설문조사

가) 설문을 통한 노출 평가

국내외적으로 농약 노출 평가에 있어서 설문을 통해 정보를 얻는 방법이 가장 많이 활용되고 있다. 설문조사는 생물학적 지표를 통해 노출을 평가하는 방법에 비해 응답자의 주관성과 조사자의 차이 등 여러 제한점을 갖고 있다. 그러나 노출 기간이나 노출 횟수 등의 노출력은 설문조사를 통해서만 파악할 수 있다. 따라서 생체지표를 통한 농약 측정 기술이 아무리 발달되어도 설문조사는 농약 노출 평가에 있어서 필수적인 도구로 활용되는 방법이다.

보건학 영역에서 농약의 노출 평가는 설문조사와 기존 자료를 활용하여 농촌지역의 거주여부, 농업 종사여부, 재배하는 농작물의 종류와 기간 등의 대략적인 정보로부터 개별 농약의 살포 여부 및 기간, 그리고 농약 살포 시 개인 노출 형태에 대한 자세한 정보를 얻는 것으로 발전되어 왔다(그림 3-1). 현재로서는 Dosemeci 등이 2002년에 농약 사용 기간과 노출 관련 행태변수들을 통합하여 개발한 노출 지수(integrated exposure metrics)가 설문을 통해 얻을 수 있는 가장 우수한 농약 노출 지표로 알려져 있다. 이 지수 산출에 들어가는 항목들은 농약 살포 방식, 보호구 착용 여부 및 종류, 농약 혼합 방식, 농약 살포 기계 수리 여부 등이며 이들에 대한 상대적 가중치를 점수화하여 값을 산출한다. 이렇게

〈그림 3-1〉 직업성 농약 노출 평가 방식의 발전 과정

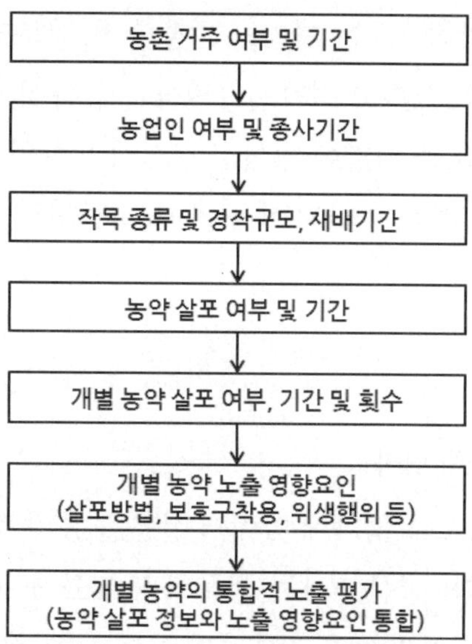

출처 : Alavanja MC et al. Health effects of chronic pesticide exposure : cancer and neurotoxicity. *Annual Review of Public Health*. 2004.

개발된 농약 노출 강도는 농약 살포 연수 및 살포 일수와 함께 곱해져서 총 농약 누적 노출 지수(cumulative exposure index)로서 사용되고 있다.

환경 중 농약 노출 평가를 위해서는 부모의 직업을 임신 전후로 조사하거나 직접 농약 취급 작업을 하였는지를 묻기도 하고, 가정 내 노출을 조사하기 위해서 농약이 포함되었을 것으로 알려진 물질들의 사용 여부 및 기간을 조사하기도 한다. 우리나라에서는 가정 내 모기향 사용과 가정 내 원예용 농약 등에 대한 내용들에 대해서 조사하는 것이 필요하다. 또한 환경적 노출에서는 개인별 노출 자료뿐 아니라 외부 자료원을 활용하여 지역별 자료값을 할당하는 것도 중요한 방법이다. 예를 들어 농업총조사 자료의 각 지역별 작목별 면적 또는 농협의 농약공급량 자료를 활용하여 각 지역별 노출에 대한 대리 지표를 만들 수 있다.

한편 임신기간을 좀 더 세분하여 주별로 또는 임신 전후별로 노출력을 물어보기도 한다. 어떤 건강영향을 살펴보느냐에 따라 조사해야 할 노출 시기가 다를 수 있으며 농약 노출의 민감 시기에 대해서 잘 알려져 있지 않기 때문에 연구들 간의 조사 시점이 일정하지는 않다. 부모의 농약노출에 따른 자녀의 건강영향을 살펴본 기존 연구들에서 조사한 농약 노출 시점은 임신 3개월 전, 임신 중(첫 3개월, 두 번째 3개월, 마지막 3개월), 어린이의 연령별(수유 기간 중, 태어나서 1세까지, 1-2세까지, 2-3세까지), 또는 지난 6개월 동안이나 지난 1년 동안으로 나눈다. 특히 생식기계 질환 및 발달장애의 경우 같은 농약 노출이라 하더라도 노출의 시점에 따라 건강영향이 달라질 수 있으므로 단순히 총 노출량을 파악하는 것보다 노출의 시간적 평가가 더욱 중요하다.

농약은 많은 개별 물질들을 총칭하는 것이므로 건강영향 및 독성 평가를 하는데 있어서 하나의 물질로 볼 수 없다. 따라서 단지 농약을 살포했는지의 여부에 대한 정보를 연구에 활용하는 것에는 많은 제한점이 있다. 각 개별 농약의 독성 차이가 많이 있기 때문에 개별 농약 노출 여부에 대한 정보가 더욱 바람직하다. 그렇지만 농약 살포 여부라는 정보가 무의미한 것은 결코 아니다. 비록 담배 안에 있는 수천가지의 개별 발암물질을 모르더라도 흡연 여부는 담배로 인한 건강영향을 평가하는 데 매우 중요한 정보를 제공해 준다. 마찬가지로 농약 살포 여부도 개별 농약에 대한 직접적인 정보를 제공하지 못하지만 농약을 살포한 경우에는 농약을 살포하지 않는 경우보다 연구하고자 하는 개별 농약의 사용 가능성을 높이는 것은 분명하다. 따라서 농약을 살포하십니까라는 단순한 문항은 농촌 거주, 농작업 종사 여부 등과 더불어 농약 노출을 반영하는 중요한 대리지표로써의 역할을 할 수 있다.

나) 농약 우선순위 설정

농약 설문조사 시 중요하게 고려해야 할 것은 본격적인 설문조사 이전에 사전조사를 통해서 농약의 우선순위를 설정하는 것이다. 농약은 종류가 매우 많아 모든 개별 농약 이름을 설문에 포함시켜 조사하는 것은 현실적으로 매우 어렵다. 따라서 어떤 농약을 설문에 포함시킬 것인지 사전 조사를 통해서 결정하는 것이 효율적이다. 이를 우선 순위설정(prioritization)이라 하며 농약 연구에 흔히 적용되고 있다.

예를 들어 미국에서 농약 노출과 뇌종양에 대한 환자-대조군 연구를 시행하기에 앞서 각 지역 내 사용되고 있는 농약들의 종류와 양을 미리 조사하고, 그 결과를 본 조사의 설문조사 시 활용한 바 있다. 비록 전체 농약들의 숫자는 매우 많지만 실제로 흔히 사용하는 농약 그리고 발암성 등 독성이 강한 농약을 선정하면, 조사해야 할 농약은 수십 개로 압축될 수 있다. 코스타리카에서는 어린이 백혈병과 농약 노출과의 연관성을 평가하기 위해서 농약들을 중요도별로 선별하는 연구를 실시하였다. 이를 위해 코스타리카에서 사용되는 총 323개 농약들을 조사하고 각 농약별 사용량을 파악하였으며, 각 농약별 독성학적 자료를 통해 발암성 여부를 조사하였다. 그리고 사용량과 독성 평가를 통해 지수를 산출하여 전체 농약에서의 중요도별 순위를 부여하였다. 이렇게 파악된 정보

〈그림 3-2〉 전체 농약 중 중요도별 누적 사용량

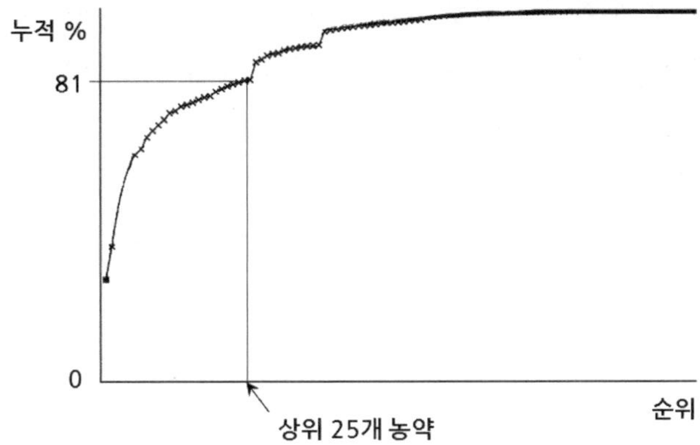

출처 : Valcke M et al. Pesticide prioritization for a case-control study on childhood leukemia in Costa Rica : a simple stepwise approach. *Environmental Research*. 2005.

에 의하면 가장 높은 점수의 25개 농약이 전체 농약 사용량 중 약 80%를 차지하고 있는 것을 확인할 수 있었다. 이러한 방식을 통해 백혈병 연구에 있어서 주요 우선순위 농약을 최종 선정하여 조사를 진행하였다(그림 3-2).

농약 노출에 대한 설문조사에서는 대상자들의 기억을 향상시키기 위해서 사전에 조사된 개별 농약명에 대한 목록 사용이 권장되고 있다. 농약 종류뿐 아니라 농사 형태, 보호구 및 살포 방식들에 대해서도 사전 조사하여 표로 만들어 놓는 것도 중요하다. 이것은 설문조사 시 농업인들의 기억을 향상시키기 위해서 반드시 필요하다. 즉 자가보고 시 관련될 수 있는 기억 오차를 줄이기 위해서 그 지역에서 사용되고 있는 농약 종류, 농작업 형태 등을 미리 조사해 놓고 설문지상에서 보여 주고 선택하게 하도록 하는 것은 효율적이다. 우리나라에서는 각 지역 농업기술센터 및 지역 내 농업지도사들의 의견을 구하는 것이 사용 농약을 파악하는 데 많은 도움이 된다.

다) 농약 설문 문항 개발

농약 노출 평가에 있어서 설문조사는 매우 중요한 역할을 하고 있기 때문에 조사 문항을 어떻게 작성해야 하는지는 중요한 연구 주제이다. 일반적으로 농약 노출 항목의 기본 틀은 개별 농약의 살포 여부, 살포연수, 연간 평균 살포횟수, 그리고 최초 농약 살포시기 등을 묻는 방식으로 진행된다. 농약 노출량에 영향을 줄 수 있는 요인들이 다양하게 존재하기 때문에 농약 자체 정보만이 아니라 개인적 요인 및 작업 형태에 관련된 정보들도 함께 조사하는 것이 중요하다. 그리고 이들 항목들에 대한 우선순위를 세우고 조사에서의 현실성을 고려하여 문항으로 포함시킬지를 판단하는 것이 필요하다. 지금까지 알려진 많은 농약 노출 관련 설문 문항들을 모두 조사하는 것이 이상적이지만 설문조사 시 많은 시간과 노력이 들어가는 것을 고려한다면 연구목적에 맞게 효율적으로 선정하는 것이 바람직하다. 이를 위해 기존의 외국 농업인 건강 연구들에서 사용되고 있는 설문 항목들을 선별한 후 국내 농약 노출 평가의 경험이 풍부한 전문가의 의견을 통해 국내 실정에 맞게 적용하는 것이 중요하다.

그동안 연구에 의해 우리나라에서 중요하다고 판단된 설문 항목들로는 농약 살포 여부, 주살포(직접 살포 혹은 보조 작업) 여부, 농약 살포 연수, 농약 살포 일수, 1일 평균 살포 시간, 최초 농약 살포 연도 또는 연령, 개별 농약 종류, 농약 형태, 살포 방법, 보호구 착용 여부 및 방식, 작업 시 위생 행위 등이 있다(표 3-1). 효과적인 설문조사를 위해서는 설문 문항뿐 아니라 응답형태를 잘 구성하는 것도 중요하다. 기존 연구에서는 농약 설문 응답의 형태는 농약 살포 여부와 주살포 여부는 '예/아니오'로, 농약 살포 연수, 농약 살포 일수, 1일 평균 살포 시간, 최초 농약 살포 연령 등은 연속형 척도로 구성하며, 개별 농약 상품명 항목은 조사 시 배부한 농약 목록을 참고하게 하여 개방형으로 지난 1년간 사용한 농약을 모두 기입하게 한 후 상품별로 살포 일수, 살포 시간, 살포 방법 등을 기입하게 하도록 하였다. 그리고 개인 보호구 착용 항목은 보호 장갑, 보안경

〈표 3-1〉 국내 농약 노출 평가 시 활용된 주요 설문 항목들

설문문항	문항형태	응답형태
농약 살포		
농약 살포 여부	• 지금까지 농약을 살포하신 적이 있습니까?	예/아니오
농약 살포 시 역할 (주살포 여부)	• 직접 농약을 살포하십니까?	예/아니오
농약 살포 연수	• 지금까지 총 몇 년간 농약을 살포하셨습니까?	연수
연간 살포 일수	• 평균적으로 1년간 몇일(회) 농약을 살포하십니까?	일수(횟수)
1일 평균 살포 시간	• 한번 농약을 살포하실 때 몇 시간 살포하십니까?	시간
최초 농약 살포 연령	• 처음 농약을 살포하신 나이가 몇 살이셨습니까?	연령
개별 농약 종류	• 살포하시는 농약의 이름은 무엇입니까?	폐쇄형 또는 개방형
개인 보호구 착용	• 농약을 살포하실 때 다음의 보호구를 얼마나 착용하십니까?	
농약 살포 시 보호구 착용 정도	- 보호장갑 - 보안경 - 보호모자 - 방제복 상 · 하의 - 보호장화 - 마스크	안함/가끔/거의/항상
작업 위생 행위	• 농약을 살포하실 때 다음의 사항을 얼마나 준수하십니까?	
농약 살포 시 위생 행위 준수 정도	- 사용법과 용량을 설명대로 지킨다 - 농약을 희석할 때 마스크와 장갑을 착용한다 - 한낮에는 뿌리지 않는다 - 농약 살포 작업 후에 곧바로 옷을 갈아 입는다 - 농약 살포 작업 후에 비누로 목욕을 한다 - 농약 살포 시 바람을 등지고 한다	안함/가끔/거의/항상

출처 : 이요한 등, 〈일부 농업인에서 자기 기입식 농약 노출 설문에 대한 신뢰도 연구〉, 《예방의학회지》, 2010.

등의 주요 보호구들에 대해, 작업 위생행위 항목은 농약 안전사용 준수 여부 및 살포 후 세척 여부 등 농약 살포 시 기본적인 준수 사항들에 대해 질문하는 것이 필요하며 이들 항목들은 '안함/가끔/자주/항상'의 순위형 척도로 구성할 수 있다.

기존에 실시된 농업인 연구에서는 주로 농작업 여부, 농작업 기간, 그리고 작목 종류와 규모 등의 정보만을 파악하고 있는 경우가 많다. 이러한 개략적인 정보는 비록 농약 노출에 대한 직접적인 정보를 제공하지는 못하지만 작목별로 농약 살포일수와 시간을 추정할 수는 있다. 즉 어떤 작목을 얼마 동안 재배하고 있었다는 정보를 갖고 있다는 것은 농약 노출의 유용한 대리지표로 활용될 수 있다. 따라서 설문조사에서 개별 농약에 대해 최대한 자세한 노출 정보를 확보하는 것이 바람직하지만 그렇지 못한 경우에라도 최소한 작목에 대한 정보는 설문에 포함시키는 것이 중요하다.

또한 농약의 노출평가에 있어서 각 개인에 대한 거주지의 좌표 정보와 작목별 분포 지도를 활용하여 농경지와의 거리를 측정하여 지리정보시스템을 이용하기도 한다. 이러한 농약 노출 평가 방식은 실제 많은 외국 연구에서 생태학적 연구에 활발히 활용되고 있다. 만약 개인별 노출 지표와 지역별 노출 지표를 모두 확보할 수 있다면 다수준 분석방법(multilevel analysis)[1]을 적용하여 더욱 정확한 종합적 노출 평가가 가능하다.

농약 노출을 평가하는 데 활용된 지표들이 예상과 달리 서로 비슷한 결과를 보여 주지 못하는 경우들이 있다. 예를 들어 패러콰 농약과 폐기능 연구에서 패러콰 살포 연수라는 지표는 폐기능 감소와 유의하게 비례하였으나 패러콰 연평균 살포 일수는 그렇지 않았다. 이것은 살포 연수는 상대적으로 기억하기 쉬우나 연간 평균 살포 일수의 경우 2년 전의 경우와 40년 전의 경우를 구별하기 쉽지 않을 수 있기 때문이다. 또한 평균 살포 일수는 살포 연수보다 농약 노출을

1 건강에 영향을 주는 개인적 요인과 개인을 둘러싼 집단적 요인을 통합하여 평가하는 분석 방법.

나타내는 데 덜 민감한 지표일 수 있다. 실제로 살포 연수는 2-40년까지 넓은 분포를 보이는 반면 연간 평균 살포 일수는 평균 5-6일로 각 연수 구간별로 차이가 크지 않았다. 따라서 살포 연수는 노출의 분포를 넓혀주었으나 연간 평균 살포 일수는 분포가 좁아 노출 지표로서의 가치가 적었으며, 연수와 일수를 곱해 얻은 총 누적 일수는 결과를 희석시켜 연관성을 잘 나타나지 않게 만들었다. 즉 패러쾃 농약의 노출을 구분 짓는데 의미 있는 기여를 하지 못한 것이었다. 이처럼 비슷한 속성의 지표들임에도 불구하고 서로 다른 값을 보이는 현상은 보건학에서 흔히 부딪치는 문제들이다. 그러나 이러한 문제는 어느 한 지표가 잘못된 것이라기보다는 각 지표가 갖고 있는 특성의 차이인 경우가 많다. 따라서 각 지표들간의 상관성을 살펴보고 각 지표가 의미하는 바를 깊이 있게 해석하는 것이 중요하다.

2) 생물학적 검사

농약 노출의 경우 직업 및 환경적 노출이 흔히 혼합되어 있기 때문에 여러 경로를 통한 종합적 노출 평가를 위해서 생물학적 시료를 이용한 노출 평가 방법이 특히 중요하게 활용되고 있다. 농약에 대한 생물학적 노출 평가로는 농약자체 또는 대사물질(metabolites)을 혈액이나 소변에서 검사하는 방법과 농약 노출에 의한 생물학적 초기 영향지표(biological early biomarker)를 조사하는 방식이 사용되고 있다. 그러나 농약 대사산물 지표 분석은 고가의 장비와 많은 노력이 소요되며, 대부분의 생물학적 지표들에 있어서 건강영향과의 양-반응관계가 알려져 있지 않아 노출 평가 방법으로 사용하기에 많은 한계를 갖고 있다. 따라서 현재는 주로 잔류성이 강한 유기염소계 농약들 및 잘 알려진 유기인계 농약들에 국한되어 생물학적 노출 평가가 활용되고 있다.

생물학적 초기 영향지표로서 많이 사용되고 있는 것은 혈장 및 적혈구 아세틸콜린에스테라제 활성도 측정이다. 이 효소는 신경계 및 혈액 내에 존재하며 대부분의 유기인계 및 카바메이트계 농약과 결합하여 복합체를 형성함으로서 기능이 억제된다. 적혈구 아세틸콜린에스테라제의 회복은 적혈구 생성에 의존하므로 혈장 아세틸콜린에스테라제보다 상대적으로 장시간이 소요된다. 아세틸콜린에스테라제를 억제시키는 민감도는 농약의 종류에 따라 각각 다르며, 신체 상태를 포함한 개인 내 여러 요인에 의하여 차이를 보일 수 있어 반복측정을 통한 값의 변화를 파악하는 것이 필요하다.

미국 국민건강영양조사에서 환경적 농약 노출을 평가하기 위해 분석하고 있는 생체지표는 〈표 3-2〉와 같다. 미국 국민건강영양조사 이외에도 유럽 국가들의 대규모 출생코호트 내에서 수행되고 있는 환경적 유해물질과 건강영향연구(Environmental Health Risks in European Birth Cohorts)에서도 산모와 태아의 생체시료를 활용하여 DDT, dieldren과 같은 유기염소계 농약을 비롯하여 유기인계, 피레스로이드계 농약의 대사산물을 측정하고 있다. 우리나라에서 생체지표를 활용하여 환경적 농약 노출 분석을 수행하고자 한다면 국내에서 흔히 사용되는 피레스로이드계, 유기인계 살충제, chlorpyrifos 등의 대사산물 분석이 우선적으로 고려될 수 있다.

한편 농약은 피부를 통한 노출이 중요하므로 피부 노출 평가를 위한 여러 방법들이 개발되고 있다. 여기에는 패치(patch)나 전신의복을 이용한 피부대용법(surrogate skin techniques), 피부에 붙어 있는 농약을 씻거나 닦아내어 측정하는 제거기법(chemical removal techniques), 그리고 형광물질과 비디오영상 분석을 이용한 형광유도기법(fluorescent tracer techniques) 등이 포함된다. 그리고 호흡기 노출 평가를 위해서는 개인 포집기를 통한 공기 중 농약측정 및 첨단 측정 장비들을 통해 노출 평가를 실시하고 있다. 이렇게 얻어진 자료를 통해 설문에서 얻은 정보의 정확성을 검증하는 데 활용되기도 한다.

〈표 3-2〉 미국 국민건강영양조사에서 측정하고 있는 농약의 생체지표들

농약종류	생체지표
유기인계 살충제 : dialkyl phosphate 대사물질	dimethylphosphate, dimethylthiophosphate, dimethyldithiophosphate, diethylphosphate, diethylthiophosphate, diethyldithiophosphate
유기인계 살충제 : 특이적 대사물질	
chlorpyrifos	3,5,6-trichloro-2-pyridinol
malathion	malathion dicarboxylic acid
diazinon	2-isopropyl-4-methyl-6-hydroxypyrimidine
parathion	*para*-nitrophenol
pirimiphos-methyl	2-(diethylamino)-6-methylpyrimidin-4-ol/one
coumaphos	3-chloro-7-hydroxy-4-methyl-2H-chromen-2-one/ol
피레스로이드계	
cyhalothrin, cypermethrin, deltamethrin, fenpropathrin, permethrin, tralomethrin	3-phenoxybenzoic acid
cyfluthrin	4-fluoro-3-phenoxybenzoic acid
cyfluthrin, cypermethrin, permethrin	*cis*-3-(2,2-dichlorovinyl)-2,2-dimethylcyclopropane carboxylic acid *trans*-3-(2,2-dichlorovinyl)-2,2-dimethylcyclopropane carboxylic acid
deltamethrin	*cis*-3-(2,2-dibromovinyl)-2,2-dimethylcyclopropane carboxylic acid
카바메이트계	
carbofuran	carbofuranphenol
propoxur	2-isopropoxyphenol
유기염소계	
aldrin	aldrin, dieldrin
dieldrin	dieldrin
endrin	endrin
chlordane	oxychlordane, *trans*-nonachlor
heptachlor	heptachlor epoxide
DDT	*p,p'*-DDT, *o,p'*-DDT, *p,p'*-DDE
hexachlorobenzene	hexachlorobenzene, pentachlorophenol, 2,4,6-trichlorophenol, 2,4,5-trichlorophenol
hexachlorocyclohexanes	*beta*-hexachlorocyclohexane, *gamma*-hexachlorocyclohexane, pentachlorophenol, 2,4,6-trichlorophenol, 2,4,5-trichlorophenol

(표 계속)

농약종류	생체지표
mirex	mirex
2,4,5-trichlorophenol, 2,4,6-trichlorophenol	2,4,5-trichlorophenol, 2,4,6-trichlorophenol
제초제	
acetochlor	acetochlor mercapturate
alachlor	alachlor mercapturate
atrazine	atrazine mercapturate
2,4-D	2,4-D
metolachlor	metolachlor mercapturate
2,4,5-T	2,4,5-T
살균제	
pentachlorophenol	pentachlorophenol
ortho-phenylphenol	*ortho*-phenylphenol

출처 : CDC. *Fourth National Report on Human Exposure to Environmental Chemicals*. 2009.

생물학적 지표가 노출 평가에 중요한 역할을 하는 것은 사실이지만 농약 제조 회사들이 농촌가족 노출연구(Farm Family Exposure Study)를 통해 기존 역학 연구들의 결과를 희석시키고 농약의 생산을 극대화하기 위한 도구로 활용되는 사례도 있었다. 이 연구는 미국 미네소타 대학에서 Bayer CropSciences, Dow AgroSciences, DuPont, FMC, Monsanto, Syngenta 등 대표적인 농약 제조 회사들로부터 후원을 받은 농약 노출 평가 연구이다. 이 연구에서는 소변 중 생물학적 모니터링을 통해서 농가에서의 농약 노출 정도를 정량화하고 설문으로 보고된 농약 사용 수준과 소변의 농약 수준 사이의 상관관계를 평가하였다. 이를 위해 미네소타와 사우스캐롤라이나의 95개 농가의 372명의 농업인과 가족을 대상으로 2,4-D, glyphosate, chlorpyrifos 등 3가지 농약이 환경 및 소변 중에서 측정되었다. 이러한 생물학적 지표를 활용한 연구들은 농약 노출 평가에 기여하는 바가 큰 것이 사실이다. 그러나 이 연구의 주된 목적은 기존에 진행되고 있는 미국농업인건강연구[2]에서의 농약 노출 평가가 부정확할 수 있다는

2 미국 내 농업인과 가족 약 9만 명을 대상으로 진행되고 있는 코호트 연구.

문제제기를 통해서 보고된 결과를 희석시키려는 의도에 초점이 맞추어져 있었다. 또한 이러한 연구를 통해서 농업인들이 농약을 다룰 때 보호구를 잘 사용한다면 신체로 흡수되는 양을 감소시킬 수 있다는 점을 강조함으로서 결과적으로 농약 노출의 책임을 농업인에게 전가시키고자 하였다. 이처럼 학문적으로 필요한 영역의 연구이지만 간혹 잘못된 의도로 추진되는 사례들도 있다는 것을 인식할 필요가 있다.

3) 모델링

모델링 방식이 농약 노출 평가에 활용되기도 한다. 즉 농약 노출과 관련될 수 있는 여러 변수들(노즐 타입, 장갑 사용 여부 등)과 실제 소변 중 노출량을 일부 농약 살포자들에서 자세히 조사하여 농약 노출에 대한 최적화된 모델을 구축할 수 있다. 이러한 결과를 통해 대규모 농약 살포자 연구에서 직접 소변량을 통해 농약 노출 평가를 하지 못하더라도 기존에 만들어진 모델을 통해 노출량을 추정할 수 있다. 이러한 모델링 방식은 적은수의 자료로 인구집단의 노출을 추정할 수 있다는 장점이 있는 반면 제한된 자료를 사용하는 데서 비롯되는 불확실성의 단점이 존재한다.

서구에서는 이러한 목적으로 농작업자들에서 농약 노출에 관련된 여러 요인들을 다양한 방법을 동원하여 실측하고 노출 자료를 축적하여 데이터베이스를 구축하고 있다. 즉 유럽의 European Predictive Operator Exposure Model (EUROPOEM), 북미의 Pesticides Handlers Exposure Database(PHED), 그리고 이 둘을 합친 Agricultural Handlers Exposure Database(AHED)들이 잘 알려져 있다. 이러한 자료들은 농작업자에서 직업적 농약 노출을 평가하는 데 중요한 자료원이 되고 있으나 아직까지 보건학 연구와 연계되어 활발히 활용되지는 못하고 있다. 또한 각 나라별로 농작업 및 농약 살포 형태가 서로 다르기 때문에 우리나라에 맞는 모델 구축이 중요하며, 이러한 연구가 실시되면 우리나라 농약 노출 평가 연구에 중요한 기여를 할 것으로 기대된다.

우리나라에서 농약에 대한 노출 평가는 주로 환경측정 및 실험적 지표 개발에 국한되어 실시되어 왔다. 그러나 기존의 일부 농작업자를 대상으로 한 산발적인 절대량 평가는 단면적 성격상 전국 대표성이 부족하고 노출값에 대한 보건학적 활용도가 제한되었다. 오히려 전국 규모의 대략적인 상대적 농약 노출 평가 지표가 농약에 의한 건강영향을 평가하는 데 있어서 더욱 필요한 상황이다. 즉 설문 및 자료 분석과 연계된 역학적 지표로서의 활용을 목적으로 한 노출 평가 방법의 개발이 우선적으로 필요하다.

4) 농약 노출 평가 사례

가) 설문 항목에 근거한 노출 평가

미국농업인건강연구에서와 같은 전향적 코호트 연구에서는 농업인들로부터 얻어진 설문을 통해 개별 농약 노출 지표를 산출하였다. 우선 개별 농약 살포 여부, 살포 연수, 살포 일수, 1일 평균 살포 시간, 그리고 농약 노출 강도(intensity)를 통해 종합적인 농약 노출 지표를 산출하였다. 이때 농약 노출 강도는 농약 살포 방식, 보호구 착용 여부 및 종류, 농약 혼합방식, 농약 살포 장비 수리 여부 등의 항목들을 사용하고 이들 항목에 대한 상대적 가중치를 점수화하고 수식을 통해 산출하였다. 각 항목별 점수들은 기존 자료와 농약 노출 평가 전문가들의 경험을 통해 만들어진다. 이러한 방법이 비록 주관적인 요소를 갖고 있지만 상대적인 집단 분류에서는 전문가적 경험이 오히려 더 정확할 수 있다. 미국농업인건강연구 구축 당시 현장에서 조사된 설문지를 통해서는 기본 산출식(enrollment algorithm)을, 우편으로 조사된 자세한 설문지를 사용해서는 정밀 산출식(detailed algorithm)을 구하여 비교하였다(표 3-3).

이 노출 지수는 여러 인구집단(캐나다 농업인, 미네소타와 사우스캐롤라이나 농업인, 미국농업인건강연구 내 노출 평가 연구 및 과수 농업인)을 대상으로 한 현장조사를 통해 집단별로 노출 순위가 정확한지에 대한 신뢰도가 평가된 바 있다. 또한 2,4-D와 chlorpyrifos 농약 살포자들을 대상으로 환경측정 농도

〈표 3-3〉 미국농업인건강연구에서의 농약 노출 강도(intensity) 산출 방식

기본 산출식(enrollment algorithm)
(농약 혼합작업 여부 + 살포 방법 + 살포 장비 수리 여부) × 착용한 보호구 종류
정밀 산출식(detailed algorithm)
[(농약 혼합작업 여부 × 농약 유출방지설비 사용 여부) + (살포 방법 × 운전석이 보호되거나 공기필터가 장착된 트랙터 사용 여부) + 살포 장비 수리 여부 + 살포 후 장비 세척정도] × 착용한 보호구 종류 × 사용한 장갑교체 시점 × 살포 후 샤워 및 개인위생 행위 × 농약을 흘린 작업복을 갈아입는 시점

출처: Dosemeci M et al. A quantitative approach for estimating exposure to pesticides in the Agricultural Health Study. *The Annals of Occupational Hygiene*. 2002.

와 소변 중 대사물질 농도를 통한 타당도가 검증된 바 있으며, 이 자료를 근거로 노출 지수에 대한 산출식을 수정 보완하였다. 최근에는 코호트 연구에서 추적 조사된 노출 자료를 통합시켜 보다 정확한 노출 평가 점수를 산출한 바 있으며, 기존 노출 강도와 새로 산출된 노출 강도 간의 상관성이 매우 높았음을 보고하였다. 따라서 이러한 노출 지수는 현재 우수한 노출 지표로서 역학 연구에 활용될 수 있으며, 향후에도 지속적으로 수정 보완하여 보다 정교한 노출 평가 값이 산출될 수 있다.

나) 직업력에 근거한 노출 평가

농약에 대한 노출 평가는 각 직업에 대한 잠재적 평생 농약 노출 수준을 직업-노출 매트릭스(job-exposure matrix)를 통해 평가하기도 한다. 미국에서 실시된 농약 노출과 비호지킨림프종(non-Hodgkin's lymphoma) 연구에서는 우선 농약 노출의 가능성(probability)에 대한 상대적 점수, 상대적 노출 수준(level), 그리고 노출에 대한 확신(confidence)에 대한 점수를 0점에서부터 4점까지 살충제, 제초제, 살균제별로 각각 부여하였다. 이러한 점수들을 근거로 전체 대상자를 비노출 추정군(probably unexposed), 노출이 불확실한 군(exposure uncertain), 노출 추정군(probably exposed) 등 3개 군으로 나누어 비호지킨림

프종과의 연관성 연구에 사용하였다. 이처럼 비록 개인정보는 없지만 직업 노출 정보를 통해 각 개인별 노출 점수를 부여할 수 있다. 이를 위해서는 각 사람의 종사 산업과 구체적인 직종을 파악하여야 하며 이들을 조합하여 각 매트릭스별 점수를 주는 방식을 적용하게 된다.

러시아 레닌그라드 지역에서 병원의 사망 자료를 통해 실시된 폐암 환자 연구에서는 농약의 노출 정도를 각 사람의 직업명과 작업 활동을 근거로 추산하였다. 러시아에서는 개인별로 그린북(Green book)이라는 직업력 기록을 발급하며 이를 이용하여 각 개인의 직업 정보를 마치 의무기록과 같이 누적된 자료로서 살펴볼 수 있었다. 여기에는 개인 근로자의 직종, 산업, 세부 작업명의 시작과 끝, 사업장 이름과 부서 등의 정보들이 기록되어 있었으며, 만약 직업을 바꾸게 되면 그린북은 새로운 사업장으로 이동 보완되어 평생 직업력을 살필 수 있다. 이러한 정보들을 통해 각 개인의 직업력을 추적할 수 있으며 각 직업의 작업 내용을 충분히 알고 있다면 농약 노출 평가가 가능하다.

개인이 종사했던 각 산업과 직업명에 대해 각각 농약 노출 수준을 비노출, 저노출, 고노출로 나누고 〈표 3-4〉와 같이 각 산업과 그 산업 내에서의 직업 형태를 조합하여 종합적 노출 정도를 산출함으로서 전체 대상자를 대상으로 비노출, 저노출, 중간노출, 고노출, 최고노출로 분류할 수 있다. 평가된 지표는 직업의 근무 기간과 곱해 누적 농약 노출 지표를 산출할 수 있다. 이러한 방식은 개략적이며 절대적 값이 아니라 단지 상대적 정도에 대한 범주화가 목적이다. 그렇지만 보건학 연구에서는 실용적으로 양-반응관계를 살펴보는 데 사용되

〈표 3-4〉 산업과 직종 정보를 근거로 한 농약 노출 수준 평가 사례

산업 \ 직종	비노출	저노출	고노출
비노출	비노출	저노출	중간노출
저노출	저노출	중간노출	고노출
고노출	중간노출	고노출	최고노출

고 있다. 각 직업 및 노출 정보의 신뢰도를 별도로 점수화함으로써 필요에 따라 신뢰도가 낮은 작업은 제외하고 살펴볼 수도 있다.

다) 지역 자료를 활용한 노출 평가

농약 사용에 대한 직접적인 정보가 없다고 하더라도 기존 자료를 활용하여 지역별 농약 사용 대리지표를 개발할 수 있다. 이를 위해서 각 지역별 농경지 면적의 분율이나 특정 농약을 살포하는 특정 작목 면적의 분율을 농약 노출의 대리지표로서 활용하기도 한다. 미국 캘리포니아 주에서는 보다 직접적으로 농약 사용보고 자료를 활용하여 살포 지점별로 사용된 농약의 종류와 사용량, 살포 면적 등을 통해 단위 면적당 살포량을 산출하여 지역적인 농약 노출과 소아암과의 연관성을 평가한 바 있다. 또한 농업인 분율과 노동시간, 작목별 면적 및 작목별 농약 살포 양상 등의 개별 지표들을 통합하여 새로운 농약 노출 지표를 산출하기도 하였으며, 최근에는 지리정보시스템 기술의 발달로 농약 살포 지점과 대상자의 거리정보를 활용하여 더욱 정교한 농약 노출 지표를 산출하고 있다.

국내에서도 농업총조사 자료를 활용하여 생태학적 연구에 활용될 수 있는 지표를 개발한 바 있다. 우리나라 농업총조사는 1960년도부터 실시되었으며 농업 관련 특성들(농가수, 농업인구, 농업종사 기간, 농업규모 및 주요 작목 등)에 대해서 전국 농가를 대상으로 조사하고 있다. 그 외 가구당 컴퓨터 및 자동차 보유, 부업 형태 등 사회경제적 요인들도 포함하고 있다. 이 연구에서 각 지역별 농업인구 분율(전업 농업인구 분율, 겸업 농업인구 분율), 농업종사기간에 따른 농업인구 분율, 농업규모별 농가 분율을 활용하여 전국 시군구별 농업특성지표(farming index)가 개발되어 각 지역별 악성종양 사망률과 비교된 바 있다. 이렇게 산출된 농업특성지표는 지역별로 총 농업 노출 정도에 대한 정보를 제공하는 것으로서, 농업에 오랫동안 종사하거나 큰 규모의 농업에 종사한 인구가 많은 지역일수록 적은 규모로 농사를 짓거나 농업 경력이 짧은 지역보다 높은 값을 갖는다.

보건학연구에서 인구집단을 대상으로 노출값을 얻기 위해서는 개인 수준에서 측정된 값을 얻는 방법과 인구집단별로 노출 정보를 얻는 방법이 있다. 일반적으로 두 가지 지표 중 개인 수준에서의 측정값이 더 좋은 측정지표일 것 같지만 반드시 그렇지 않을 수도 있다. 특히 노출량 측정에 있어서 변화가 크거나 각 대상자에게 얻어지는 표본의 수가 적을 경우에는 더욱 그러하다. 개인의 측정값은 경우에 따라 집단적 노출 지표를 사용할 때보다 질병에 대한 위험도 값을 더 왜곡(바이어스, bias)[3]시킬 수 있다. 반면 집단적 노출 지표는 개인 지표 사용 시보다 위험도 값을 덜 왜곡시키지만 통계적 검증력(statistical power)[4]이 떨어질 수 있다.

■ 지역차원의 농약 노출 대리 지표 산출사례

- 지역별 농경지 면적 분율(%)= $\frac{\text{각 지역별 농경지 면적}}{\text{각 지역별 전체 면적}} \times 100$
- 지역별 농가수 분율(%)= $\frac{\text{각 지역별 농가수}}{\text{각 지역별 전체 가구수}} \times 100$
- 농업특성지수=(각 지역의 전업농업인 분율+겸업농업인 분율×0.3)
  ×각 지역 농업인의 농업종사기간 지수
  ×각 지역 농업인의 경지면적 지수
- 작목별 농약 살포 특성을 고려한 농약 노출 지표= $\sum_{i=1}^{n} = A_i F_i H_i$
  i=벼, 과수, 밭작물, 시설작목 등
  A=각 지역의 작목별 면적
  F=작목별 연간 농약 살포 횟수
  H=작목별 1회 농약 살포 시간
- 지역별 농약 살포 밀도(kg/m^2)= $\frac{\text{각 지역별 농약공급량}(kg)}{\text{각 지역별 농경지 면적}(m^2)}$

3 사실과 다른 차이를 말하는 것으로 체계적 오류(systematic error)라고도 함.

4 노출과 건강영향 간에 연관성이 있음에도 불구하고 없다고 판정하는 오류를 배제하는 확률로서 일반적으로 80% 이상의 검증력(power)을 사용함.

3. 농작업 농약 사용 및 환경적 농약 노출

1) 농작업 농약 노출의 특성

농작업 농약 노출 형태가 농약제조 사업장 노출과 구별되는 몇 가지 특성이 있다(표 3-5). 첫째, 농작업의 노출 형태가 매우 다양해서 농약 뿐 아니라 비료, 유기용제, 배기가스, 유기 및 무기 분진, 미생물 및 독소, 동물성 바이러스, 소음, 진동, 고열 등 다양한 유해 환경요인에 동시에 노출되는 경우가 많다. 각 환경요인이 상호작용을 통해 다양한 건강영향을 줄 수 있기 때문에 농약과 건강과의 연관성을 파악할 때 다양한 작업 및 생활상의 환경요인의 차이도 함께 파악하는 것이 중요하다.

둘째, 농작업 형태에 따라 개별 농업인 간에 노출이 상당히 다르게 나타날 수 있다. 즉 농약 사업장의 경우 같은 부서의 근로자들은 대체로 비슷한 노출 형태 및 수준을 보이는 반면 농업인의 경우 같은 작목을 재배한다고 하더라도 개인별로 서로 다른 농약들을 사용할 수 있으며 작업 형태도 서로 다르게 진행될 수 있어 유해 요인 노출의 형태가 달라질 수 있다. 이러한 노출의 이질성은 결과적으로 농업인 내에서 같은 농약에 노출되더라도 서로 간에 일치하지 않는 건강영향 결과를 초래시킬 수 있다.

셋째, 농업인의 실제 유해요인 노출 작업은 연간 일정하게 계속되는 것이

〈표 3-5〉 농작업과 농약 사업장에서 농약 노출의 차이

	농작업 노출	농약 사업장 노출
노출 일수	3-12일/년	연간 지속
노출 형태	간헐적 고노출	장기간 일정한 노출
동시 노출	다양한 유해요인들에 동시 노출	상대적으로 일정한 유해요인 노출
개인별 차이	노출 차이 큼	상대적으로 적음
노출 농도	희석액 사용	고농도 원제 사용
환경적 노출	거주 환경에 따라 추가 노출	추가 노출 거의 없음

아니라 며칠에 걸쳐 집중적으로 이루어진다. 우리나라 농작업에서 연간 평균 농약 살포 일수는 작목에 따라 다르긴 하지만 평균적으로 3-12일 정도이다. 즉 노출의 형태가 일반 사업장에서와 같이 일정한 농도의 유해요인에 지속적으로 노출되기 보다는 짧은 기간에 집중적으로 이루어지므로 누적 노출은 많지 않을 수 있다. 이러한 단기간 고노출 형태는 같은 누적 노출량을 가진다고 하더라도 일정하게 장기간 노출되는 경우와 질병의 위험도가 다르게 나타날 수 있다. 한편 농작업에서는 농약 원제를 수백 배 이상 희석한 후 살포하는 반면 농약 제조 사업장에서는 고농도 원제 자체에 노출될 가능성이 높아 동일한 농약에 노출된다고 하더라도 농업인과 농약제조 근로자의 상황이 다르다는 것을 파악할 필요가 있다.

넷째, 농업인과 그 가족은 농촌지역에 거주하기 때문에 직업적 노출 이외에도 추가적으로 농약에 대한 환경적 노출이 발생할 수 있다. 즉 작업 시 오염된 농약이 가정에 유입되어 본인 및 가족 구성원에 추가 노출될 수 있으며, 본인이 작업하는 경우 외에도 주변 작업 시 살포되는 농약에 노출될 수 있다. 따라서 농업인에서의 농약과 건강을 평가하기 위해서는 일반 사업장 근로자와 같이 직업적 노출에만 국한하는 것과는 달리 환경적 노출을 함께 고려한 종합적 평가가 필요하다.

2) 국내 농업인 농약 작업 실태

국내 농업인들의 농약 사용 형태는 작목별로 달라 연간 농약 살포 시간이 가장 많은 작목은 과수이고, 밭작물, 비닐하우스, 그리고 벼의 순서로 나타난다. 2010년도 남성 농업인 표본조사에 의하면 벼는 1년에 평균 2.6회 농약을 사용하는 데 반해서 밭작물은 7.3회, 비닐하우스는 11.9회, 그리고 과수는 9.1회 사용하는 것으로 파악되었다(표 3-6). 1회 평균 살포 시간도 벼와 과수의 경우 3.1시간, 밭작물은 2.4시간, 비닐하우스는 1.8시간으로 작목별로 다르게 나타났다. 따라서 벼 재배 농업인과 다른 작목 농업인과는 농약 살포 빈도가 큰

〈표 3-6〉 국내 남성 농업인에서 작목별 농약 살포 횟수 및 시간

(단위 : 평균±표준편차)

작목	농업인수	연간 농약 살포 횟수	1회 농약 살포 시간	연간 농약 살포 시간
벼	1,550	2.6± 2.7	3.1± 2.6	8.8± 13.4
밭작물	755	7.3± 9.4	2.4± 3.4	24.1± 60.9
비닐하우스	91	11.9± 13.8	1.8± 2.0	23.9± 35.5
과수	285	9.1± 7.6	3.1± 2.8	37.0± 57.2

차이가 나며 농약 노출 평가에서 반드시 작목별 구분을 하는 것이 중요하다. 작목별로 사용 농약의 종류에도 차이가 있어 벼 재배의 경우는 제초제 사용 비중이 다른 작물 재배보다 높았다. 또한 작목의 차이는 농약의 종류나 살포 횟수만이 아니라 살포 방식에 대해서도 많은 차이를 보인다. 특히, 과수의 경우 SS기라는 동력식 분무기로 살포하는 경우 농약 노출이 다른 형태보다 훨씬 많이 이루어진다.

농약 살포 시의 보호구 착용은 과거에는 낮았으나 최근에는 대체로 양호한 것으로 보고되고 있다(표 3-7). 특히 보호 장화의 착용률은 82.8%로 매우 높게 나타났고, 모자의 착용률 역시 81.9%로 높게 나타났다. 반면 보안경의 착용률은 16.9%로 다른 보호구 착용에 비하여 낮게 나타났다. 위생행위 수칙에 대해서도 대체로 잘 지켜지고 있으나 농약을 희석할 때에 마스크와 장갑을 착용하는 항목의 경우 다른 위생행위 수칙에 비하여 잘 지키지 않는 것으로 나타났다.

보호구의 착용과 위생행위 수칙은 연령이 높을수록, 소득과 교육수준이 낮을수록 잘 지키는 것으로 나타났다. 모든 보호구를 착용하는 농업인은 전체에서 9% 정도로 적었으며 특히 비닐하우스 작목 농업인의 경우 다른 작목 농업인에 비해 보호구 착용이 낮았다. 위생행위 수칙을 모두 잘 준수하는 농업인은 40% 정도였고, 밭작물을 재배하는 농업인의 위생행위 수칙 준수율이 상대적으로 높게 나타났다. 이러한 보호구 착용 및 위생행위 준수율은 보고된 다른 나라들에 비해서 대체로 낮지 않는 편이다.

보호구 착용은 농약의 피부 및 호흡기 접촉을 막아 줄 수 있어 매우 중요하다.

〈표 3-7〉 국내 남성 농업인에서 보호구 착용 및 위생행위 준수율

항목	인원수 (%)[a]
보호구	
보호장갑	970 (49.5)
보안경	330 (16.9)
보호모자	1,604 (81.9)
방제복 상의	1,013 (51.7)
방제복 하의	1,130 (57.7)
보호장화	1,621 (82.8)
농약 살포용 국가 검정 마스크	901 (46.0)
위생행위	
사용법과 용량을 설명대로 지킴	1,651 (84.3)
농약을 희석할 때에도 마스크와 장갑 착용	1,116 (57.0)
한낮에 농약 살포 안함	1,689 (86.3)
농약 살포 작업 후 곧바로 옷 갈아입음	1,819 (92.9)
농약 살포 작업 후 비누로 목욕함	1,803 (92.1)
농약 살포 시 바람을 등짐	1,511 (77.2)

[a]농업인 1,958명 중 보호구 항상 착용함 또는 위생행위 항상 준수함으로 응답한 농업인 수 및 분율

한편 보호구를 착용한 농업인들 중에서도 여전히 임상증상을 호소하는 경우들이 있어 보호구를 올바로 사용하는 교육이 중요하다. 그러나 어떤 요인이 보호구 착용에 영향을 주는지에 대한 연구는 많지 않다. 가장 많이 연구된 것은 농약 사용에 대한 교육 여부로서 교육을 받은 경우 보호구 착용률을 높인다는 결과들과 교육이 효과가 없었다는 연구들이 함께 보고되고 있다. 분명한 것은 교육이 일정한 효과는 있지만 교육 자체만으로 완전한 착용을 유도하지는 못한다는 것이다. 보호구 착용과 관련된 또 다른 요인으로 농업인들은 냄새나는 농약을 취급할 때 보호구를 더 많이 착용하는 것으로 알려져 있다. 따라서 농약에 인위적으로 냄새나는 물질을 추가하는 것도 행위유발 차원에서 필요할 수 있다.

3) 환경적 농약 노출

농약은 농작업뿐만 아니라 일상생활 중에도 상당히 광범위하게 사용되고 있다(표 3-8). 우리 주변에서 대표적으로 흔히 농약을 사용하고 있는 형태는 가정 내에서 모기 등 곤충 매개 질환을 예방하기 위해 사용하는 경우(모기향, 뿌리는 살충제, 벌레 쫓는 약, 바퀴벌레 및 개미약 등)이다. 그 외에 정원 및 가정 내 원예용 농약, 애완동물용 샴푸 등에도 농약이 함유되어 있으며, 아파트나 공원의 조경을 위해, 거리의 잡초를 제거하기 위해 농약이 살포되고 있다. 미국에서는 머릿니 치료 샴푸를 처방받은 어린이들에서 피레트린 계통의 농약 대사산물 농도가 유의하게 증가되었다고 보고된 바 있다. 그뿐 아니라 골프 등 레저활동, 농업 및 임업용으로 살포된 농약에 의한 오염 등을 통해서 광범위하게 노출되는 경우들이 있다. 이처럼 일반 국민들은 비록 농업인에 비해 훨씬 낮은 농도이긴 하지만 일상생활에서 다양한 경로를 통해 농약에 노출되고 있다.

미국 국민건강영양조사에서는 약 200가지 이상의 환경오염물질에 대한 생체시료 측정을 하고 있다. 2009년도에 보고된 4차 보고서에 의하면 거의 모든 일반 국민들에게 농약 대사물질이 검출되어 농약을 직업적으로 다루는 사람뿐 아니라 일반 국민들도 농약에 노출되고 있다는 것을 보여 주었다. 특히 6-11세 어린이에서는 일부 농약 노출량이 성인보다 많다고 보고된 바 있다(표 3-9).

〈표 3-8〉 생활환경 중 농약 노출 사례

구분	환경적 농약 노출 사례
농업활동	농경지 인근 지역으로 바람에 날리는 농약, 농약 살포 지역의 지하수 및 토양 오염
가정활동	모기약, 바퀴벌레 쫓는 약 등의 살충제, 애완동물의 벼룩 및 이 제거용 샴푸, 정원용 및 원예용 살충, 살균제
식품	채소류 및 과일류의 잔류 농약
임업	산림해충 방제용 살충제 살포
레저	골프장 잔디용 농약 살포, 가로수 및 조경수에 농약 살포, 항공기 내 소독
방역	가축 전염병 및 주택가 해충 방역, 학교 및 사무실 등의 해충 방역

〈표 3-9〉 미국 국민건강영양조사에서 소변 중 TCPy 농도

(단위 : μg/g creatinine)

	TCPy 농도[a] (95% 신뢰구간)	인원수
전체	1.73 (1.49-2.01)	2,508
연령		
6-11	3.48 (2.80-4.32)	573
12-19	2.09 (1.72-2.55)	822
20-59	1.49 (1.30-1.71)	1,113
성별		
남자	1.71 (1.47-2.00)	1,183
여자	1.75 (1.49-2.07)	1,325
인종별		
백인	1.78 (1.49-2.14)	947
흑인	1.56 (1.19-2.03)	700
히스패닉	1.86 (1.63-2.12)	660

[a]chlorpyrifos 농약의 대사물질. 기하평균

출처 : CDC. *Fourth National Report on Human Exposure to Environmental Chemicals*. 2009.

모기약 살포에 의한 건강영향은 계속 논란이 되고 있는 보건학적 주제이다. 모기약은 말라리아, 일본 뇌염과 같은 곤충 매개 질환의 예방뿐 아니라 모기나 파리, 바퀴벌레에 의한 생활의 불편함을 줄이기 위해서 매우 효과적인 방법이다. 그러나 모기약 자체가 생명체를 죽이기 위해 만들어진 물질이므로 인체에 (특히 임산부나 소아) 잠재적인 건강영향이 있을 수 있다. 국내에서 지금까지는 주로 모기약 용기와 관련된 사고들(용기 폭발 등)이 보고되었을 뿐이나 향후 모기약 살포를 통한 환경적 농약 노출과 건강영향에 대한 연구들도 진행되어야 할 것이다.

한편 국내에서 2012년 국내 초등학생 70명을 대상으로 피레스로이드계 농약의 대사산물인 소변 중 3-PBA농도를 조사한 바에 의하면 크레아티닌으로

보정된 기하평균값이 1.46㎍/g으로 나타났다. 이는 2001-2002년도 미국 국민건강영양조사의 0.42㎍/g, 독일 환경조사(GerES)에서의 0.49㎍/L보다 훨씬 높은 수준이다. 조사 시점이 가정 내에서 살충제를 많이 사용하지 않는 계절이었음을 감안하면 우리나라에서의 환경 중 농약 노출은 다른 나라보다 매우 높은 것으로 추정된다.

농약은 골프장에서 잔디를 관리하기 위해 정기적으로 살포되고 있으며 이에 따른 보건학적 관심이 높아, 외국에서도 골프장 내 농약의 사용 실태 등에 대한 생태학적 연구들이 실시된 바 있다. 미국의 골프 이용자들을 대상으로 골프장 이용 시 노출되는 농약에 의한 발암 및 비발암성 위험도를 평가한 연구들에 의하면 골프장 이용자가 일반인보다 농약에 더 노출되고 있지만 유해할 정도는 아니라고 보고된 바 있다.

우리나라에서는 환경부에서 연 2회 골프장에서 사용된 농약량을 조사하고 있다. 이 자료에 의하면 2010년 전체 389,394kg을 사용하였으며 단위면적(ha)당 사용량은 10.9kg이며 지역별 차이가 컸다. 이러한 규모의 사용량은 농작업에서의 단위면적당 사용량과 비슷한 수준으로서 최근 10여 년간 거의 변화가 없었다. 따라서 농작업뿐 아니라 골프장 종사자 및 사용자들이 농약에 많이 노출되고 있음을 알 수 있다.

한편 환경 중 농약 노출과 농작업에서의 농약 노출 간에는 몇 가지 차이점이 있다. 농작업에 사용되는 농약들은 농촌진흥청에 등록 관리되고 있어 어떠한 농약들이 사용되고 있는지 상대적으로 쉽게 파악되고 있다. 한국작물보호협회 자료를 통해서도 농작업 시 사용되는 농약들의 종류와 양을 파악할 수 있으며, 그 외 농협 및 농약 판매상 자료들을 활용하여 보완이 가능하다. 그러나 환경 중 농약은 성분은 농약이지만 일반 화학물질에 섞여 사용되고 있어 다양한 상품으로서 존재하고 있다. 따라서 어떤 제품에 얼마만큼의 농약들이 포함되어 있고 사용되고 있는지 파악하기가 어렵다. 이를 위해서는 시중에 사용되고 있는 생활물질들의 각 성분을 체계적으로 분석하는 작업이 필요하다. 미국에서는 건강영향이 많이 보고된 특정 농약 성분에 대해 우선 생활상의 사용을 금지하고 그 다음 단계로 농작업에서의 사용제한을 적용한다(예, chlorpyrifos). 그러나 우리나라의 경우 거꾸로 농작업 농약으로 금지된 물질들이 환경 중 농약으로 검출되고 있는 경우가 있다. 따라서 농약관리가 개별 부처를 넘어 통합적으로 진행되어야 한다.

또한 농작업 농약과 환경 중 농약의 노출 대상이 다르다. 농업용 농약은 직업적으로 살포하는 성인 농업인들에게 주로 노출되지만 환경 중 농약은 어린이와 산모를 포함한 모든 인구집단에게 노출된다. 환경적 노출은 매우 광범위한 노출집단의 범위를 갖고 있으므로 취약집단에 대한 고려가 필요하다. 또한 다양한 노출 경로를 갖고 있어 다른 측정 방법보다도 생물학적 측정이 환경적 농약 노출을 평가하는 데 가장 적합하다고 할 수 있다. 그러나 소변 중 대사산물 검사 종류가 제한되어 있고 시간과 비용이 많이 소요되며 노출 농도도 낮아 직업적 노출보다 노출 평가에 여러 가지 어려움이 많다. 따라서 여러 가지 방식을 통해 환경 중 농약 노출 평가 정보를 얻는 것이 필요하다. 우선 직접 측정된 값을 활용하는 것이 가장 중요하고 그 외에 농업총조사 자료의 각 지역별 작목별 면적, 농협의 각 지역별 농약공급량 자료를 근거로 지역별 자료값을 할당할 수 있으며, 각 개인의 거주지의 좌표 정보를 활용하여 농경지와의 거리를 측정하고 농약 노출에 대한 값을 추정할 수도 있다.

그리고 농작업 농약은 높은 농도에 집중적으로 며칠간 노출되는 데 반해 환경 노출은 상대적으로 낮은 농도에 일 년 내내 지속적으로 이루어지는 양상을 보인다. 이러한 노출 형태의 차이는 같은 농약에 노출되더라도 서로 다른 건강영향을 나타낼 수 있다. 한편 환경 중 낮은 농도의 유해물질에 노출되었을 때도 유해한 건강영향이 발생되는지, 발생된다면 어떤 방식으로 나타나는지에 대해서는 학문적으로 많은 논란이 계속되고 있다.

■ **저용량 건강영향(low-dose effects)**

저용량 건강영향과 관련된 현상으로 구경꾼 효과(bystander effect)와 호메시스(hormesis)가 있다. 구경꾼 효과란 저농도에서 기대했던 것보다 오히려 더 많은 영향을 나타내는 것을 말한다. 반면 호메시스란 독성물질에 조금 노출되었을 때 오히려 보호효과를 보이는 것을 말한다. 호메시스의 가장 대표적인 현상은 소량의 알코올 섭취가 심혈관계 질환에 보호효과를 보여 주는 것이다. 농약을 비롯하여 방사선 노출에 대해서도 저노출군에서 오히려 질병에 대한 보호효과들이 종종 관찰된다. 그러나 저노출군이 전혀 노출되지 않은 집단보다 원래 건강한 집단일 수도 있고, 단기간의 실험적인 호메시스 효과가 과연 궁극적으로 인간의 건강영향에도 도움이 되는 것인지는 불확실하다. 또한 호메시스 현상은 각 개인별 혹은 개인 내 장기별로 서로 다르게 나타날 수도 있다. 따라서 비록 호메시스 현상이 간혹 보고되고 있더라도 소량의 유해물질이 위험하지 않다고 판단하거나 인구집단을 대상으로 한 정책과 직접 연결시키는 것은 적합하지 못하다.

4. 노출 평가 오류에 의한 영향

보건학에서는 인구집단을 대상으로 노출 평가를 수행하기 때문에 실험적 연구와 같은 정확성을 갖기 어렵다. 따라서 노출 평가의 부정확성으로 연구결과에 부정적인 영향을 줄 수 있으며 이때 어떤 방식으로 얼마나 영향을 줄 것인지를 이해하는 것은 매우 중요하다. 비록 오류를 수정할 수 없다고 하더라도 오류의 방향성과 정도를 파악하는 것은 결과의 해석과 활용에 큰 의미를 준다.

가장 중요한 오류 중 하나는 노출에 대한 오분류(misclassification)이다. 노출자를 비노출군으로 혹은 비노출자를 노출군으로 분류하게 된다면 잘못된 연구 결과가 나타날 수 있다. 환경 유해물질과 폐암에 대한 연구에서도 흡연을 보정하지 못하는 것보다 노출에 대한 오분류가 실제로 결과를 더욱 크게 왜곡시킨다고 보고되기도 하였다. 따라서 오분류에 의한 영향을 최소화하는 것이 보건학에서 무엇보다도 중요하다.

노출 측정과 관련되어 발생할 수 있는 오류는 차별적(differential) 또는 비차별적(non-differential) 오분류로 분류할 수 있다. 차별적 오분류는 연구하고자 하는 건강상태에 따라 측정 오류가 달리 발생하는 것을 말하며 비차별적 오류는 건강상태와 무관하게 오류가 발생하는 것을 뜻한다. 만약 농약 노출을 이분형(노출/비노출)으로 진행한 연구에서 비차별 오분류가 발생하게 되면 거의 모든 경우 결과의 관련성이 작아지는 방향으로 작용한다. 그러나 만약 농약 노출의 분류를 다범주 변수(분류가 3개 이상인 집단)로 한다면 비차별적 오분류가 발생되더라도 위험도가 작아질 수도 있고 커질 수도 있다. 이 경우 단지 위험도의 크기만이 문제가 아니라 경향성도 뒤바뀔 수 있어 해석 시 주의를 요한다. 또한 생태학적 연구에서 발생하는 비차별적 오분류는 개인 수준에서의 오류의 방향성과는 다르게 나타나게 될 수 있다.

만약 농약 노출 지수와 같이 연속변수에서 측정오류가 발생하게 되면 고전적 오류(classic error)와 버크손 오류(Berkson error)를 구별해서 해석하는 것이 필요하다. 고전적 오류는 예를 들어, 각 개인이 무작위로 측정된 소변 중 3-PBA(피레스로이드계 농약의 대사물질) 농도를 갖고 있다고 가정했을 때 진짜 노출값과 측정값 간에 발생되는 차이를 말한다. 버크손 오류는 만약 거주지역을 농약 살포 경작지 거리에 따라 가까운 곳, 중간, 먼 곳으로 나누고 각 군별 같은 평균값이 전체 개인들에게 할당된다면 진짜 노출값과 할당된 평균값 간에 차이가 있게 되는 것을 말한다. 어떤 개인의 실제 노출농도는 평균보다 클 수 있고 다른 개인은 작을 수 있어 전체적으로 오류에 대한 평균은 영(zero)이 된다. 즉 버크손 오류의 경우 연속변수에서 측정된 값들이 오차가 있어도 결국 집단으로 평균된 값을 보이므로 관련성을 왜곡시키지는 않게 된다. 따라서 연구에서 만약 바이어스가 우려된다면 집단별 평균값을 사용하여 버크손 오류 형태로 진행시키는 것이 바람직하다.

미국농업인건강연구에서는 설문을 근거로 만들어진 농약 노출 강도와 소변 중 농약 대사산물과의 상관성이 완전히 일치하지 않는 것을 근거로 농약 노출 시 어느 정도의 오분류가 발생하였을 것이라고 인정하면서도, 이러한 분류오차가 비차별적 오분류로서 연구결과를 감소시키는 방향으로 영향을 주었으며, 기존 결과들이 오류가 없었다면 더 유의한 결과를 보여 주었을 것으로 설명한 바 있다. 이러한 방법론적 논문은 미국농업인건강연구에서 보고되는 위험도 값의 정당성 또는 방향성을 설명하는 데 중요하게 인용되고 있다.

노출에 대한 오류는 관심변수(농약 노출), 교란변수(흡연 등), 효과변경인자(연령, 성 등)에서 각각 발생될 수 있다. 주된 관심은 노출 평가에서의 오류가 관심변수에서 발생하였을 때 연구 대상자들의 노출 상태를 잘못 분류시키게 되어 결과적으로 관련성을 왜곡시키는 것이다. 예를 들어 농약 노출의 대리지표로 흔히 사용되는 농작업 여부라는 정보는 농약 노출이라는 관심변수를 평가하는 데 오류를 발생시킬 수 있다. 전문가 판단에 의하면 많은 농업 관련 직업들이 실제로는 농약에 노출되지 않는다고 보고된 바 있다. 따라서 만약 모든 농작업을 농약에 노출되었다고 분류한다면 노출군에 비노출자들이 포함될 수 있어 농약의 효과를 과소평가할 수 있다. 따라서 단순히 직업만이 아니라 작목 형태와 작업 기간 등에 대한 고려가 보다 정확한 농약 노출 분류를 위해 필요하다. 그러나 비농작업이라고 응답한 경우에는 농약에 노출되는 경우가는 매우 적어 오분류의 영향은 적다.

노출 오류는 교란변수 및 효과변경인자에서 발생되어도 결과해석에 잘못된 정보를 제공해 줄 수 있어 이에 대한 이해도 필요하다. 측정오류가 교란변수에서 발생한다면 그 효과는 잔류 교란변수(residual confounding)로서 나타나게 되어, 결과값이 조율(crude rate)과 보정된 값(adjusted rate) 사이로 존재하게 된다. 또한 만약 측정오류가 효과변경인자에서 발생하게 된다면 상호작용을 감소시켜 취약 집단이 누구인지 파악하기 어렵게 만들 수 있다.

결과변수를 판정하는 데 있어서도 오분류가 발생할 수 있다. 즉 질병 여부와 같은 명목변수 형태로 또는 부정확한 폐기능 값과 같은 연속변수에서도 발생할 수 있다. 그러나 일반적으로 결과변수는 객관적인 등록 자료 또는 임상 검사 자료를 사용하기 때문에 오분류되는 경우가 적고 오분류가 발생되더라도 노출에서보다는 크기가 상대적으로 작다. 한편 주관적인 증상에 의해 질병이 정의되는 경우에는 이러한 오류는 더욱 크게 나타날 수 있다. 농약 중독 여부를 단지 임상 증상여부로 판단하게 되면 개인의 기억 또는 판단에 의해 중독자가 비중독자로 혹은 비중독자가 중독자로 분류될 가능성도 있다. 따라서 증상에 의한 중독정의는 노출 여부 및 시간적 관련성 그리고 중독 증상과 농약과의 특이성 등을 보완적으로 판단하여 최대한 오분류를 줄이도록 하는 것이 중요하다.

노출에 대한 측정오류가 있다면 이에 대한 보정(correction)이 필요하며 이를 위해서는 신뢰도 및 정확도 검사를 통한 정보가 필요하다. 그러나 이러한 검사가 항상 가능하지 않으며 보정을 위해서는 여러 불확실성을 고려하여 계산해야 한다. 이때 잘못된 정보 또는 가정을 통한 보정은 더 큰 바이어스를 초래할 수 있다. 따라서 비록 보정된 효과측정(effect measure)이 이루어졌다고 하더라도 민감도 분석[5]을 통해 여러 가지 가정하에 보정에 대한 계산이 이루어지는 것이 바람직하며 보정되지 않은 효과측정 값도 함께 제시되는 것이 바람직하다.

■ 보건학적 연구 태도

보건학을 처음 접하는 학생들이 어려워하는 것 중의 하나가 오류를 받아들이는 것이다. 특히 자연과학을 전공한 학생들일수록 연구에서의 완벽성에 집착하려는 경향이 있다. 연구를 하는 좋은 자세임에는 두말할 나위가 없지만 간혹 그러한 자세가 오히려 연구 진행을 방해하는 경우가 있다. 즉 보건학 연구를 진행하는데 있어서 각각의 가능한 모든 오류 발생에 대한 두려움으로 앞으로 나가지 못하게 되면 바람직한 자세는 아니다. 모든 면에서 오류 없는 완전한 정보를 갖고 진행되는 연구는 있을 수 없다는 것을 인식할 필요가 있다. 즉 현실에서 부딪치는 오류 혹은 부족함을 받아들일 수 있어야 하며 이러한 오류나 부족함 자체보다도 그것들이 결과에 어떠한 영향을 줄 수 있는지 그리고 그것들을 어떻게 하면 줄일 수 있는지에 대한 합리적 해석과 사고가 중요하다. 이러한 사고와 해석이 합리적이라면 비록 여러 제한점을 갖고 있어도 훌륭한 보건학 연구가 될 수 있다.

---

5 민감도 분석(sensitivity analysis)은 변수, 모델, 분석방법, 대상자들의 변동이 결과에 미치는 정도를 평가하는 것을 말하며 이러한 분석을 통해 산출 결과를 보다 확고하게 제시할 수 있음.

주요 참고문헌

김현중, 차은실, 문은경, 고유선, 김재영, 정미혜, 이원진. 〈일부 농업인에서의 농약 중독증상과 농약 사용정보에 대한 예비조사〉. 《한국환경보건학회지》. 2011;37(1):22-8.

이요한, 차은실, 문은경, 공경애, 고상백, 이윤근, 이원진. 〈일부 농업인에서 자기 기입식 농약 노출 설문에 대한 신뢰도 연구〉. 《예방의학회지》. 2010;43(6):535-42.

Alavanja MC, Hoppin JA, Kamel F. Health effects of chronic pesticide exposure : cancer and neurotoxicity. *Annual Review of Public Health.* 2004;25:155-97.

Baker BA, Alexander BH, Mandel JS, Acquavella JF, Honeycutt R, Chapman P. Farm Family Exposure Study : methods and recruitment practices for a biomonitoring study of pesticide exposure. *Journal of Exposure Analysis and Environmental Epidemiology.* 2005;15(6):491-9.

Baker D and Nieuwenhuijsen MJ, eds. *Environmental Epidemiology : Study Methods and Application.* New York : Oxford University Press. 2008.

Blair A, Thomas K, Coble J, Sandler DP, Hines CJ, Lynch CF, Knott C, Purdue MP, Zahm SH, Alavanja MC, Dosemeci M, Kamel F, Hoppin JA, Freeman LB, Lubin JH. Impact of pesticide exposure misclassification on estimates of relative risks in the Agricultural Health Study. *Occupational and Environmental Medicine.* 2011;68(7):537-41.

Blair A, Stewart P, Lubin JH, Forastiere F. Methodological issues regarding confounding and exposure misclassification in epidemiological studies of occupational exposures. *American Journal of Industrial Medicine.* 2007;50(3):199-207.

Blair A, Tarone R, Sandler D, Lynch CF, Rowland A, Wintersteen W, Steen WC, Samanic C, Dosemeci M, Alavanja MC. Reliability of reporting on life-style and agricultural factors by a sample of participants in the Agricultural Health Study from Iowa. *Epidemiology.* 2002;13(1):94-9.

Centers for Disease Control and Prevention. *Fourth National Report on Human Exposure to Environmental Chemicals.* Atlanta : Centers for Disease Control and Prevention. 2009. http://www.cdc.gov/exposurereport

Coble J, Thomas KW, Hines CJ, Hoppin JA, Dosemeci M, Curwin B, Lubin JH, Beane Freeman LE, Blair A, Sandler DP, Alavanja MC. An updated algorithm for estimation of pesticide exposure intensity in the Agricultural Health Study. *International Journal of Environmental Research and Public Health.* 2011;8(12):4608-22.

Coble J, Arbuckle T, Lee W, Alavanja M, Dosemeci M. The validation of a pesticide exposure algorithm using biological monitoring results. *Journal of Occupational and Environmental Hygiene.* 2005;2(3):194-201.

Cohn BA, Wolff MS, Cirillo PM, Sholtz RI. DDT and breast cancer in young women : new data on the significance of age at exposure. *Environmental Health Perspectives.* 2007;115(10): 1406-14.

Dosemeci M, Alavanja MC, Rowland AS, Mage D, Zahm SH, Rothman N, Lubin JH, Hoppin JA, Sandler DP, Blair A. A quantitative approach for estimating exposure to pesticides in the Agricultural Health Study. *The Annals of Occupational Hygiene.* 2002;46(2):245-60.

Dosemeci M, Wacholder S, Lubin JH. Does nondifferential misclassification of exposure always bias a true effect toward the null value? *American Journal of Epidemiology.* 1990;132(4): 746-8.

Gunier RB, Harnly ME, Reynolds P, Hertz A, Von Behren J. Agricultural pesticide use in California : pesticide prioritization, use densities, and population distributions for a childhood cancer study. *Environmental Health Perspectives.* 2001;109(10):1071-8.

Fenske RA. State-of-the-art measurement of agricultural pesticide exposures. *Scandinavian Journal of Work, Environment & Health.* 2005;31(Suppl 1):67-73.

Hoppin JA, Yucel F, Dosemeci M, Sandler DP. Accuracy of self-reported pesticide use duration information from licensed pesticide applicators in the Agricultural Health Study. *Journal of Exposure Analysis and Environmental Epidemiology.* 2002;12(5):313-8.

Lee WJ, Baccarelli A, Tretiakova M, Gorbanev S, Lomtev A, Klimkina I, Tchibissov V, Averkina O, Dosemeci M. Pesticide exposure and lung cancer mortality in Leningrad province in Russia. *Environment International.* 2006;32(3):412-6.

MacFarlane E, Glass D, Fritschi L. Is farm-related job title an adequate surrogate for pesticide exposure in occupational cancer epidemiology? *Occupational and Environmental Medicine.* 2009;66(8):497-501.

Maroni M, Colosio C, Ferioli A, Fait A. Biological monitoring of pesticide exposure : a review. *Toxicology.* 2000;143(1):1-118.

Rose G. Sick individuals and sick populations. *International Journal of Epidemiology.* 2001;30(3): 427-32.

Teitelbaum SL. Questionnaire assessment of nonoccupational pesticide exposure in epidemiologic studies of cancer. *Journal of exposure analysis and environmental epidemiology.* 2002;12(5):373-80.

Valcke M, Chaverri F, Monge P, Bravo V, Mergler D, Partanen T, Wesseling C. Pesticide prioritization for a case-control study on childhood leukemia in Costa Rica : a simple stepwise approach. *Environmental Research.* 2005;97 (3):335-47.

제4장

농약에 대한 보건학적 연구방법

methodology

1. 농약에 대한 보건학적 연구방법

농약 노출에 의한 건강영향을 파악하기 위해서는 생태학적 연구, 단면조사 연구, 환자-대조군 연구, 코호트 연구, 메타분석, 개입 연구 등 다양한 보건학적 방법들이 활용될 수 있다. 일반적으로는 생태학적 연구 또는 단면조사 연구부터 시작하여 환자-대조군 연구 및 코호트 연구로 진행한다. 그러나 연구의 목적, 노출의 정도, 자료의 접근 가능성, 질병 발생의 크기 등을 고려하여 연구 가설을 가장 잘 설명할 수 있는 적합한 연구 설계 및 분석방법을 선정하는 것이 중요하다. 이를 위해 각 연구 설계 및 방법들의 장단점을 파악할 필요가 있다.

연구 주제 및 상황별로 가장 적절한 연구 형태를 선정하는 것이 중요하지만 한 가지 연구 주제에 반드시 한 가지 연구 형태만 적용해야 하는 것은 아니다. 의사가 환자를 진료할 때 한 가지 검사에만 의존하여 진단하지 않고 임상증상이나 혈액 및 소변 검사, 영상의학적 검사 등을 참고하여 진단을 내리듯이 보건학에서도 알고자 하는 내용을 얻기 위해서는 종합적인 접근이 중요하다. 또한 연구목적을 달성하는 것이 궁극적 목적이므로 특정 방법론에 국한될 필요는 없다.

보건학에서는 같은 주제의 연구를 일련의 서로 다른 연구 설계들로 단계적으로 실시함으로서 연관성에 대한 근거를 더욱 분명하게 확인하기도 한다. 예를 들어, 농약 노출과 암 발생과의 연관성을 파악하기 위해서 우선 생태학적 연구들이 실시되었고 이후 사망률 연구 및 환자-대조군 연구들이, 그리고 코호트 연구가 각각 단계적으로 실시됨으로써 연구 주제의 방향성과 연관성을 보다 분명히 파악하고 있다.

1) 생태학적 연구

농약 노출과 건강영향에 관한 생태학적 연구(ecological study)들은 지역별 건강영향 자료와 지역별 농약 노출 지표를 비교하는 것으로 다른 연구 형태들보다 상대적으로 활발히 진행되어 왔다. 생태학적 연구란 분석의 단위가 각 개인이 아니라 집단인 것으로 어떤 요인과 질병과의 연관성이 잘 알려져 있지 않을 때 가설 생성을 위해 많이 적용하고 있다. 미국에서 1979년 생태학적 연구를 통해 각 지역별 백혈병 사망이 농약 노출과 관련될 수 있다는 가설이 제시되면서 농약과 암에 대한 역학연구를 전개하는 데 중요한 출발점이 되었다. 이처럼 생태학적 연구들은 특정 주제에 대한 연구 초반기에 의미 있는 가설을 생성함으로 중요한 역할을 할 수 있다.

지역별 농약 노출 자료로는 직접 농약사용량을 구하여 사용하는 경우도 있지만 그렇지 못한 경우는 농약 사용에 대한 대리지표를 활용할 수도 있다. 미국 캘리포니아 지역의 경우 지역별 농약 사용량에 대한 자료원이 잘 구비되어 있어 지역별 농약 사용량과 건강영향을 살펴보는 생태학적 연구들이 실시된 반면, 다른 지역의 경우 각 지역의 농업특성을 농약 노출의 대리지표로 활용하여 건강영향과의 연관성을 살펴보는 생태학적 연구가 진행되었다. 여기에 활용된 농약 노출 대리지표로는 지역별 전체 경지면적 분율, 작목별 면적, 농업인 인구 분율 등이 있다. 비록 지역 내 농약 노출량을 직접적으로 알지 못한다고 하더라도 이러한 대리 지표들을 통해 농약 사용 또는 노출에 대한 개략적 평가가 유용하게 활용될 수 있다. 특히 외국에서는 지역별 농약 사용량, 지역별 농업강도(agricultural intensity) 또는 농업활동(agricultural activity)과 소아 암 또는 선천성이상에 대한 연구들이 활발히 보고되고 있다.

지역별 건강영향에 대한 정보는 지역별 사망 자료, 암 발생 자료, 또는 지역별 유병률 자료를 통해서 각 지역 내 질병 및 사망 수준의 정도를 확보할 수 있다. 지역의 단위가 세분화될수록 충분한 정보가 부족한 경우들이 있지만 큰 지역 단위에서는 행정적 목적으로 자료들이 갖추어진 경우가 많아 노출 자료보다 상대적으로 쉽게 얻을 수 있다.

농약 이외에 건강에 영향을 주는 다른 변수들(흡연율, 음주율 등)도 지역별로 확보하여 보고자 하는 건강영향과 노출에 대한 교란변수로 활용할 수 있다.

비록 이들 정보를 직접 얻을 수 없다고 하더라도 건강영향에 대한 자료는 노출 및 교란변수를 추정하는 데에도 활용될 수 있다. 예를 들어 지역별 흡연율을 모른다고 하더라도 폐암이나 호흡기 질환과 같이 흡연과 직접적으로 관련이 있는 정보는 흡연율과 밀접히 비례하기 때문에 흡연율을 대신해서 교란변수로서 보정하는 데 활용될 수 있다.

우리나라에서도 사망원인통계 자료와 농업총조사 자료를 활용하여 지역별 사망 양상과 지역별 농업 특성(농약 노출 대리지표)을 비교한 생태학적 연구가 실시되었다(그림 4-1). 농업총조사는 1960년에 처음 실시된 이래 1990년까지 매 10년마다 조사되었으며 1995년부터는 매 5년마다 실시되고 있다. 농업총조사에는 농가수, 농가 인구, 농업규모, 주 농업형태(벼농사, 채소, 과일, 특용작물, 화훼, 전작, 축산, 양잠 등) 등에 대한 정보들이 있으며, 이러한 자료들은 각 지역별 농업 및 농약 대리지표 산출에 활용될 수 있다. 사망원인통계 자료는

〈그림 4-1〉 우리나라 농약 노출 대리지표(a)와 식도암 표준화사망비(b)의 지역적 분포

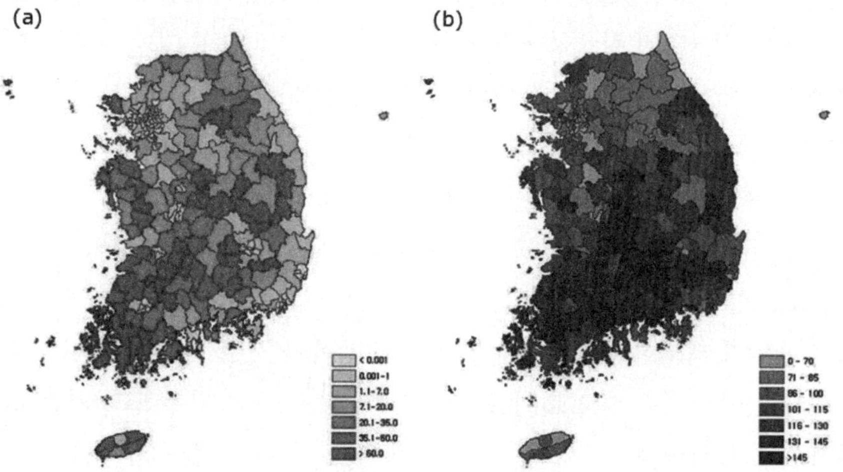

출처 : Adapted from Lee WJ et al. Cancer mortality and farming in South Korea : an ecologic study. *Cancer Causes & Control*. 2008.

매년 통계청에서 발행하고 있으며 사망원인, 성별, 혼인상태, 교육정도, 진단자, 사망 시 연령, 주소지 및 신고지 시군구 주소 등의 정보가 포함되어 있다. 이러한 자료를 통해 각 지역별 사망원인에 따른 사망자 수를 파악할 수 있으며 지역별 표준화사망비를 산출할 수 있다.

이 연구에서 국내 245여 개 시군구 행정구역을 연구대상 단위로 설정하고 1995년도 지역별 농업 특성과 2000-2004년의 평균 표준화사망비를 비교하였다. 우선 각 지역별 성과 연령을 표준화한 사망비를 통계청 사망원인통계 자료와 주민등록인구 자료에 근거하여 산출하였다. 그리고 지역별 농업특성지수는 1995년 농업총조사 자료를 이용하여 각 지역에 대한 농업 특성에 대한 지표로서 농가수, 농가 인구, 전업 농업인수, 농업 종사기간 그리고 농업 규모에 대한 분율을 통해 산출하였다. 그리고 지역별 물질적 결핍지수를 보정한 후 농업특성지수와 사망비 사이의 연관성을 평가하기 위해 다중 회귀분석을 실시하였다.

이 연구를 통해 우리나라 농촌지역에서 남성의 식도암, 위암, 뇌종양 및 백혈병 사망이, 여성의 경우 식도암과 위암 사망이 유의하게 증가되었다고 보고되었다. 이러한 생태학적 연구는 우리나라에서 농촌지역 또는 농약과 악성종양에 대한 가설을 제공하였다는데 의의가 있으며 이러한 가설에 근거하여 환자-대조군 연구 또는 코호트 연구가 진행되면 바람직 할 것이다.

그러나 생태학적 연구에서 발견된 결과가 반드시 개인에게 적용되지 않을 수도 있다. 이처럼 집단적 자료를 활용하여 산출한 결과와 개인적 결과가 일치하지 않는데서 발생하는 오류를 생태학적 오류(ecologic fallacy)라고 한다. 이는 생태학적 연구의 주요 결점이기도 하지만 모든 생태학적 연구에서 반드시 발생하는 것은 아니다. 한편 개인적 자료만으로는 인구집단의 전체적인 양상을 파악하는 데 제한점이 있으며 이에 따르는 오류를 개인주의적 오류(individualistic fallacy)라고 한다. 즉 개인별 자료에만 의존하여 산출된 결과는 숲을 보지 못하고 나무만 보는 데서 오는 오류가 발생될 수도 있다. 이를 최소화하기 위해서는 개인 및 집단별 자료를 모두 통합적으로 살펴보는 것이 중요하며 다수준 분석방법이 동원되기도 한다. 생태학적 오류와 개인별 오류 모두를 인식하고 결과를 해석하는 데 주의를 기울이는 것이 중요하다.

생태학적 연구에서는 인구이동에 의한 바이어스(migration bias)도 있을 수 있다. 각 연구 집단의 지역 간 이동은 특정 요인과 관련되어 있을 수 있고 따라서 결과를 왜곡시킬 수 있다. 그러나 인구 이동은 경제 개발에 따라 일반적으로 농촌에서 도시로 이동되어 왔다. 따라서 농약 연구에서 만약 인구이동 바이어스가 존재했다면, 과거 농약 노출군이 도시로 이동했을 가능성이 커서 농약과 질병과의 관련성에 대한 위험도의 크기를 감소시키는 방향으로 작용하였을 것이다.

이러한 제한점들에도 불구하고 생태학적 연구는 개인별 자료를 이용하지 못하거나 개인적인 응답이 정확하지 못할 경우에 유용하게 활용될 수 있다. 또한 전국 차원에서 체계적으로 수집된 지역별 자료의 경우 개인별 조사보다 회상 및 응답 바이어스에 의한 영향을 적게 받을 수 있어 생태학적 연구 자료로서 유용하게 활용될 수 있다. 생태학적 연구는 다른 연구에 비해서 상대적으로 쉽고 빠르게 진행할 수 있는 장점이 있으며 여러 집단을 동시에 비교하여 진행할 수도 있고 한 집단을 시기별로 비교하여 진행시킬 수도 있다. 따라서 생태학적 연구는 주변에서 활용 가능한 자료를 통해 가설 생성에 매우 유용한 연구방법으로서 농약의 보건학적 연구에 활용되고 있다.

2) 단면조사 연구

농약과 건강에 대한 많은 연구들이 단면조사(cross-sectional study) 형태로 실시되고 있다. 만성질환보다는 주로 급성 농약 중독 관련 연구들이 단면 조사 방식으로 진행되었으며 그 외에도 농약 노출에 의한 임상 증상, 인식도 및 태도 등을 단면조사 형태로 많이 연구하고 있다. 농업인들에 대한 단면 설문조사는 직업성 농약 중독률을 산출하는 것뿐 아니라 중독 요인 및 건강에 영향을 줄 수 있는 위험요인들을 파악하는 분석연구로 진행할 수 있다. 또한 농약 노출 평가를 위해서 생물학적 지표를 조사하는 것도 대표적인 단면조사 형태이다. 주로 소변 중 유기인계, 유기염소계 및 피레스로이드계 농약들의 대사산물 검사가 많이 조사되고 있으며 이러한 연구들을 통해 인구집단이 농약에 얼마나 노출되어 있는지 파악할 수 있는 자료를 제공한다. 농약 살포 농업인을 대상으로 유전자 형태에 따른 생체지표 및 임상증상의 차이를 살펴보는 연구도 단면조사를 통해서 진행되는 연구로서 비록 단면적인 연구 형태이지만 질병 기전에 관한 많은 정보를 제공해 주고 있다. 또한 건강영향만이 아니라 건강에 영향을 줄 수 있는 관련 요인들 즉 보호구 착용 및 농약 살포 관련 위생행위 등에 대해서도 주제를 확대시킬 수 있으며 이러한 것들이 모두 중요한 단면조사들이 된다.

단면조사란 질병의 유병상태와 노출 간의 연관성을 특정 시점 또는 기간 동안에 조사하는 것을 말한다. 노출과 건강상태 파악이 같은 시점에서 이루어지므로 어떤 집단을 선정하느냐가 결과에 중요한 영향을 준다. 단면조사에서의 노출 평가는 과거 또는 현재의 노출 상태를 묻는 방식으로 진행한다. 과거 노출을 물을 때 기본적으로 후향적 코호트에서와 같은 방식이지만 노출과 건강상태가 같이 조사된다는 점 그리고 발생보다 유병에 기초한다는 것이 구별된다. 단면조사 연구는 환자-대조군 또는 코호트 연구의 전단계로서의 역할뿐 아니라 보건문제의 유병상태를 파악하는 중요한 역할을 한다. 또한 한 번에 대상집단의 질병양상과 이와 관련된 여러 속성들을 동시에 파악할 수 있는 장점이 있다. 단면조사를 통해 상대적으로 단기간에 다양한 주제에 대하여 연구를 실시할 수 있으므로 농약연구에서도 많이 활용되고 있다.

우리나라에서 농촌 지역 주민 2,882명을 대상으로 패러쾃 농약과 호흡기 질환과의 연관성을 단면조사로 조사한 바 있다(표 4-1). 이 연구에서는 설문조사를 통해 각 대상자들의 일반적인 특성과 농사경력, 작목명, 농약 살포 여부, 살포 기간 등의 농업 및 농약 노출의 정보, 호흡기질환 및 증상과 우울증 등의 만성질병력에 대한 정보를 조사하였으며 폐기능 검사로 측정된 노력성 폐활량

(FVC)[1]과 1초간 노력성 호기량(FEV_1)[2]의 정보를 수집하였다. 설문 자료에서 조사된 호흡기 질환 중에 천식과 만성폐쇄성 폐질환의 유병자는 '지금까지 살아오면서 해당 질병을 앓았거나 앓고 있습니까?'의 질문에 해당하는 사람으로, 천명 증상자는 '지난 12개월 동안 숨쉴 때 가슴에서 쌕쌕거리는 소리나 휘파람 소리가 난 적이 있습니까?'의 문항에 해당하는 사람으로 각각 정의하였다. 노력성 폐활량이 정상 예측치의 80% 미만이면서 FEV_1/FVC가 0.7을 초과한 경우는 제한성 폐기능장애로 정의하고, 1초간 노력성 호기량이 정상 예측치의 80% 미만이면서 FEV_1/FVC가 0.7 미만인 경우는 폐쇄성 폐기능장애로 정의하였다.

연구 결과 패러콰 살포 농업인이 비살포 농업인보다 천식, 폐쇄성폐질환, 알레르기성 비염 등의 질병력이 높았으며 노력성 폐활량과 1초간 노력성 호기

〈표 4-1〉 국내 농업인에서 패러콰 살포에 따른 제한성 폐기능 장애의 위험도

노출 지표	인원수	위험도 (95% 신뢰구간)
살포 연수		
비살포군	23	1.00 (비교군)
〈 19	62	1.23 (0.73-2.07)
19-30	100	1.33 (0.81-2.19)
〉 30	66	1.89 (1.11-3.24)
평생 살포 일수		
비살포군	23	1.00 (비교군)
〈 61	66	1.10 (0.66-1.83)
61-150	81	1.54 (0.93-2.56)
〉 150	78	1.76 (1.04-2.98)

출처 : Cha ES et al. Paraquat application and respiratory health effects among South Korean farmers. *Occupational and Environmental Medicine*. 2012.

1 숨을 최대로 들이쉰 다음 최대의 노력으로 숨을 끝까지 내쉰 양(Forced Vital Capacity).

2 숨을 최대로 들이쉰 다음 노력을 다해 첫 1초간 내쉰 양(Forced Expiratory Volume in one second).

량은 유의하게 감소되었다. 그리고 패러쾃을 직업적으로 살포하는 기간이 길수록 제한성 폐기능 장애(restrictive pulmonary defect)의 위험도가 유의하게 높아지는 것이 관찰되었다. 이것은 패러쾃 농약이 단지 자살목적 복용의 문제를 넘어서 직업적 노출에서도 중요한 건강문제를 발생시킬 수 있다는 것을 말해 준다.

단면조사에서의 1회적인 비교는 농약 노출과 건강영향과의 연관성을 평가하는 데 한계점을 갖는다. 특히 원인과 결과의 시간적 선후관계가 불분명할 수도 있으며 연구 대상자들에 대한 선택적 생존(selective survival)으로 인한 바이어스가 발생할 수도 있어 원인적 연관성 평가 해석에 제한점이 된다. 따라서 이러한 단점을 극복하기 위해서는 단면조사를 반복하여 시행할 수도 있다. 우리나라에서 실시된 신경전도검사와 농약 살포 연구에서 이러한 방법이 적용된 바 있다. 즉 농약의 만성적인 직업적 노출이 말초신경에 미치는 영향을 살펴보기 위하여 농약 살포 작업을 하는 남성 농업인과 농약을 살포하지 않는 남성 비농업인을 대상으로, 농약 살포 초기와 그 해 농약 살포를 마친 후, 각각 신경전도 검사를 시행하였다. 동일한 사람을 대상으로 살포 전후를 살펴본 것이므로 개인의 농약에 대한 대사능력 차이를 배제한 조건에서 만성적인 직업적 농약 노출이 말초신경 기능에 미치는 영향을 볼 수 있었다. 조사 결과 신경전도 기능이 대부분 정상범위였지만 농약 살포가 일부 신경전도 속도를 감소시키는 것으로 판단되었다.

3) 환자-대조군 연구

환자-대조군 연구(case-control study)는 연구하고자 하는 질환을 우선 선정한 후 이 질환과 관련될 수 있는 다양한 요인들을 조사하는 방식으로 진행한다. 따라서 농약 노출이라는 요인 하나만을 중심으로 조사하기보다는 많은 위험요인 중 하나로서 농약 노출을 함께 조사하는 것이 일반적이다. 환자-대조군 연구에서는 이미 발생된 환자를 확보하여 진행하므로 다른 연구 형태보다 상대적으로 발생이 드문 질환에 적용하는 것이 유리하다. 일반적으로 발생률이 드문(일관된 기준은 없으나 약 20% 미만) 질병인 경우 환자-대조군 연구에서 산출된 위험도가 비록 발생률은 아니지만 비교위험도 지표로 사용될 수 있다. 따라서 농약 노출과 질병 간의 환자-대조군 연구는 주로 악성종양과 파킨슨병과 같은 상대적으로 드문 질환들에 대해서 많이 실시되었다. 이들 질환들이 발생되기까지 오랜 시간을 기다릴 필요 없이 새로이 발생되는 환자들을 모집하여 매우 효율적으로 연관성을 평가할 수 있기 때문이다.

농약과 관련되어 전 세계적으로 가장 많이 연구된 악성종양 중 하나는 비호지킨림프종이다. 이 종양이 많이 연구된 배경은 미국에서 농업인들의 전체적인 사망률이 일반 인구집단보다 낮음에도 불구하고 비호지킨림프종(non-Hodgkin's lymphoma)을 비롯한 혈액종양이 높은 것에서 비롯되었다. 이러한 원인을 규명하기 위해서 미국 국립암연구소에서는 1980-1986년 사이에 미국 중부지역(아이오와, 미네소타, 네브래스카, 캔자스)에서 비호지킨림프종에 대한 대규모 환자-대조군 연구를 실시하였다. 총 897명의 비호지킨림프종 환자와 2,357명의 대조군을 대상으로 인터뷰를 통해 농약 노출을 비롯한 많은 위험 인자들을 조사하였다. 대조군은 같은 지역 주민을 대상으로 인종, 성, 연령, 생존 상태를 빈도 짝짓기(matching)[3]하여 선정하였다. 이 연구를 통해 개별 농약과 비호지킨림프종과의 위험도가 여러 논문들을 통해 보고된 바 있다. 또한 1998-2000년에 미국 4개 지역(아이오와, 로스앤젤레스, 시애틀, 디트로이트)에서 1,321명의 비호지킨림프종 환자와 1,057명의 대조군을 모집한 대규모 환자-대조군 연구가 실시된 바 있다.

이들 연구 자료를 통해 농약 노출과 천식이 비호지킨림프종의 위험도에 상

---

3 자료 수집 및 분석단계에서 교란변수의 영향을 효과적으로 통제하기 위한 것으로 환자 개인마다 특성(성별, 연령 등)이 동일하도록 대조군을 골라 짝짓기 하는 개별 짝짓기(individual matching)와 환자군과 대조군 전체에서 교란변수의 분포가 동일하도록 하는 빈도 짝짓기(frequency matching) 방법이 있음.

〈표 4-2〉 천식 여부에 따른 개별 농약 노출과 비호지킨림프종의 위험도

농약 종류	천식 없음			천식 있음		
	환자수	대조군수	위험도 (95%신뢰구간)	환자수	대조군수	위험도 (95%신뢰구간)
2,4-D	172	402	1.0 (0.8-1.3)	17	33	1.3 (0.7-2.5)
alachlor	96	210	1.1 (0.8-1.4)	10	14	1.7 (0.8-4.0)
aldrin	66	148	1.0 (0.7-1.5)	10	11	2.1 (0.9-5.1)
carbaryl	42	77	1.4 (0.9-2.0)	6	6	2.4 (0.8-7.6)
carbofuran	56	117	1.2 (0.8-1.7)	6	8	1.9 (0.7-5.6)
chlordane	67	108	1.5 (1.1-2.2)	9	8	2.7 (1.0-7.2)
cyanazine	53	131	0.9 (0.6-1.3)	8	7	2.8 (1.0-8.1)
dicamba	49	106	1.0 (0.7-1.5)	6	7	2.0 (0.6-6.0)
fonofos	41	69	1.6 (1.0-2.4)	8	6	3.7 (1.3-10.9)

출처 : Lee WJ et al. Non-Hodgkin's lymphoma among asthmatics exposed to pesticides. *International Journal of Cancer*. 2004.

호작용[4] 하는지를 조사한 바 있다. 농약은 인체에 면역기능을 억제하는 작용이 있는 것으로 알려져 있으며 천식 또한 면역질환으로서 두 가지 요인이 동시에 작용할 때 비호지킨림프종의 위험도에 영향을 줄 수 있다. 미국 중부지역에서 실시된 비호지킨림프종에 대한 환자-대조군 연구 자료를 분석한 결과 동일한 농약에 노출되었다고 하더라도 천식을 앓고 있는 사람이 그렇지 않은 사람에 비해 비호지킨림프종의 위험도가 더 높았다는 것을 보고하였다. 이러한 연구 결과는 천식환자들의 경우 농약 노출 감소에 더욱 주의를 기울여야 한다는 공중보건학적 의미를 전달해 준다(표 4-2).

캐나다에서도 농약 노출과 혈액종양과의 연관성 파악을 위한 대규모 환자-대조군 연구(Cross-Canada Study of Pesticides and Health)가 1990년대 초에 실시되었다. 환자군은 19세 이상 남성으로 1991-1994년 사이에 비호지킨림프

4 둘 또는 그 이상의 위험요인들이 각 개별 요인의 효과를 수정하는 것으로 덧셈(addictive) 및 곱셈 작용(multiplicative)이 있음.

종, 호지킨병(Hodgkin's diseases), 다발골수종(multiple myeloma), 연조직육종(soft tissue sarcoma)으로 진단된 환자로 정의하였고 대조군은 같은 지역에 거주하는 19세 이상 남성으로 건강보험 자료, 전화번호부, 투표자 명부들을 통해 무작위로 선정하였다. 연령은 2살 차이 이내로 짝짓기 하였으며 환자군 1,528명, 대조군 1,506명을 포함시켰다. 설문지는 전술한 미국 환자-대조군 연구에서 실시된 것을 사용하여 미국 결과와도 비교가 가능하도록 하였다. 최근까지도 이 연구를 통해 혈액종양에 있어서 농약 노출의 영향이 보고되고 있다.

한편 미국 농촌지역에서 높게 보고되고 있는 뇌종양의 위험환경요인을 파악하고자 미국 국립산업안전보건연구원에서는 798명의 뇌종양 환자와 1,175명의 지역주민 대조군을 대상으로 환자-대조군 연구를 실시하였다(Upper Midwest Health Study). 연구기간은 1995년부터 1998년이었으며 아이오와, 미시간, 미네소타, 위스콘신 등 4개 지역을 대상으로 약 130개 농약 및 농작업 관련문항을 조사하였다. 환자군은 농약과 연관성이 상대적으로 잘 알려진 원발성 두개내신경아교종(뇌종양)으로 진단된 사람으로 선정하였으며 대조군은 성과 연령을 빈도 짝짓기하여 선정하였다. 조사방식은 우선 우편으로 연구진행의 참여협조를 구했으며 전화 인터뷰를 실시하였다. 또한 산업위생사가 수차례 전화로 농약 노출 관련 정보를 수집하였으며 필요시 우물물을 채취하기도 하였다. 연구의 단계는 우선 뇌종양과 농업 노출과의 연관성을 살펴보고 그 이후 비농업성 요인으로 어떠한 것이 있는지 그리고 각 노출요인들과 유전적 상호작용 여부를 확인하는 순서로 진행되었다. 그러나 뇌종양과 농약 노출은 남녀 모두에서 유의한 연관성이 관찰되지 않았다.

환자-대조군 연구를 수행할 때 환자군을 정의하는 것은 연구진행의 첫 단계로서 중요하다. 만약 환자가 아닌 대상자가 포함되면 결과를 왜곡시킬 수 있기 때문이다. 악성종양과 같이 상대적으로 분명히 정의 내릴 수 있는 질환들도 있지만 파킨슨병을 비롯하여 신경계 질환 및 정신질환들은 진단의 정의가 나라 및 병원별로 서로 차이가 날 수 있다. 만약 질병의 정의를 분명하게 정의하기

곤란한 경우는 확실한 경우(confirmed), 가능한 경우(possible), 추정된 경우(probable) 등으로 나누어 분류하고 향후 민감도 검사를 실시할 수 있다.

환자군을 선정할 때는 이미 이환된 환자보다는 새로 발생된 환자들만을 포함시키는 것이 바람직하다. 왜냐하면 현재 환자(유병자)들은 전체 환자 발생자들 중에서 살아남은 일부만을 대표할 수 있기 때문이다. 그러나 발생자를 확보하기가 불가능한 경우(선천성이상 등)와 매우 드문 질환의 경우(근위축성 측삭경화증 등) 유병자를 대상으로 한 환자-대조군 연구를 실시하기도 한다. 환자군 선정시 대표성이 중요하긴 하지만 경우에 따라 여성, 고령층, 특정 지역 등 국한된 환자군을 대상으로 진행하는 것이 연구수행에 유리할 수도 있다.

대조군은 조사하고자 하는 해당 질병이 없다는 것을 제외하고 환자군과 비슷한 특성을 갖고 있는 사람들을 말한다. 따라서 지역사회 대조군의 경우 환자군과 같은 지역 내 거주하는 사람들로 선정하고 병원 환자군의 경우 같은 병원 내에서 대조군을 선정하는 것이 중요하다. 미국에서 진행된 농약 노출과 악성 종양에 대한 환자-대조군 연구는 주로 지역사회 환자-대조군 연구 형태로서 결과를 일반화(generalizability)[5]시킬 수 있는 장점이 있다. 우리나라의 경우 한 지역 내 환자들이 다른 지역병원을 찾아가는 경우가 많아 지역사회 기반연구가 쉽지 않으므로 병원기반 환자-대조군 연구를 많이 적용한다. 그러나 환자군과 대조군을 지역사회에서 선정하는 경우와 병원에서 선정하는 경우 위험도의 크기가 달라질 수 있다. 일반적으로 병원기반 환자-대조군 연구가 지역사회기반 연구보다 바이어스의 가능성이 많고 위험도가 높게 나오는 경우들이 많다. 그러나 만약 특정 병원이 지역사회를 모두 담당하는 경우는 병원 환자군이라고 하더라도 지역사회를 대상으로 한 연구라고 할 수 있다.

대조군의 숫자는 일반적으로 환자군과 동일하게 선정하는 경우가 많으나 환자군의 숫자가 부족한 경우 대조군을 4배까지 늘려서 선정하기도 한다. 그러

5 특정 연구에 의해서 도출된 결과가 인구집단 전체에서도 동일하게 적용되는 것을 의미하며 외적 타당도(external validity)라고 표현되기도 함.

나 대조군의 숫자를 늘리는 것보다 환자군의 숫자를 증가시킴으로 통계적 검증력을 증가시키는 것이 바람직하다. 경우에 따라서 여러 집단의 대조군을 선정하는 것이 유용할 수 있다. 즉 농약 노출과 뇌종양과의 연관성을 조사할 때 단지 건강한 사람들로 구성된 대조군은 농약 노출이 뇌종양의 위험성을 증가시키는지 만을 설명해 줄 수 있다. 만약 뇌종양 외의 다른 악성종양 환자들을 또 다른 대조군으로 하여 비교할 수 있다면 두 개의 대조군을 통해 농약 노출이 뇌종양 위험도를 증가시키는지 그리고 그러한 연관성이 뇌종양에 특이적인 것인지에 대한 정보도 함께 제공해 줄 수 있다. 그런데 환자-대조군 연구에서 환자군보다 오히려 대조군 확보가 어려운 경우가 많으며 정보의 정확성도 환자군보다 떨어지는 경우들이 많다. 따라서 비교성이 우수하고 정보를 정확히 제공해 줄 수 있는 대조군을 확보하는 것이 환자-대조군 연구의 핵심적인 사항이라고 할 수 있다.

환자-대조군 연구에서 정보를 얻는 방식은 일반적으로 직접 만나거나 전화로 개인별 면접조사를 실시한다. 그러나 과거 노출 자료를 얻는 것이므로 과거의 농약 노출을 어떻게 정확히 파악할 수 있느냐가 중요한 고려사항이다. 따라서 노출에 대한 정보를 설문조사와 함께 각 사람들이 갖고 있는 기록을 활용하는 경우도 있다. 러시아에서 진행된 농약 노출과 폐암 환자-대조군 연구에서는 각 사람들의 평생 작업 기록을 분석하여 농약 노출 정도를 평가한 바 있다. 그 외에도 의무기록이나 농사력 및 사업장 근무기록도 좋은 자료가 될 수 있다. 우리나라 농촌진흥청에서는 일부 농가에 대해서 농약 사용 일지를 주기적으로 기록하게 하고 있어 노출에 대한 정보를 보완하는데 유용한 자료로 활용될 수 있다. 궁극적으로 정보 바이어스(information bias)[6]를 줄이기 위해 다양한 방식을 통해 보다 자세한 정보를 얻는 것이 중요하다.

환자-대조군 연구에서는 환자군과 대조군 간에 정보가 편향되어 수집되었

6 연구에 필요한 각종 정보를 수집하는 과정에서 비교집단 간 정보의 정확성에 차이가 발생하는 바이어스.

는지 확인하는 것이 필요하다. 회상 바이어스(recall bias)란 과거 노출의 정도를 정확하게 보고하지 못하는 것으로서 기억을 통해 농약 사용을 평가하는 연구에서 중요하게 고려되어야 한다. 예를 들어 농약 노출과 선천성이상과의 연관성을 조사할 때 선천성이상아를 출산한 부모는 농약 노출에 대한 정보를 매우 자세히 회상하는 반면 정상아를 출산한 부모는 상대적으로 농약 노출에 대한 기억을 자세히 못하거나 하지 않으려는 경향이 있다. 따라서 단지 회상된 결과만으로 판단하면 연관성이 없음에도 불구하고 연관성이 있는 것처럼 결과가 산출될 가능성이 있다.

이러한 바이어스를 줄이기 위해서 기록된 자료(일지 및 사업장 자료 등)를 활용하는 것이 바람직하며, 환자군과 대조군과의 신뢰도와 타당도를 비교함으로서 회상 바이어스가 있었는지를 확인할 수 있다. 사례로서 농약 노출과 선천성 이상아 출산과의 환자-대조군 연구에서 산모의 출산 전후에 각각 얻은 정보가 환자군과 대조군 간 비슷하다는 것을 근거로 회상 바이어스가 적다고 보고하기도 하였다. 그동안의 연구들에서 농약과 선천성 이상과의 연관성이 없게 나온 경우들도 많은 것을 고려하면 회상 바이어스가 항상 존재하는 것은 아니라고 할 수 있다.

농약 노출에 대한 정보를 본인이 아닌 대리인을 통해서 얻게 되는 경우 자료의 질에 대한 연구도 중요한 주제 중 하나이다. 만약 정보를 본인에게 직접 얻지 않고 대리인을 통해 얻었다면 대체로 자세한 기억을 못하는 경우들이 많고 이것은 비차별적 분류오차를 발생시키게 된다. 따라서 대리인을 통해 정보를 얻는 경우 연관성이 있다고 나올 경우보다는 대부분 연관성이 없는 것으로 보고된다. 미국에서 85쌍의 농업인-대리인을 대상으로 실시된 연구에 의하면 대리인을 통한 응답은 잘못된 정보 또는 누락된 정보로 인해 농약과 질병과의 연관성을 감소시키는 방향으로 영향을 주었다. 그러나 음주 및 흡연 등 역학적으로 사용되는 다른 항목들과 비슷한 정도의 분류오차를 유발시키는 것으로 보고된 바 있다.

환자-대조군 연구에서는 서로 간의 연관성 평가를 효율적으로 하기 위해 짝짓기를 실시하고 분석은 로지스틱 회귀분석을 실시한다. 개별 짝짓기의 경우 조건부 로지스틱(conditional logistic)[7]이라는 방법을 적용한다. 짝짓기는 일반적으로 연령, 성, 지역 또는 인종 등에 대해서 실시하고 너무 많은 변수를 하지는 않는다. 만약 연구 설계 시 짝짓기하기가 애매하지만 가능한 교란변수라고 생각되는 변수들은 분석단계에서 보정해 주는 것이 바람직하다.

일반적인 환자-대조군 연구가 질병 발생 이후 정보를 수집하는 반면 코호트 내 환자-대조군 연구(nested case-control study)는 코호트에서 새롭게 발생한 환자들을 대상으로 하므로 질병 발생 이전에 확보한 정보를 사용한다. 따라서 정보 수집과정에서 발생할 수 있는 여러 바이어스를 줄일 수 있으며 같은 코호트 내에서 적절한 대조군을 확보할 수 있다. 또한 생물학적 시료를 선별한 대조군에 대해서만 분석하게 되어 매우 효율적인 진행을 할 수 있다. 일반적으로 환자-대조군 연구는 누가 환자군이 되고 누가 대조군으로 선정되느냐가 매우 중요하며 이러한 과정에 여러 오류 가능성이 높다. 그러나 잘 디자인된 코호트 내 환자-대조군 연구는 다른 연구 형태보다 정확하고 효율적으로 농약과의 연관성을 평가하는 데 활용될 수 있다.

4) 코호트 연구

코호트 연구(cohort study)는 동일한 특성을 가진 인구집단을 추적관찰한 후에 노출과 질병발생과의 연관성을 연구하는 방법이다. 코호트라는 용어는 로마시대 같은 명령을 수행하는 군단을 말하는 것에서 유래된 것으로 구성원 간 동일한 특성을 갖는 것을 의미한다. 따라서 코호트 연구에서는 농약 노출이라는 특성을 가진 집단을 선정하는 것이 중요하며 이왕이면 특정 개별 농약 노출을 확보하는 것이 질병과의 인과성 구명에 유리하다. 외국에서는 주로 농

7 개별 짝짓기를 수행한 환자-대조군 연구의 자료를 분석하는 방법. 일반적인 로지스틱회귀분석에 비해 환자군과 대조군이 서로 연관되어 있다는 것을 고려함으로써 통계적 검증력을 높임.

업인, 농약 살포자, 농약 제조 사업장 근로자 등으로 노출 집단을 설정하여 코호트 연구를 진행하고 있으며 일부 과수재배 농업인 또는 특정 농약(2,4-D, alachlor 등) 노출 근로자를 선정하기도 하였다. 노출의 특이성 면에서 농업인보다는 특정 농약 제조 사업장 근로자가 더 적합한 코호트 대상자라고 할 수 있지만 외국의 경우 농업인보다 노출 수준이 더 낮은 것으로 알려져 있고 사업장에 접근하는 것에 많은 제한이 있어 농업인을 코호트 대상으로 하는 경우가 더욱 흔하다.

농약과 건강 관련하여 현재 진행되고 있는 가장 대표적인 전향적 코호트는 미국에서 진행되고 있는 미국농업인건강연구이다(2절 참고). 이 연구를 통해 개별 농약에 의한 만성 건강영향들에 대한 역학적 결과들이 활발히 보고되고 있으며 특히 기존에 발암성이 보고되지 않는 농약들이라고 하더라도 인구집단에서 발암 위험도를 증가시킬 수 있다는 것이 관찰되고 있다. 예를 들어 chlorpyrifos 농약은 동물실험에서 발암성이 거의 없는 것으로 알려져 있지만 실제 수년간 살포한 농업인의 경우 폐암을 비롯한 뇌종양과 직장암의 위험도를 증가시켰다(표 4-3). 비록 chlorpyrifos 농약이 직접적인 발암 위험성은 적다고 하더라도 기존에 잘 알려진 발암물질들과의 상호작용이 가능한 기전으로 추정되었다. 이처럼 미국농업인건강연구는 코호트 연구 형태로서 개별 농약에 의한 건강영양 결과에 대한 새로운 근거들을 만들어 나가고 있다.

한편 프랑스에서도 2005년부터 농업인들을 대상으로 AGRICAN이라고 하는 전향적 코호트 연구가 진행 중이다(http://www.grecan.org/agrican.html). 현재 약 18만 명의 농업인에 대한 기반조사가 이루어져 세계에서 가장 큰 규모로 진행되고 있다. 그러나 미국농업인건강연구와 같이 농약 노출 평가가 개인별로 직접 조사되는 것이 아니라 재배 작목을 조사하여 각 작목에 사용되는 농약들을 분석하여 추정하는 방식을 택하고 있다. 미국과 프랑스 농업인들의 인구학적 특성 및 설문 신뢰도의 차이가 이러한 노출 평가 방식의 차이점을 가져왔다. 한편 국제암연구소와 미국 국립암연구소에서는 2010년부터 미국

〈표 4-3〉 Chlorpyrifos 농약의 직업성 노출과 악성종양 발생에 대한 위험도

	폐암		직장암		뇌종양	
	환자수	위험도 (95% 신뢰구간)	환자수	위험도 (95% 신뢰구간)	환자수	위험도 (95% 신뢰구간)
chlorpyrifos 농약 살포 일수						
비노출군	126	1.00(비교군)	41	1.00(비교군)	13	1.00 (비교군)
0.1-8.8	14	0.77(0.41-1.45)	10	1.09(0.44-2.68)	3	1.22(0.26-5.77)
8.9-24.5	19	1.63(0.95-2.78)	5	0.90(0.31-2.62)	2	0.68(0.08-5.46)
24.6-56.0	16	1.44(0.77-2.68)	4	0.28(0.04-2.09)	4	3.18(0.93-10.92)
≥ 56.1	24	2.18(1.31-3.64)	15	3.25(1.60-6.62)	6	2.58(0.73-9.17)
경향성 검정에 대한 유의 수준		0.002		0.035		0.076
가중치 부여된 chlorpyrifos 농약 살포 일수						
비노출군	126	1.00 (비교군)	41	1.00 (비교군)	13	1.00 (비교군)
0.1-45.9	16	1.31(0.70-2.43)	5	0.47(0.11-2.03)	1	-
46.0-135.9	11	1.07(0.55-2.09)	7	1.18(0.44-3.16)	5	3.32(0.98-11.24)
136.0-417.6	18	1.53(0.86-2.73)	7	0.73(0.22-2.46)	2	1.25(0.26-6.10)
≥ 417.7	19	1.80(1.00-3.23)	10	3.16(1.42-7.03)	7	4.03(1.18-13.79)
경향성 검정에 대한 유의 수준		0.036		0.057		0.036

출처 : Lee WJ et al. Cancer incidence among pesticide applicators exposed to chlorpyrifos in the Agricultural Health Study. *Journal of the National Cancer Institute*. 2004.

농업인건강연구를 비롯하여 세계 여러 나라의 농업인 연구들을 모아 콘소시움을 구성하고 있다(AGRICOH; http://agricoh.iarc.fr). 이 콘소시움에는 2012년 11월 현재 11개 나라의 27개 코호트들이 포함되어 있다. 이러한 대규모 자료원을 통해 농약을 비롯한 농업에서의 환경과 건강영향을 다양한 측면에서 효율적으로 살펴볼 수 있을 것으로 기대된다.

코호트 연구가 다른 연구와 구별되는 가장 큰 특성 중의 하나는 연구 대상자들에 대한 추적(follow up)이다. 그런데 추적률이 너무 낮으면 선택 바이어스

(selection bias)[8]로 인해 결과를 왜곡시킬 수 있으므로 최대한 높은 추적률을 유지하는 것이 중요하다. 그러나 추적률 자체보다 더 중요한 것은 추적되는 대상자가 노출과 질병 차원에서 치우치지 않게 추적되는 것이다. 즉 노출과 질병 요인이 전체 집단과 같은 비율로 추적된 집단은 비록 적은 추적률을 보였어도 발생률 및 위험도 산출에는 영향을 주지 않는다. 비노출 집단이 노출 집단보다 적게 추적되는 경우에는 발생률 산출이 잘못 평가될 수 있지만 노출과 질병 간의 위험도 산출에는 영향을 주지 않는다. 그러나 질병에 걸리지 않을 사람들이 선택적으로 적게 추적되었다면 발생률 산출뿐 아니라 위험도 평가에서도 잘못된 값을 가져오게 된다. 따라서 코호트 연구에서 추적 손실을 최소화하기 위해 추적이 용이한 대상자 위주로 선정하는 것이 일반적이다. 이러한 이유로 이민자 농업인과 같이 고노출 농약 살포자가 연구에서 제외되고 상대적으로 농약에 저노출되는 안정적인 농업인들로 대상자가 제한되는 경우가 많다. 추적방법에는 능동적 추적 방법으로서 설문조사, 전화조사, 컴퓨터를 이용한 조사, 신체검사 등이 사용되고 수동적 추적방법은 질병 및 사망 자료 등 2차 자료에 대한 연계가 사용된다. 코호트 연구에서 능동적 추적률에 대한 정해진 답은 없지만 일반적으로 60-70% 이상 되도록 권장하고 있으며 추적 주기는 각 코호트 마다 2-5년으로 다양하다.

코호트는 질병이 없는 대상자를 포함하는 것이 원칙이나 실제로 코호트 등록 시 질병에 걸리지 않았는지를 판단하는 것은 쉽지 않다. 병력이나 간단한 검사만으로는 주요 건강영향들의 초기단계 환자를 확인하지 못하는 경우가 있다. 따라서 등록조건을 강화하거나 초반기 질병 발생자에 대해 잠복기를 고려하여 분석에서 제외하는 방법을 쓰기도 한다. 그러나 질병 유병자라 하더라도 평생 직업군(예, 농업인) 또는 오랜 기간 같은 지역에 거주하고 있는 주민들인 경우, 코호트 등록 때부터 특정 요인에 노출이 시작된 것이 아니라 이미 수십

8 연구대상이 모집단을 대표하지 못하거나 연구목적에 적합하지 않는 대상자를 선정하여 발생하는 바이어스.

년간 노출되어 왔기 때문에 단순히 질병유병자로 간주하여 제외시키는 것은 바람직하지 않다. 따라서 코호트 연구에서 유병자를 제외시킬지의 판단은 관심 있는 노출이 농업인과 같이 어릴 때부터 이루어진 것인지 혹은 일반 사업장 근로자와 같이 성인이 되어 직업을 얻은 후 새롭게 시작되는지의 차이를 고려하는 것이 중요하다. 한편 발생률을 보기 위해서는 유병자를 반드시 제외해야 하지만 코호트 대상자들에 대한 연구 초기 유병률을 별도로 조사하거나 유병자와 발생자를 비교하는데 활용할 수도 있다. 따라서 코호트 연구에서 유병자를 제외하기 보다는 더욱 자세한 정보를 제공해 줄 수 있는 집단으로 활용하는 것이 바람직하다.

코호트 연구에서 발생률 산출 시 다양한 정보가 분모로 활용될 수 있다. 첫째는 위험요인에 노출된 사람 수(number of population at risk), 즉 농약 살포자를 분모로 할 수 있으며 추적기간이 길지 않은 코호트의 경우 이러한 계산을 실시한다. 둘째는 각 사람이 관찰된 기간이 다르므로 단순한 사람 수가 아니라 각 개인의 관찰 기간이 고려된 인년(person-years)을 사용한다. 이러한 분석방법은 일반적인 코호트 연구에서 가장 많이 사용하고 있다. 셋째는 노출과 기간을 동시에 고려한 단위연수(unit-years)를 분모로 활용할 수 있다. 이를 통해 추적기간에 따른 노출 농도의 변화를 고려할 수 있어 인년을 활용할 때보다도 더욱 정확한 발생률 값을 제시할 수 있다. 초기에 많은 농약을 살포하더라도 농업환경의 변화 또는 농경지 면적의 변화로 살포 방식 및 그에 따른 노출 농도의 변화가 있을 수 있으며 이러한 상황에서 초기 노출 정도만을 기준으로 하면 노출에 대해 과대 또는 과소평가할 수 있다. 따라서 노출양상이 시간에 따라 변화되는 것을 고려하는 것이 필요하다.

코호트 연구에서는 다른 연구 형태보다 상대적으로 자료의 규모가 크고 분석방법도 복잡해서 자료의 관리와 분석에 많은 노력이 들어간다. 따라서 코호트 연구에서는 모아진 자료를 수집·보관·분석하는 일련의 체계적인 과정을 잘 구축해 놓는 것이 필요하다. 또한 자료 이용에 대한 원칙을 정하고 누구나 합리적인 아이디어가 있으면 활용을 장려하는 것이 코호트 결과물 산출을 위해서 중요하다. 코호트 연구의 참여와 자료 공개를 활성화시키기 위해서는 자료 관리 및 활용에 대한 위원회 설립과 지원시스템 구축 등이 연구 설계 단계에서 준비되어야 한다.

한편 자료 분석 시 일부 코호트 대상자를 제한하는 경우도 있다. 예를 들어 연구 대상자의 동질성 확보를 위해서 농약 제조 사업장 전체 근로자 중에서 6개월 혹은 1년 이상 근무한 사람으로만 코호트를 제한할 수 있다. 이때 이질적인 대상자들을 제외함으로 인해 얻어지는 비교성 증가라는 장점과 일부 근로자를 제외함으로 인해 표본수가 감소된다는 단점 사이에 균형 잡힌 판단이 중요하다. 전향적 코호트에서는 이러한 내용이 비용과 노력을 고려하여 잘 판단하는 것이 필요하지만 후향적 코호트에서는 분석과정에서 조절할 수 있으므로 큰 문제가 되지는 않는다. 전체 코호트 대상자에 대한 분석과 일부를 제한하고 분석한 결과를 비교하는 것은 결과의 일관성(consistency)을 확인하기 위한 방법으로 활용되기도 한다.

코호트 연구는 조사 시점을 기준으로 전향적 코호트 연구(prospective cohort study)와 후향적 코호트 연구(retrospective cohort study)로 나눈다. 전향적 코호트 연구는 코호트를 구축한 시점에서부터 새롭게 추적 관찰하는 것으로 여러 정보들을 주기적으로 확보할 수 있는 장점이 있으나 시간과 노력이 많이 소요된다. 후향적 코호트 연구는 기존에 수집된 자료를 통해 과거 노출 시점부터 현재까지의 추적을 수행하는 것으로 자료가 잘 갖추어진 나라들에서 상대적으로 많이 사용되어 왔다. 그러나 후향적 코호트에서는 비치명적인 질병에 대해서는 자료가 수집되어 있지 못한 경우가 많기 때문에 주로 사망 및 암 발생 등 일부 건강영향에 국한된다. 또한 과거 기록이 정확성과 상세함이 부족하다는 단점이 있어 연구목적과 부합되기는 쉽지 않다.

우리나라는 최근 대규모 전향적 코호트 연구들이 유행처럼 진행되어 상대적으로 후향적 코호트 연구가 부족하다. 이러한 현상은 다른 사회 분야에서와 같이 중간단계를 뛰어넘고 바로 현재 유행하는 추세로 진입하는 모습과 유사하다. 세계적 추세를 빨리 따라가는 것은 장점이지만 압축 성장에 따른 부작용과 기초가 단단하지 못한 데서 오는 문제점들이 도출될 수밖에 없다. 후향적 코호트는 단지 시간과 비용을 줄일 수 있는 효율적인 접근만이 아니라 연구의 의미에서도 매우 중요하다. 왜냐하면 과거 노출이 대체로 현재보다 높았기 때문에 고노출에 의한 건강영향을 파악할 수 있다는 장점이 있으며, 어떤 노출이 유해하다고 생각되면 전향적인 연구를 실시해서 수십 년을 기다린다는 것이 비윤리적이기 때문이다. 후향적 코호트 연구는 특히 과거 자료가 잘 갖추어진 유럽에서 많이 진행되었으며 지금도 이런 연구들에 기초하여 많은 결과물들이 활발히 보고되고 있다. 따라서 활용될 수 있는 과거 기록과 자료들을 체계적으로 수집 분석하는 작업과 함께 지금부터라도 농약 및 건강 관련 기록들을 잘 축적해 놓는 것이 중요하다.

5) 메타분석

메타분석(meta-analysis)은 각 개별 연구들의 결과를 통합(integration)하여 종합적인 결과치를 산출하고, 개별 연구들에서 파악할 수 없었던 각 연구 간의 차이를 평가하여 그 원인을 구명하기 위해서 보건학 영역에서 많이 활용되고 있다. 농약 노출과 관련되어서는 파킨슨병, 전립샘암, 소아백혈병 등 다양한 주제들이 보고되고 있다. 주로 개별 연구결과들이 충분한 검증력을 갖기 어려운 드문 질환 혹은 연관성에 대한 논란이 많은 질환들을 위주로 진행되어 왔다. 특히 Genevieve Van Maele-Fabry라는 벨기에 연구자가 메타연구를 통해 농약과 건강연구를 가장 활발히 진행하고 있다고 볼 수 있다. 그는 2003년 농약 노출과 관련된 직업과 전립샘암에 대한 메타연구를 시작으로, 2004년에는 농약 살포자에서의 전립샘암에 대한 연구, 2006년도에는 농약 제조 사업장 근로자에서의 전립샘암 연구로 노출 집단에 따라 연구를 확대하였다. 2007년과 2008년도에 와서는 농약의 직업적 노출 및 농약 제조 사업장 근로자들에서의 백혈병

〈그림 4-2〉 환경 중 농약 노출과 소아 백혈병의 연관성에 대한 메타분석 결과

	위험도 (95% 신뢰구간)
Alexander 등, 2001	3.67 (1.54-8.74)
Buckley 등, 1989	1.85 (1.16-2.99)
Infante-Rivard 등, 1999	1.98 (0.59-6.62)
Leiss와 Savitz, 1995	3 (1.6-5.7)
Lowengart 등, 1987	3.8 (1.37-13.02)
Ma 등, 2002	2.2 (1.3-3.6)
Meinert 등, 1996	0.87 (0.54-1.41)
Meinert 등, 2000	1.2 (0.9-1.6)
Menegaux 등, 2006	1.8 (1.2-2.8)
Pombo-de-Oliveira 등, 2006	2.18 (1.53-2.95)
Rudant 등, 2007	2.2 (1.8-2.6)
Spix 등, 2009	0.69 (0.42-1.12)
Urayama 등, 1985	1.65 (1.1-2.47)
통합 추정치	1.74 (1.37-2.21)

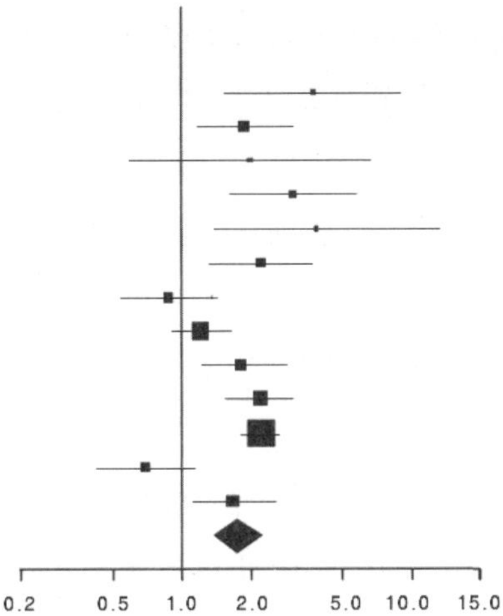

출처 : Van Maele-Fabry G et al. Residential exposure to pesticides and childhood leukaemia : a systematic review and meta-analysis. *Environment International.* 2011.

에 대한 메타연구를 각각 실시한 바 있다. 2010년에는 부모의 직업적 농약 노출과 소아 백혈병, 2011년에는 환경적 노출과 소아 백혈병(그림 4-2), 그리고 2012년에는 직업적 농약 노출과 파킨슨병에 대한 메타연구를 각각 발표함으로써 최근 수년간 메타분석이라는 방법을 통해 농약 노출과 건강영향에 대한 다양한 연구를 활발히 전개해 나가고 있는 사례이다.

농약 노출과 소아암에 대해서 비슷한 시기에 거의 같은 제목의 메타분석 연구가 Van Maele-Fabry와 Turner 등에 의해서 각각 보고된 바 있다. 이들 연구들은 메타연구에서 사용된 방법론적 차이들에도(검색엔진, 언어적 제한유무, 출판된 논문의 질평가 유무 등) 불구하고 환경적 농약 노출과 소아 백혈병과의 연관성을 공통적으로 보고하였다. 특히 임신 중 농약 노출이 소아백혈병에 높은 연관성을 보였다.

개별 연구들을 통합하는 방식에는 메타분석 외에 여러 가지 형태가 있다. 우선 전통적으로 각 연구들을 기술하는 것으로 주로 논문의 서론에서와 같이

질적 평가의 접근을 실시한다. 메타분석은 이러한 질적 평가의 다음 단계로서 출판된 연구들을 통합하는 양적 평가를 말한다. 그러나 출판된 논문에서의 값도 여러 한계점을 갖고 있어 각 개별 연구들의 원자료(raw data)를 모아서 다시 하나의 자료원처럼 분석하는 방식이 있을 수 있으며 이를 통합분석(pooled analysis)이라고 한다. 통합분석은 단순히 출판된 값을 모아 분석하는 것보다는 더욱 정확하게 자료를 분석할 수 있다. 다음 단계로는 개별 연구들을 시작 전에 서로 계획을 같이 하여 진행하고 결과를 통합하는 방식이 있다. 이러한 방식은 각 연구들에서 발생될 수 있는 변수들의 정의 및 구간 등을 사전에 통일시킬 수 있으므로 보다 발전적인 자료의 통합 방법이라고 할 수 있다.

메타분석에서 특히 고려해야 할 사항으로 이질성과 출판 바이어스의 문제를 들 수 있다. 이질성(heterogeneity)이란 메타분석에 포함된 개별연구의 결과가 함께 분석되는 다른 연구의 결과들과 통계적으로 차이가 있는 것을 의미한다. 메타분석에서 이질성이 발생하는 원인은 연구가 수행된 인구집단의 다양성, 방법론적 다양성 및 각 연구들을 수행함에 있어서 발생된 바이어스 등이 있으나 때로는 이러한 원인들로 설명이 되지 않을 수도 있다. 이질성의 문제와 관련해서 고유의 특성을 가진 개별 연구들을 묶어서 하나의 값으로 산출하는 것이 바람직한 것인가에 대한 비판이 제기되기도 한다. 따라서 메타분석 수행 시 이질성이 유의하게 존재한다면 통합된 요약 추정치를 제시하는 것보다 이질성의 원인에 대해 추가적인 고찰이 필요하다. 이질성을 구명하기 위해서 세부그룹 분석과 메타회귀분석을 수행할 수 있다. 동일한 주제에 대한 연구들임에도 불구하고 결과값의 분포에 상당한 변이가 존재할 때에는 해당 효과의 차이의 원인이 무엇인지를 구명함으로써 메타연구를 통해 새로운 가설을 제공할 수도 있다.

출판 바이어스(publication bias)는 문헌 탐색 시 통계적으로 유의한 결과를 보인 연구들이 더 많이 수집되어 결과적으로 메타분석의 결과가 왜곡되는 현상을 의미한다. 메타분석 수행 시 출판 바이어스의 발생을 최소화하기 위해서 출판되지 않은 연구들, 영어 이외의 문헌들, 관련 연구자들의 자료 등을 가능한 포괄적으로 검색하는 것이 제안되기도 한다. 그러나 이러한 연구들의 질이 낮을 수 있다는 것을 고려하여 문헌 선정의 기준을 객관적으로 설정하는 것이 중요하다. 출판 바이어스를 평가하기 위해서 깔때기 그림(funnel plot) 및 통계적 검정 등을 수행하고 출판 바이어스가 발생하였을 경우 절삭과 채움(trim and fill) 방법 등을 활용하여 보정해 주기도 한다.

메타분석에서 중요한 것 중의 하나는 어떤 기준으로 개별 연구들을 포함시키는지에 있다. 이때 연구자의 합리적 기준이 가장 중요하며 간혹 질평가를 통해서 연구들을 제한시키는 경우도 있다. 연구 선정 기준에 따라 수집되는 연구들이 달라질 수 있으며 이를 통해 서로 다른 결과를 산출시킬 수도 있다. 따라서 개별 연구들의 선정 및 제외기준 과정이 투명해야 하는 것이 중요하다.

메타분석에서 개별연구들의 결과값을 통합하는 방법으로는 고정효과모델(fixed-effect model)과 변량효과모델(random-effect model)이 있다. 고정효과모델은 개별 연구는 같은 모집단에서 얻어졌다는 동질성을 가정하며, 각 연구결과가 서로 조금씩 상이한 것은 표본추출에서 생기는 표본 간의 변동 때문이라고 간주한다. 고정효과모델은 수집된 연구들의 인구집단, 노출양상 등이 동질하다고 판단될 때 사용하며 각 연구들의 가중치를 주는 방법은 연구 내 변이(within-study variation)만 고려하는 추정량(Mantel-Haenszel)을 사용한다. 변량효과모델은 개별 연구에서 가정하는 실제효과크기는 각 연구별로 상이할 수 있으며, 수집된 연구의 인구집단, 노출양상 등이 동질하지 않다고 판단될 때 사용한다. 변량효과모델에서 각 연구들의 가중치를 주는 방법은 연구 내 변이(within-study variation)와 각 연구 간 변이(between-study variation)를 함께 고려하는 추정량(DerSimonian & Laird)을 사용한다.

변량효과모델을 사용할 경우 추가적인 변동을 더한다는 것은 그만큼 추정치에 대한 확신을 낮춘다는 의미이기 때문에 일반적으로 신뢰구간이 넓게 산출되는 경향이 있으나 항상 그렇지는 않다. 변량효과모델 적용 시 고정효과모델에 비해 연구 간 가중치의 차이가 감소하는 양상을 보이기도 한다. 엄격한 의미에서 상황에 따라 두 모델을 구분하는 것이 필요하지만 환경역학 연구에서 대부분의 경우 변량효과모델을 사용하는 경우가 많다.

역학연구에서의 위험요인과 건강영향 간의 원인적 연관성을 구명하기 위해서 노출 정도에 따라 범주를 나누어 위험도를 산출함으로서 양-반응 관련성을 파악하기도 한다. 메타분석에서 양-반응 관련성을 적용하기 위해서는 각 연구들에서 비슷한 노출 범주끼리 묶어 준 후 각 범주별 위험도를 산출하는 방법이 있다. 그러나 이러한 경우 개별 연구에서 노출량을 측정한 단위가 서로 다를 경우 동일한 단위로 환산하거나 이질적 노출 수준을 임의로 묶는 작업이 필요하다. 따라서 개별 연구들에서 노출 수준별 위험도 대신 연속형 노출 변수를 사용하여 회귀계수를 산출하고 각 연구들의 회귀계수들에 대한 메타분석을 실시함으로서 양-반응 관련성을 분석할 수 있다. 이러한 방법은 개별 연구들의 이질적 노출 수준을 인위적으로 맞출 필요 없이 각 연구들 고유의 노출 범주를 그대로 적용할 수 있는 장점이 있다.

메타분석은 기존 자료를 통합하는 것이므로 연구주제의 독창성이 없다고 생각할 수 있다. 그러나 메타분석을 통해서 기존에 보지 못했던 점을 파악할 수 있으며 새로운 가설을 제안할 수도 있다. 개별 연구들을 통해서는 그 집단 내의 결과만을 볼 뿐이지만 여러 집단의 자료를 모아 통합하여 살펴보면 집단 내 뿐 아니라 집단 간 차이를 발견할 수 있으며 세부 집단별 다른 결과 또는 상호작용에 대한 내용을 새롭게 조사할 수 있다. 즉 메타분석의 목적은 단지 여러 연구들로부터 하나의 값을 산출하는 것만이 아니라 이질성의 차이를 조사하고 밝히는 데 있다. 메타분석은 참신한 주제만 있으면 상대적으로 용이하게 실시될 수 있는 유용한 방법이다. 따라서 연관성이 아직 논란이 되고 있는 농약과 만성질환과의 연구들에 대해서 메타분석을 실시해 보는 것은 중요한 연구주제가 될 수 있다.

6) 개입 연구

농약 연구와 관련된 개입 연구(intervention study)로는 주로 농약 노출 감소와 급성 농약 중독 예방과 관련된 내용들이 실시된 바 있으며 주요 연구들을 정리하면 〈표 4-4〉와 같다. 개입 연구는 인구집단에 직접적인 도움을 줄 수 있을 뿐 아니라 다른 연구방법보다도 인과관계를 강력하게 보여 줄 수 있다. 일반적으로 관찰연구들에서 보여 준 결과를 근거로 실제 지역사회에 개입을 통해 질병예방 및 건강증진을 진행한다. 그러나 비타민(베타카로틴 또는 알파토코페롤) 복용에 대한 개입 연구 결과가 관찰 연구에서 보여 준 폐암 예방효과를 확인할 수 없었던 경우처럼 관찰연구 결과가 개입 연구와 항상 일치하는 것은 아니다.

개입 연구에서는 관찰연구와 달리 연구 대상자에게 의도적으로 무작위 할당(randomization)[9]하는 특성이 있으며 따라서 윤리적으로 도움이 되는 주제에 국한된다. 무작위 할당은 개입 연구에서 가장 특징적인 절차로 이를 통해 선택

〈표 4-4〉 농약 노출 및 중독 감소를 위한 개입 연구 사례

저자	출판연도	나라	개입종류	평가방식	효과
Perry 등	2003	미국	농약 사용 교육	보호구 착용률	증가
Williams 등	2006	미국	병해충종합관리 교육	바퀴벌레 숫자 농약농도(공기/혈액)	감소
Gunnell 등	2007	스리랑카	농약 사용금지 (WHO I급과 endosulfan)	자살률	감소
Thompson 등	2008	미국	지역사회 홍보 및 교육	농약농도 (공기/소변)	효과 없음
Kass 등	2009	미국	병해충종합관리 교육	바퀴벌레 숫자 농약사용	감소
Pearson 등	2011	스리랑카	보관함 제공	자살률	진행 중
Eddleston 등	2012	스리랑카	농약 사용금지 (유기인계 살충제)	농약 중독 입원율	감소
Chang 등	2012	대만	농약금지	자살률	효과 없음

9 시험군과 대조군으로 배정받을 확률을 동일하게 해 주는 것.

바이어스 및 결과에 영향을 줄 수 있는 다른 변수의 영향을 최소화하고자 시행된다. 그러나 무작위 할당이 반드시 집단 간 특성을 비슷하게 만든다고 보장하는 것이 아니며, 각 집단 내 교란변수들의 분포는 할당의 횟수를 증가시킴으로써 비슷해질 수 있다. 따라서 개입 연구에서의 교란변수는 체계적 오류(systemic error)라고 하기보다는 우연(chance)으로 작용한다고 볼 수 있다.

농약 연구에 적용된 개입의 종류로는 농약 살포자 또는 지역사회 주민을 대상으로 한 교육, 보호구 및 보관함 제공, 병해충종합관리 프로그램의 적용, 농약 사용금지 및 등록취소 등이다. 개입에 대한 효과를 평가하기 위해서는 농약에 대한 지식, 태도, 행동변화, 보호구 착용률 및 위생행위 수칙 준수율 등을 주로 비교해 보았으며, 그 외에 환경 중 농약 농도 및 개인별 생물학적 대사물질 검사를 통해서 실제로 각 개인 또는 그 지역사회에 농약 노출이 감소되었는지를 평가하기도 한다. 또한 일부 나라에서는 농약으로 인한 급성 중독률의 변화도 개입 연구의 효과 평가를 위해 살펴보았다. 그러나 급성 중독을 제외한 대부분의 건강영향들은 노출 후 영향이 나타나기까지 오랜 시간이 걸리므로 주로 신경행동 및 호흡기 증상과 같은 상대적으로 단기간에 나타나는 영향들을 개입의 효과를 평가하는 데 사용한다. 개입 연구에서의 효과 평가는 대조군을 선정하여 비교할 수도 있고 개입 전후로 같은 집단을 대상으로 평가할 수도 있다. 일반적으로 비슷한 특성을 가진 대조군을 확보하기 어려워 후자의 방식으로 평가하는 것이 흔한 방법이다.

현재 진행되고 있는 대표적인 농약 관련 개입 연구로는 스리랑카에서 농약 보관함(storage box)에 대한 지역사회 연구를 들 수 있다. 스리랑카에서는 농약을 자살목적으로 복용하여 사망하는 경우가 많으며 이를 예방하기 위해서 농약 보관함 설치를 추진하였다. 이러한 개입이 과연 농약 중독으로 인한 발생 및 사망을 감소시킬 것인가를 추적하고 있으며 현재까지의 결과에 의하면 일부 예방효과를 관찰한 바 있다. 농약 복용이 많은 우리나라에서도 이와 같이 농약의 접근성을 예방하는 개입 연구가 매우 필요한 상황이지만, 잠금장치 사용에 대해서는 사회문화적 차이가 있음을 고려해야 한다.

미국 뉴욕시에서 2002년과 2004년에 걸쳐 280가구를 대상으로 무작위 할당 후 개입군에 대해 병해충종합관리(6장 참조) 교육을 실시한 후 3, 6개월 뒤에 각각 농약 사용 및 바퀴벌레 숫자를 비교하였다. 연구 결과 비록 한 번의 병해충종합관리 교육으로도 바퀴벌레의 숫자 및 농약 사용을 상당히 감소시켰다고 보고하였다. 한편 400명의 위스콘신 농업인들을 대상으로 한 개입 연구에서도 3시간의 교육이 6개월 뒤 농약 살포 시 보호구 착용률을 증가시켰다고 보고한 바 있다.

워싱턴주에서는 24개 농촌마을을 대상으로 농약 노출 감소를 위한 지역사회 차원의 개입 연구가 진행되었다. 첫 해와 4년차 때의 지역 내 공기 중 농약 노출값과 지역주민의 소변 중 농약 대사산물 검사를 실시하여 효과를 평가하였다. 2, 3년차 동안에는 다양한 농약 노출 감소를 위한 교육이 지역 차원의 행사, 모임, 언론 홍보, 초등학교와 교회에서의 적극적 홍보, 소규모 집단에서의 교육, 자원봉사자들의 개인별 가정방문 및 홍보 등의 형태로 진행되었다. 그러나 예상과 달리 개입지역에서 거주지 및 차량에서의 환경 중 농약 농도 및 개인별 소변 중 농약 대사물질 농도가 유의하게 감소하지 않았다. 가능한 원인으로 연구 기간 내 농약 사용 형태의 변화도 있었지만 개입이 지역 전체 차원으로 분산되어 변화를 잘 파악하지 못한 것이 중요한 것으로 판단되었다. 따라서 개입의 효과를 보기 위해서는 보다 구체적이고 집중적인 개입의 형태와 방법이 중요하다.

농약 사용 금지(ban)와 같은 법률적 개입도 농약 중독을 예방하는 중요한 결과를 제시하고 있다. 그런데 농약 사용을 금지시키는 방법을 적용할 때에는 어떤 농약이냐에 따라 그 효과가 달라질 수 있다는 것을 인식할 필요가 있다. 스리랑카에서 1995년도에 세계보건기구 독성 분류 I급에 해당하는 농약들을 금지시켰을 때와 1998년도에 endosulfan 농약을 금지시켰을 때에는 자살 예방 효과가 뚜렷하였지만 1984년도 parathion 농약을 금지시켰을 때는 효과를 보

〈그림 4-3〉 스리랑카에서 농약 사용금지에 따른 자살률 변화

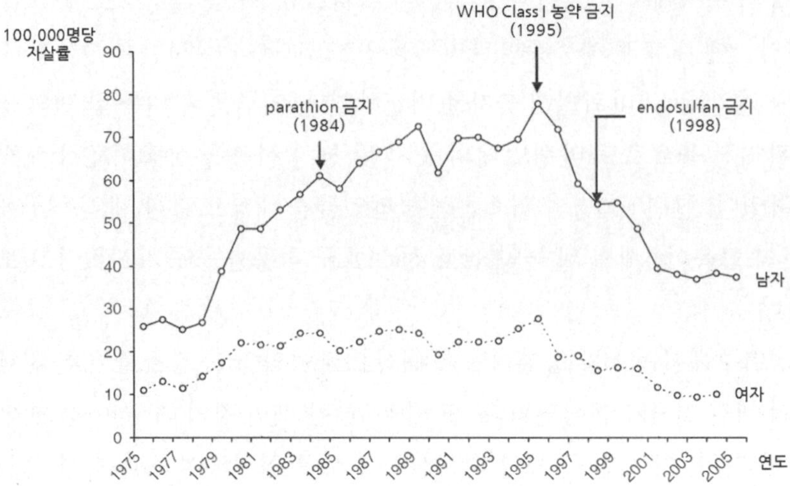

출처 : Gunnell D et al. The impact of pesticide regulations on suicide in Sri Lanka. *International Journal of Epidemiology*. 2007.

지 못했다(그림 4-3). 한편 대만에서도 많은 농약들이 금지되었지만 실질적으로 자살률 감소에 기여하지 못한 것으로 보고되고 있다. 그 이유는 금지된 농약들이 실제 자살에서 가장 많은 사망원인을 차지하는 패러콰 및 주요 유기인계 농약 등은 제외되었기 때문이다. 즉 무조건적인 금지가 아니라 보건학적 위험성이 높은 농약들을 선별하여 금지시키는 것이 중요하다. 따라서 우리나라에서도 농약 중독 사례 분석을 통해 원인물질로 크게 기여하는 농약들을 중심으로 법률적 제한 조치가 이루어지는 것이 필요하다.

한편 이러한 농약금지가 전체적인 작물의 생산을 감소시키는지에 대해서는 논란이 계속되고 있다. 그러나 스리랑카에서의 농약 사용금지 시점을 분석한 연구에 의하면 작물 생산 및 비용에서 유의한 변화를 보이지 않았다. 이러한 결과는 사회문제가 되고 있는 농약을 금지시키는 것에 있어서 작물 생산 감소에 지나치게 비중을 두는 것은 바람직하지 않을 수 있다는 것을 제시해 준다.

우리나라는 농약으로 인한 자살률이 매우 높아 농약에 대한 개입 연구가 무엇보다도 요구되고 있다. 특히 농약안전 교육 이수 및 보호구 지급 여부 등에 따라 과연 농약 중독이 얼마나 감소될 수 있는지를 파악하는 것은 현실적으로 중요한 과제들이다. 또한 최근 패러콧 농약 사용금지 제도 이후의 자살률 및 농약 사망 양상을 살펴보는 것은 우리나라에서 농약규제에 대한 개입효과를 살펴볼 수 있는 중요한 연구형태가 될 수 있다. 또한 이러한 결과는 향후 우리나라 농약 규제 정책의 중요한 근거 자료가 될 수 있다. 우리 사회의 농약 중독 및 복용을 단지 개인적 행위의 차원으로만 접근하는 것이 아니라 농약 자체에 대한 관리적 차원으로 함께 개입하는 것이 중요하다.

■ 스리랑카 농약 연구

스리랑카에서는 농약 중독으로 많은 인명 피해가 있었으며 이러한 문제를 파악하고 해결하기 위하여 다양한 영역의 농약 연구들이 활발히 진행되고 있다. 주요 연구 주제들로는 농약 중독의 규모 및 위험요인, 특정 농약의 사용 금지 이후의 중독 환자의 변화, 농약 복용 자살에 미치는 위험요인, 패러콧 농약 제형의 변화가 중독 결과에 미치는 영향, 자살 목적 농약복용을 예방하기 위한 안전장치에 대한 지역사회 개입 연구, 농약 중독자들에 대한 사회학적 분석, 농약 보관 형태, 중독 치료에 대한 비용, 농약 중독 환자들에 대한 생물학적 평가, 중독으로 인한 치명률과 예후 인자, 농약 종류별 독성 비교, 농약 중독 환자의 병원별 이동양상 등이다. 연구의 형태도 단면연구를 비롯하여 코호트 연구, 개입 연구 등 다양한 형태를 적용하여 입체적으로 접근하고 있다.

스리랑카에서 실시되고 있는 연구들은 농약 중독이란 주제를 지역사회에 적합하게 풀어 나가는 훌륭한 사례를 보여 주고 있다. 국제적으로 학문적인 측면에서 뿐만 아니라 지역사회에 실질적으로 농약으로 인한 건강영향을 줄이는 데 많은 기여를 하고 있다. 따라서 스리랑카에서의 농약 중독 연구의 경험과 결과를 살펴보는 것은 우리나라 농약 문제를 보건학적으로 풀어 나가는 데 중요한 교훈이 될 수 있다.

2. 미국농업인건강연구

미국농업인건강연구(Agricultural Health Study)는 농업인을 대상으로 농약 노출과 건강영향을 연구하는 세계적으로 가장 잘 알려진 전향적 코호트 연구이다. 이 코호트 연구를 통해 농촌 환경과 건강과의 연관성에 대한 많은 결과들이 보고되고 있을 뿐 아니라 농약과 건강영향 평가에 대한 유용한 연구방법론을 제시해 주고 있어, 이 연구를 자세히 살펴보는 것은 농약과 건강 연구를 이해하는 데 중요하다.

1) 코호트 배경 및 설계

세계적으로 매우 많은 인구가 농약에 직간접적으로 노출되고 있으나 대부분의 농약들에 대해서 인구집단에서의 건강영향에 대한 평가가 충분히 이루어지지 못했다. 그리고 기존 역학 연구들은 농약 노출 평가에 많은 제한점을 갖고 있어 노출 오분류를 일으킬 수 있으며, 이것은 질병의 원인으로서 농약을 확인하는 데 어려움을 주고 있다. 또한 기존에는 주로 환자-대조군 형태의 연구들이 실시되어 농약 노출 정보를 질병 발생 이후에 수집함으로서 회상 바이어스의 가능성이 높았다. 일부 실시된 코호트 연구는 주로 농약 사업장 근로자들을 대상으로 한 연구들로서 연구 대상자가 소수에 국한되었다. 한편 미국에서 농약 노출과 질병과의 연관성은 1970년대 생태학적 연구를 통해 가설이 생성되었으며 1980년대에 농촌 지역 주민과 농약 노출 직업군에 대한 사망률 및 환자-대조군 연구들을 통해 활발히 진행되었다.

이러한 배경에 근거하여 농약을 포함한 농촌 환경이 농업인들의 건강에 어떠한 영향을 주고 있는지 보다 분명한 인과 관계를 구명하고자 미국 국립암연구소가 중심이 되어 1993년 12월 전향적 농업인 건강 코호트 연구가 시작되었다. 이 연구의 전체적인 연구 설계는 〈그림 4-4〉와 같으며, 1단계인 1993년부터 1997년까지는 코호트 구축을 위한 기반 설문조사를 실시되었다. 2단계에서는

〈그림 4-4〉 미국농업인건강연구의 진행 과정

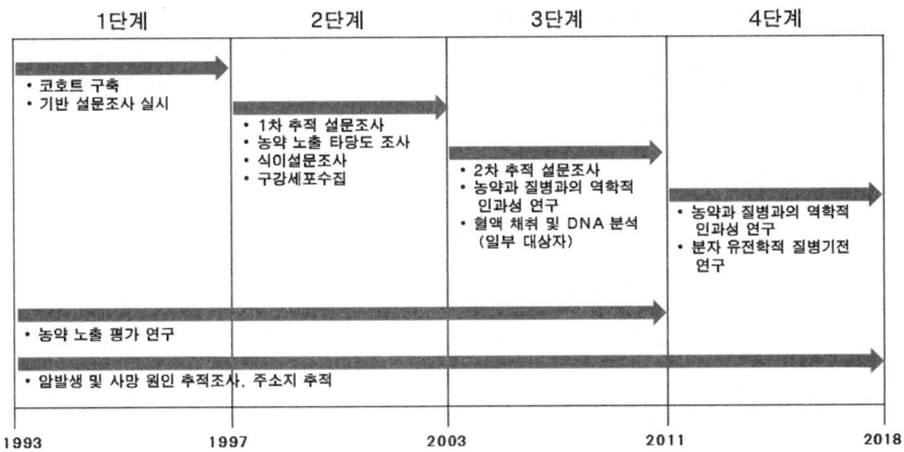

출처 : Agricultural Health Study. http://www.aghealth.org

농약 노출 및 건강상태에 대해서 1차 추적 조사를 실시하였으며, 자세한 식이 조사와 유전요인에 대한 건강영향을 고려하여 구강세포를 우편으로 수집하였다. 3단계 연구는 2003년에서 2011년까지 진행하였으며 2차 추적조사, 일부 대상자에 대한 혈액 검사, 유전자 조사 및 질병 원인 연구 등이 실시되었다. 2011년부터 2018년까지는 4단계 연구로서 전체 대상자에 대해서 간략한 질병 위주의 추적조사를 실시하고 질병 기전을 연구하기 위한 분자역학 연구가 진행되고 있다.

코호트 연구에서는 연구 시작에 앞서 단계별 활동 및 추적 계획을 미리 수립하는 것은 매우 중요하다. 미국농업인건강연구에서는 처음 5년간 코호트 구축에 집중하였고, 다음 수년간은 노출 평가 및 타당도 연구들을 실시하였으며, 그 다음 단계로서 질병발생 자료를 추적한 연구를 수행하기 시작하였다. 이후에는 이러한 역학적 결과들을 근거로 질병 기전에 대한 분자역학적 연구들이 진행되고 있다. 이처럼 코호트 연구에서는 각 단계별 집중해야 할 연구 부분을 시기에 맞게 진행시키는 것이 중요하다. 이러한 단계별 사전계획은 질병자에 대한 충분한 숫자가 확보되기 이전에 노출 및 연구방법론적 근거들을 마련해 놓거나 단면조사를 통해 많은 결과들을 우선적으로 보고하도록 함으로써 연구결과에 대한 보고를 효율적으로 진행시킬 수 있다. 코호트 연구라고 하더라도 질병자가 발생되기만을 수년간 기다리고 있는 것이 아니라 단계별 계획을 통해 미리 방법론적 근거들을 마련해 놓는 것이 중요하다.

연구 진행 주체로는 미국 국립암연구소(US NCI), 미국 국립환경보건연구원(US NIEHS), 미국 환경보호국(US EPA), 미국 국립산업안전보건연구원 등이 참여하고 있으며, 가장 많은 인력과 연구비를 투자하고 있는 미국 국립암연구소에서 주도적으로 진행하고 있다. 미국 국립암연구소에서는 악성종양 및 방법론적 연구 부분을 담당하고 국립환경보건연구원에서는 악성종양 외 건강영향을, 환경보호국과 국립산업안전보건연구원에서는 농약 노출 평가를 주로 담당하고 있다.

연구 대상으로 아이오와와 노스캐롤라이나의 농약 살포 농업인(private applicator)과 살포 근로자(commercial applicators) 57,310명 그리고 농업인들의 배우자 32,345명 등 총 89,655명이 참여하였다. 이는 각 주에서 사용이 제한된 농약(restricted use pesticides)을 살포하는 농업인 전체 중 82%에 해당되었다. 농약 살포 농업인과 근로자는 직업적 농약 노출을 반영하고 배우자를 통해서는 비직업적 농약 노출에 의한 건강영향을 살펴볼 수 있어 농약과 건강에 대한 다양한 결과 산출이 가능하도록 설계되었다. 아이오와와 노스캐롤라이나 두 지역이 선정된 근거에는 각 지역의 등록된 농업인의 숫자, 각 주의 암 등록체계의 수준, 연구 경험 유무, 흑인이 포함될 수 있는지 여부 등의 현실적인 이유들이 고려되었다. 또한 두 지역은 미국의 중서부와 남동부 지역의 농업특성을 반영하는 장점이 있다.

농약 살포 근로자의 경우 농업인이 아니라 직업적으로 농약을 살포하는 고용된 근로자로서 수년 뒤에는 다른 직업인이 되는 경우가 많아 추적이 제한적이었으며, 코호트 모집도 현실적으로 아이오와 주에서만 조사될 수 있었다.

이 연구에서 고노출자인 이민 농업인을 포함시키지 못한 것도 단점이지만 이들의 비안정적인 주거생활로 인해 추적 조사에 어려움이 있으며, 암을 추적 등록하는 체계에 들어와 있지 못한 경우가 많았다. 그러나 농업인에서의 농약 노출로 인한 건강영향 결과를 상대적으로 고노출된 이민자 농업인에게 적용하여 해석하는 것에는 큰 제한점이 되지는 않는다.

2) 자료 수집 및 추적조사

코호트 구축을 위한 조사방식으로는 자가 기입식 설문조사를 실시하였다. 미국에서는 제한된 농약들의 살포를 위해서 자격증을 유지하여야 하며 이를 위해 매 3년마다 살포 농업인들이 정기적인 교육을 받거나 시험에 통과하여야 한다. 이들이 교육 또는 시험을 보기 위해 모집되었을 때 21페이지에 이르는 자기 기입식 설문조사가 실시되었으며 약 30-40분 정도 소요되었다. 조사 내용은 농약 사용 및 노출에 대한 정보, 직업적 및 환경적 농촌 위해요인, 식이, 흡연, 음주, 육체적 활동, 가족력 등이 포함되었다. 농약 사용을 조사하기 위해서는 가장 많이 사용되고 있는 농약을 선정하였으며 추가로 발암작용이 의심되는 농약들과 현재 사용되지 않고 있지만 보건학적으로 관심이 많았던 DDT를 포함시켰다. 농업인이 주관식 문항에 응답한 농약들을 포함시키면 총 80여 개의 개별 농약들이 조사되었다. 그리고 보다 자세한 농촌 환경 노출 및 생활양식에 대한 내용은 우편 설문조사를 통해 이루어졌으며, 이 때 배우자 및 그 가족에 대한 별도의 설문도 함께 진행되었다. 설문내용을 포함한 자세한 연구 진행과정에 대한 내용은 이 코호트의 홈페이지(http://www.aghealth.org)에서 얻을 수 있으며 2011년 5월 현재 코호트 자료수집 방법별 모집 현황은 〈표 4-5〉와 같다.

추적조사는 전화조사(CATI : computer-assisted telephone interview)를 통하여 농약 사용, 농업 활동 및 건강상태의 변화 등이 조사되었다. 추적조사의 참여율을 높이기 위해 지속적인 코호트 홍보, 지역주민과의 접촉, 연구 결과에 대한 홍보, 연례모임에 지역주민의 정기적 참여 등 다양한 노력을 기울이고

〈표 4-5〉 미국농업인건강연구 코호트의 자료 수집 현황[a]

	1단계	2단계		3단계	구강세포 수집
	설문조사	설문조사 (CATI)	식이 설문조사	설문조사 (CATI)	
농업인	52,394	33,457	17,869	24,171	18,601
농업인 배우자	32,345	23,796	15,385	19,959	14,255
농약 살포 근로자	4,916	2,885	1,757	-	1,820
전체	89,655	60,138	35,011	44,130	34,676

[a]2011년 5월 현재

출처 : Agricultural Health Study. http://www.aghealth.org

있다. 2단계 연구에서 추적된 전화조사 응답자는 60,138명, 3단계 추적연구에서는 44,130명이 추적되어 현재까지 능동적 추적률은 약 70% 정도이다. 한편 수동적 추적은 아이오와와 노스캐롤라이나 주의 암 등록 자료와 지역의 생정(vital statistics) 및 사망 자료(National Death Index)를 통해서 이루어졌으며 추적률은 전체 코호트의 99% 이상이다. 또한 자세한 식이 내용 및 조리방법 등에 대해서는 우편 설문조사가 실시되었으며, 이때 구강세포 검사를 우편으로 같이 실시하여 유전적 위험요인을 평가하고자 하였다. 식이조사 응답자는 35,011명이었으며 구강세포 수집은 2011년 5월 현재까지 34,676명에 대해 이루어졌다. 한편 추적조사에 참여자와 비참여자로 인한 선택 바이어스는 유의하게 관찰되지 않았다.

2단계와 3단계 연구에서는 일부 특정 집단을 대상으로 농약 노출과 건강에 대한 보다 자세한 조사가 실시되고 있다. 이러한 연구들로는 농업인들을 대상으로 농약 노출 지수를 평가하기 위한 연구(Pesticide Exposure Study), 농가에서 농약 오염을 평가하기 위한 연구(Farm Family Take-Home Pesticide Exposure Study), 사과와 배 과수원에서 살균제 살포 농업인의 노출 평가를 목적으로 한 연구(Orchard Fungicide Exposure Study), 파킨슨병의 환경과 유전적 원인을 구명하기 위한 환자-대조군 연구, 류마티스 관절염과 자가면역 질환의 진단을 확인하고 위험요인을 평가하는 연구(Rheumatoid Arthritis Study), 아이오와 지역의 옥수수 농업인을 대상으로 주기적인 설문과 생물학적 지표 평가 연구(Iowa Corn Farmers Study) 등이 있다. 그 외에 생체지표 연구(Biomarkers of Exposure and Effect in Agriculture)에서는 2010-2014년까지 농업인 1,600명으로부터 소변과 혈액 시료를 확보하여 이를 통해 다양한 생물학적 기전 연구를 진행하고 있다.

코호트 모집 당시 농약 살포자는 대부분 남성(97%) 및 백인(95%)이었으며 50세 이하가 60% 정도였다. 지역적으로는 아이오와에 61%, 노스캐롤라이나에 39% 각각 거주하고 있었다. 평균 농약 살포 경력은 16년이었으며 연평균 농약 살포 일수는 약 13일이었다. 전체 코호트의 약 90% 이상은 고졸 이상이었으며 현재 흡연자는 남성에서 약 15%, 여성에서 10%, 그리고 전혀 음주를 하지 않는 대상자도 남성 32% 여성 44%로서 상대적으로 젊고 건강한 농업인 집단이었다.

2009년 현재까지 추적된 자료에 의하면 전체 7,841명의 사망(암 2,886명, 심장질환 2,143명, 호흡기 질환 553명 등)이 관찰되었고 총 8,581명의 암 발생 환자(전립샘암 2,271명, 유방암 1,025명, 폐암 800명, 결장직장암 957명, 비호지킨림프종 388명, 백혈병 245명 등)가 보고되었다. 이 코호트의 사망률 연구에 의하면 전체 사망률, 심혈관계 질환, 당뇨, 만성호흡기 질환, 전체 암 사망 등이 농업인 및 배우자 모두에서 일반 주민들보다 낮게 나타났다. 이러한 결과에는 코호트 대상자들의 낮은 흡연 및 음주율, 건강한 식생활, 그리고 상대적으로 많은 육체 활동 등의 요인들이 관여하고 있는 것으로 파악되고 있다.

3) 자료 분석 및 활용

코호트 자료 분석의 비교군으로서 내부 및 외부 대상자를 활용하였다. 우선 아이오와와 노스캐롤라이나 주 전체의 암 발생 및 사망률을 외부 비교군과 비교하기 위하여 표준화사망비 및 표준화암발생비를 산출하였다. 이를 통해 코호트 대상자들이 일반 주민과 건강상태가 어떻게 다른지 파악할 수 있었다. 그러나 일반적으로 연령과 성이 비슷한 외부 지역주민을 선정하는 것이 매우 어렵고 비효율적이어서 결과 해석에 많은 제한점을 주는 경우가 많다. 또한 농업인 연구에서 건강근로자효과가 나타나기 때문에 보다 동질적인 내부 비교군을 선정하는 것이 농약 노출과 건강영향과의 연관성을 평가하는데 더욱 유리하다. 따라서 미국농업인건강연구에서는 일단 외부 비교군을 통한 표준화암발생비를 산출하지만 내부 비교군(농약 저노출군)과의 비교를 통한 상대 위험도를 더 선호하고 있다.

코호트 자료를 활용하기 위해서는 우선 자료 활용 요구서를 작성하여 미국농업인건강연구 실행위원회에 보내 승인받는 절차를 밟는다. 즉 적합한 연구주제와 그 연구를 실시하기 위한 방법 및 사용하고자 하는 변수명 등을 정리하여 간략한 연구계획서 형태로 신청하면 위원회에서 적합성 여부를 결정한다. 승인된 연구계획서는 자료 관리 회사로 보내지고 여기에서 연구자가 분석하기 용이한 형태로 가공된 분석용 파일이 만들어진 후 연구자에게 보내진다. 만약 연구가 생물학적 시료 이용 또는 추가 신설 연구에 관련된 것이라면 별도의 논의과정을 거친다.

미국농업인건강연구에서는 연구 대상자인 농업인뿐 아니라 농약 회사 및 관련 기관들이 매년 정기적으로 모여 2-3일 동안 그동안의 진행과정 및 연구성과를 교류하고 있다. 또한 구축된 자료에 대해서도 소정의 절차를 거쳐 누구에게나 공개하여 활용될 수 있도록 권장하고 있으며 이를 통해 활발한 연구결과물들이 보고할 수 있는 체계적인 자료 활용 시스템을 구축하였다. 코호트가 장기적이고 효율적으로 수행되기 위해서 그리고 연구 진행상의 윤리적 문제들을 해결하기 위해서는 이러한 연례모임 및 자료의 공개와 활용은 중요한 기능을 담당하고 있다.

3. 농약 연구에서의 보건학적 주제들

농약 연구에서 자료 분석 및 결과 값에 대한 해석을 올바로 하기 위해서 이해해야 할 보건학적 주제들이 있다. 이러한 내용들은 농약 연구뿐 아니라 환경역학 및 보건학 연구를 수행하고 이해하는 데 적용될 수 있으며 연구 결과를 뒷받침해 줄 수 있는 중요한 방법론적 근거가 될 수 있다. 많은 주제들 중 흔히 부딪히는 일부 내용들을 살펴보면 다음과 같다.

1) 교란작용

교란변수(confounder)란 보고자 하는 질병과 관련되어 있으면서 그 질병의 원인변수와도 연관되어 있어 질병과 특정 원인과의 연관성을 왜곡시키는 변수를 말한다. 예를 들어 농약 살포와 폐암과의 연관성 연구를 할 때 농약 살포자가 비살포자에 비해 커피를 많이 마신다면 실제로 농약에 의한 위험도 증가가 마치 커피와 폐암이 관련되어 있는 것처럼 보일 수 있다. 농업인들은 한 종류의 농약만 사용하는 경우보다는 여러 농약을 같이 사용하는 경우가 많기 때문에 교란효과는 농약연구에서 흔히 제기된다. 즉 다중노출(multiple exposure)인 경우 어떻게 한 가지 농약의 건강영향을 다른 농약들로 인한 건강영향으로부터 따로 떼어놓고 파악할 수 있을까하는 의문점은 보건학을 전공하지 않는 사람들이 역학연구를 쉽게 신뢰하지 못하는 부분이기도 한다. 이를 위해 보건학에서 가장 많이 사용하는 방법은 자료 분석 시 특정 농약과 높은 상관성을 보인 개별 농약들을 선정하여 통계적 모델에 보정변수로 추가한다. 이 때 개별 농약별로 보정할 수도 있고 전체 농약 사용 일수를 농촌 환경의 대리지표로서 보정하는 방식을 적용하기도 한다.

또한 농업인들은 작업 시 많은 유해요인들에 동시에 노출되고 있어 농약 이외의 다른 요인들(농기계의 배출가스, 토양의 실리카 등)에 의해 영향을 받을 수 있다. 따라서 이들 요인에 대한 영향을 보정하는 것도 필요하며 만약 연구

질환과 잘 알려진 유해요인이 있다면 모델에 넣어 같이 보정하는 것이 중요하다. 그러나 미국농업인건강연구에서는 이러한 농약 이외의 요인들 그리고 동시 노출된 개별 농약들의 교란효과가 유의하게 크지 않았다고 보고한 바 있다.

교란효과를 보정하기 위해서 통계적 모델을 적용하는 방법 외에 층화분석을 실시하기도 한다. 예를 들어 chlorpyrifos라는 농약과 폐암과의 연구 시 흡연에 대한 교란효과를 보정하기 위해서 일차적으로 흡연력에 따라 흡연자, 과거 흡연자, 비흡연자로 층을 나누고 동시에 모델에는 흡연력을 보정하는 2가지 방법을 같이 진행하였다. 즉 흡연력을 층화(stratification)[10]하는 것은 층간의(between-stratum) 교란변수에 의한 영향을 보정할 수는 있다. 그러나 각 층 내의(within-stratum) 영향, 즉 현재 흡연자라 하더라도 흡연을 적게 하는 사람과 많이 하는 사람 간의 차이가 발생할 수 있으며 이들이 만약 현재흡연자로 같이 묶여질 때 발생되는 영향을 잠재교란영향이라고 한다. 이를 줄이기 위해서는 통계적 모델에 흡연량(pack-year) 변수를 넣어 보정하였다. 그러나 모델에 총 흡연량을 넣는다고 교란변수에 대한 충분한 보정이 이루어지는 것은 아니다. 왜냐하면 현재 흡연자와 과거흡연자가 동일한 총 흡연량을 갖는다고 하더라도 그것이 의미하는 바는 다르기 때문이다. 따라서 흡연 여부에 따라 대상자를 비흡연자, 과거흡연자, 현재흡연자로 구분하여 층화분석을 실시하였고 각 집단 내에서 총 흡연량을 보정하여 잔류효과를 줄일 수 있었다. 이처럼 잔류교란변수 영향을 최소화시키기 위해서는 층화 및 모델을 통한 보정이 동시에 적용되는 것이 필요하다.

한편 기존 연구들에 의하면 교란변수로 인해 결과에 큰 변화를 초래하지는 않는 것으로 보고되기도 하였다. 교란변수로 잘 알려진 흡연과 음주도 직업 및 환경성 암 역학연구에서 20% 이상의 결과값 차이를 보이지는 않았던 것으로 보고된 바 있다. 개별 연구들마다 차이가 있겠지만 대체로 농약의 직업적

10 각 층 내에 교란변수가 동질하게 존재하도록 자료를 여러 층으로 나누는 것.

노출과 건강영향을 살펴보는 데 있어서 농약 외 교란변수에 의한 우려는 크지 않은 것으로 판단된다. 이처럼 보건학에서는 비록 완벽하지는 못하지만 농약 연구에서 흔히 질문되는 교란변수의 영향을 여러 역학적 방식을 통해 합리적으로 해석하고 있다.

> **■ 교란변수(confounder)와 효과변경인자(effect modifier)**
>
> 교란변수란 보고자 하는 요인과 질병과의 연관성을 혼란시키는 부정적 의미의 변수를 말하는 것이며, 효과변경인자는 둘 간의 연관성에 설명력을 추가하는 긍정적 의미의 변수라고 할 수 있다. 즉 효과변경인자를 통해서는 질병 발생의 내용을 보다 자세히 살펴볼 수 있는 반면 교란변수는 그러한 설명을 교란시킨다. 특정 변수가 교란 또는 효과변경인자로 정해져 있는 것은 아니다. 어떤 변수가 교란변수로 작용할 것이냐 또는 효과변경인자로 작용할 것이냐는 각 연구마다 다르다. 즉 흡연은 농약과 폐암과의 연관성을 살펴보는 데는 교란변수로 작용하지만 사회경제적 요인과 폐암과의 연관성을 살펴보는 연구에서는 효과변경인자로 작용할 수 있다.

2) 다중비교

다중비교(multiple comparison)란 가설에 근거하지 않고 무작정 많은 비교를 하다보면 실제 연관성이 없음에도 불구하고 우연에 의해 연관성이 있는 것처럼 나올 수 있는 문제점을 말한다. 예를 들어 10개의 질환과 10개의 노출요인들 간의 가능한 관련성을 보기 위해 2×2표를 만들었다면, 이론적으로 노출요인과 질환이 관련이 없다고 하더라도 100개의 노출-질환 조합 중에서 우연(chance)에 의해서 5개는 통계적으로 5% 유의수준에서 유의한 관련성을 보일 수 있다. 이러한 문제점을 극복하기 위해서 여러 통계적인 방법들이 동원되고 있으며 그중 본페로니(Bonferroni) 검정이 가장 많이 알려졌다. 이 방식은 간단하고 실용적이나 지나치게 보수적인 기준을 요구하게 되어 실제 연관성이 있음에도 불구하고 무시될 수도 있다. 즉 이러한 보정방법을 통해 1종오류(type I 에러)[11]를 줄일 수는 있지만 반대로 2종오류(type II 에러)[12]는 증가시킬 수 있

11 노출과 건강영향 간에 실제 연관성이 없는데도 불구하고 연관성이 있다고 판정하는 오류(α-error).

■ P값의 제한점

일반적으로 자료 분석의 유의성을 p값에 의존하여 0.05(5%)보다 낮게 나오면 유의한 결과로 판정한다. 그러나 그 숫치가 절대적인 것은 아니며 단지 많은 사람들이 그동안의 경험을 통해 우연히 일어날 수 없다고 생각하고 있는 의식을 반영하고 있는 것일 뿐이다. 따라서 연구 목적과 자료의 특성에 따라 p값을 0.01 또는 0.1을 기준으로 판정할 수도 있다. p값은 연구 대상자의 수가 증가할수록 감소하여 미세한 차이에도 불구하고 매우 유의한 값을 보일 수 있다. 따라서 임상적으로 의미가 없는 작은 값의 변화를 통계적으로 의미 있다고 판정하는 오류를 범할 수 있다. 또한 p값은 단지 하나의 숫치만 표현하고 있어 보여줄 수 있는 정보가 제한적이다. 따라서 역학 및 보건학 연구에서는 유의성의 방향성, 범위 등을 함께 보여 줄 수 있는 신뢰구간(confidence interval)을 통해 제시하는 것을 선호한다.

다. 따라서 이 방식을 기계적으로 적용하는 것은 바람직하지 못하며 다른 한편에서는 다중비교 시 굳이 보정이 필요하지 않다고 주장하기도 한다.

이러한 문제점은 농약연구에서와 같이 여러 농약들을 특정 건강영향과 동시에 비교하거나 한 가지 농약이라 하더라도 여러 건강영향들과 비교하는 경우 흔히 지적되는 주제이다. 미국농업인건강연구에서 대장암과 50개의 개별 농약에 대한 연관성을 보고하였을 때 사독자에 의해 다중비교가 지적된 바 있다. 즉 수십 개의 개별 농약과 대장암과의 연관성을 비교하는 것을 다중비교로 판단하고 이를 보완하기 위해 본페로니 검정을 시행할 것을 권고하기도 하였다. 그러나 비록 다중비교와 같아 보일지라도 각 개별 농약들이 무작위로 비교된 것이 아니라 개별 농약들이 대장암과 연관성에 대한 가설에 근거한 것이므로 사실 정확한 지적은 아니다. 설령 다중비교가 문제가 된다고 하더라도 통계적 방법 대신 역학적인 원인적 연관성 평가에 더 근거를 두는 것이 바람직하다. 즉 다중비교 시 나타나는 1종 오류는 통계적인 방법을 사용하기 보다는 각 특성별(거주 지역, 농작물 종류 등) 층화분석을 통한 일관성, 연관성의 강도, 양-반응관계 등 원인적 연관성의 기준들을 평가함으로써 결과를 다시 강조하였다.

---

12 노출과 건강영향 간에 실제 연관성이 있음에도 불구하고 연관성이 없다고 판정하는 오류(β-error).

가설에 근거하지 않고 수많은 자료들의 비교과정에서 우연히 관찰되는 발견은 다중비교의 문제점을 갖고 있으므로 매우 조심스럽게 해석해야 한다. 그러나 많은 비교가 동시에 이루어졌다고 하더라도 그것이 연구자의 가설 속에서 이루어진 것이라면 다중비교의 울타리에 국한시킬 필요는 없다. 실제 많은 과학적 발견은 우연에 의해 밝혀지기도 한다. 그런 의미에서 다중비교를 다루는 데 있어서 통계적 방법의 기계적 적용이 아닌 역학적 사고에 근거한 합리적 판단이 더욱 중요하다.

3) 원인적 연관성

많은 역학연구들은 질병의 원인을 밝혀내는 데 그 목적이 있으며 분석 역학 연구에서 산출된 연관성(association)이 인과성(causality)을 갖는지 평가하는 것은 중요한 과정이다. 이를 판단하기 위한 기준으로 힐의 기준(Bradford-Hill's criteria)이 가장 많이 인용되고 있으며, 보건학에서 역학적 인과성을 위한 사고의 체계 및 검정을 위한 기본적 도구로 활용되고 있다(표 4-6).

그러나 각 기준항목들이 절대적인 것이 아니어서 인과적인 연관성을 비인과적인 연관성과 명확히 구분해내는 것이 어려운 과정이다. 예를 들어 연관성을 나타내는 위험도 값이 크면(strength) 더 인과성이 있다고 생각하지만 질병을 발생시키는 것에 있어서 모든 원인요소가 항상 강한 연관성을 갖는 것은 아니다. 흡연은 심장질환에 대해 인과성이 있음에도 불구하고 그 연관성의 크기는 폐암에 비해 크지 않다. 또한 연관성의 크기는 다른 요인들의 분포상태에 따라 달라질 수 있다. 더 나아가 인과성이 없지만 교란요인에 의해서 강한 연관성이 관찰될 수도 있어 단순히 강도만으로 판단하는 것은 바람직하지 않을 수 있다. 특이성(specificity)의 경우도 흡연이 한 가지 특이한 질병에만 관련된 것이 아니라 수많은 질병과 연관되어 있기 때문에 인과성이 있음에도 불구하고 이 기준을 충족시키지 못할 수 있다. 농약 노출에 있어서도 다양한 종류의 건강영향들과 연관성이 보고되고 있어 어느 하나의 특이성만을 강조하는 것은 적절하

〈표 4-6〉 힐(Hill)의 인과성 기준과 문제점

기준	문제점
강도(strength)	연관성의 크기는 다른 원인들에 의해 교란될 수 있음
일관성(consistency)	일관성이 없던 결과도 뒤늦게 올바로 해석되는 경우가 있음
특이성(specificity)	하나의 원인이 많은 건강영향을 줄 수 있음
시간적 선후관계 (temporality)	원인과 결과 간의 시간적 순서를 입증하는 것이 어려울 수도 있음
양-반응 관련성 (biologic gradient)	교란요인에 의해서 왜곡될 수 있으며, 문턱효과(threshold phenomena)가 있는 경우에는 이런 양상을 보이지 않음
개연성(plausibility)	판단하기에 너무 주관적임
기존지식과 일치 정도 (coherence)	일관성 또는 개연성의 개념과 큰 차이가 없음
실험적 근거 (experimental evidence)	항상 가능한 것은 아님
유사성(analogy)	유사성을 보이는 현상은 많음

출처 : Rothman KJ. *Epidemiology : An Introduction*. Oxford University Press. 2002.

지 않다.

이러한 한계에도 불구하고 힐(Hill)의 기준은 보건학에서 고전적인 원인적 인과성의 기준으로 받아들여지고 있다. 석면과 악성중피종, 흡연과 폐암 등의 연관성 평가에 있어서 이러한 기준들을 적용하면서 원인적 연관성이 분명히 검증되기도 하였다. 환경적 농약 노출과 소아 악성종양과의 연관성을 평가하는데 있어서도 기존의 역학적 연구들을 종합할 때 연관성의 강도, 일관성, 특이성, 시간적 선후관계, 생물학적 개연성 등의 기준을 만족하는 것으로 정리된 바 있다. 이와 같이 농약과 건강 연구에서 어떤 항목들이 인과관계를 증명하기 위해서 활용되고 있는지 살펴보는 것은 농약과 건강에 대한 체계적인 이해를 위해서 필요한 연구 주제가 될 수 있다.

4) 비교군 선정

농약 노출군의 건강영향을 산출할 때 어떤 집단과 비교하느냐에 따라 결과가 달라질 수 있기 때문에 비교군(reference group) 선정은 매우 중요하다. 이상적인 비교군은 다른 특성은 비슷하고 단지 조사하고자 하는 농약에 노출되지 않는 집단이라고 할 수 있다. 그러나 현실에서 거의 모든 사람들이 일반 환경에서 어느 정도의 농약에 노출이 되어 있으므로 정확한 의미에서의 비노출 비교군은 확보하기가 어렵다. 따라서 일반적으로 노출군과 일반적 특성이 비슷한 내부 비교군을 설정하여 결과를 비교하는 것이 우선적으로 권장된다. 그러나 만약 연구 집단의 노출 정도가 일정하다면 원인적 연관성을 보기 어렵기 때문에 외부 비교군이 필요할 수도 있다. 또한 여러 비교군을 활용하여 다각도로 비교하는 것도 결과값을 의미 있게 만들기 위해 좋은 전략이 될 수 있다.

비교군 설정에 있어서 가장 중요한 것은 비교성(comparability)을 최대화시키는 것이므로 농약 저노출군을 비교군으로 하는 경우가 많다. 그러나 이때 비교성은 좋아지지만 비노출군을 비교군으로 할때에 비해서 표본수가 작아질 수 있는 단점이 있고, 반대로 비노출군을 비교군으로 하면 표본수를 증가시킬 수 있지만 비교성이 감소된다. 따라서 우선 비노출군과 저노출군 간의 일반적 특성을 비교한 후 군간 유의한 차이가 나면 저노출군을, 그렇지 않으면 비노출군을 비교군으로 설정하게 된다.

미국농업인건강연구에서 alachlor라는 제초제와 혈액종양 발생과의 연구에서 이러한 내용이 논쟁이 되어 비노출군 및 저노출군 각각에 대한 결과를 추가로 제시하기도 하였다(표 4-7). Alachlor(상품명 : Lasso)는 우리나라를 포함하여 세계적으로 광범위하게 사용되고 있는 제초제로서, 일부 동물실험에서 비강암, 갑상샘암, 위암 등과의 연관성이 보고되었으며, alachlor 농약 제조회사(몬산토) 근로자들에 대한 코호트 연구에서 대장암과 백혈병 발생률이 증가된 바 있다. 따라서 미국농업인건강연구 내 농약 살포자들에서 alachlor 농약

〈표 4-7〉 비교군에 따른 alachlor 농약의 직업적 노출과 백혈병에 대한 위험도

	저노출군 기준		비노출군 기준	
	환자수	위험도 (95% 신뢰구간)	환자수	위험도 (95% 신뢰구간)
alachlor 농약 살포 일수				
비노출군	19	-	19	1.00 (비교군)
0.1-19.9	6	1.00 (비교군)	6	1.20 (0.38-3.85)
20.0-56.0	6	0.76 (0.19-3.07)	6	0.93 (0.29-2.97)
56.1-116.0	4	1.16 (0.28-4.82)	4	1.42 (0.44-4.59)
≥ 116.1	10	3.01 (0.82-11.0)	10	3.63 (1.40-9.40)
경향성 검정에 대한 유의수준		0.05		0.03

출처 : Lee WJ et al. Letters to the editor. The authors reply. *American Journal of Epidemiology*. 2005.

에 대한 암 발생률을 조사하여 전체 혈액종양의 발생률이 alachlor 노출과 양-반응관계가 있고, 고노출군에서 약 2배 증가된 위험도를 보고하였다. 그런데 이 결과가 발표된 이후 alachlor 농약 제조 회사가 주관이 되어 분석과정에서의 방법론적 이슈들, 즉 비교군의 설정 및 전체 혈액종양의 이질성에 대해 문제제기를 하였다. 따라서 제안된 내용들을 수용하여 비교군을 저노출군에서 비노출군으로 바꾸고 전체 혈액종양을 각 세부 암별로 재분석하여 alachlor 노출과 백혈병과의 연관성에서 보다 더 증가된 3배 이상의 위험도 값을 보고하였다. 몬산토 입장에서는 alachlor 농약과 악성종양과의 결과를 희석시키려다 오히려 더 유의한 연관성을 알리게 된 셈이다.

5) 건강근로자효과

건강근로자효과(healthy worker effect)는 일반인구와 비교할 때, 직업을 가지는 인구집단의 사망 및 질병수준이 더 낮게 나타나는 것을 말하며 농업인에게 나타났을 때는 건강농업인효과(healthy farmer effect)라고도 부른다. 처음에는 주로 사망률을 비교하는 연구에서 언급되기 시작하였으나 사망률뿐만

아니라 질병의 발생 및 유병에도 적용되었다. 일반적으로 이 효과의 정도는 질병의 종류에 따라 달라 심혈관계 질환은 크고 암은 비교적 작게 나타나며 채용된 기간이 길어지면 효과도 작아진다.

이러한 현상은 건강고용효과(healthy hire effect)와 건강근로자 생존효과(healthy worker survivor effect)의 종합적인 결과로 볼 수 있다. 건강고용효과는 고용단계에서 장애나 질병이 있는 사람보다 건강한 사람들이 뽑힐 확률이 더 높은 것에 기인하며, 건강근로자 생존효과는 계속적으로 건강한 사람들이 근로자로 남게 되고 건강하지 못한 사람은 일을 그만두게 되는 현상에 의해 발생한다. 즉 건강근로자효과는 건강한 근로자가 선택되는 과정이 고용되는 시점뿐만 아니라 고용된 이후에도 계속적으로 일어나게 된다. 건강근로자효과는 자료분석 시 선택 바이어스 또는 교란효과로 작용할 수 있어 분석 자료를 심도 있게 파악하고 결과를 해석하는 것이 중요하다.

건강근로자효과를 보정할 필요가 있을 경우에는 여러 방법들이 적용된다. 즉 적절한 외부 비교군 및 내부 비교군 선택, 퇴사한 근로자 추적, 통계학적 보

〈표 4-8〉 미국농업인건강연구에서의 건강근로자효과 보정전후의 표준화암사망비, 1993-2007

암종	표준화암사망비(보정전) (95% 신뢰구간)	표준화암사망비(보정후) (95% 신뢰구간)
전체암	0.61 (0.58-0.64)	1.20 (1.13-1.27)
소화기계암	0.68 (0.62-0.75)	1.29 (1.17-1.43)
호흡기계암	0.42 (0.38-0.46)	0.76 (0.69-0.84)
유방암	0.94 (0.47-1.69)	1.76 (0.97-3.17)
여성생식기계암	1.46 (0.63-2.88)	2.72 (1.36-5.45)
전립샘암	0.81 (0.70-0.95)	1.53 (1.31-1.78)
비뇨기계암	0.73 (0.60-0.88)	1.36 (1.12-1.65)
혈액암	0.88 (0.77-1.00)	1.67 (1.46-1.90)
뇌 및 신경계암	0.76 (0.58-0.98)	1.42 (1.10-1.83)

출처 : Waggoner JK et al. Mortality in the Agricultural Health Study, 1993-2007. *American Journal of Epidemiology*. 2011.

정방법 적용(상대적 표준화사망비를 통한 보정, 최소 추적기간을 설정, 시차를 두고 분석하는 방법, 고용상태 변수를 모델에 포함, G-알고리즘 적용) 등이 사용될 수 있다. 미국농업인건강연구에서 관찰된 건강근로자효과는 상대적 표준화사망비 방식을 적용하여 보정한 바 있다. 일반적인 표준화사망비에 의하면 농업인이 일반인보다 낮은 암 위험도를 보여 주지만 건강근로자효과를 보정하게 되면 많은 암들에서 일반 주민들보다 높은 위험도 값을 관찰할 수 있었다(표 4-8). 반면 우리나라를 비롯한 프랑스 농업인의 경우 일반인과 비교해서 전체 암 사망률이 높게 보고되어, 건강근로자효과는 각 농업인들이 차지하고 있는 사회경제적인 위치에 따라 다르게 나타날 수 있다.

6) 표준화

표준화(standardization)는 질병에 영향을 미칠 수 있는 요인, 대표적으로 연령과 성별의 구성이 다른 인구집단에서의 질병 양상을 보다 객관적으로 비교하기 위해 사용되는 방법이다. 예를 들어 연령표준화율을 산출함으로서 비교하고자 하는 인구집단의 연령 차이로 인한 영향을 배제할 수 있다. 일반적으로 연령이나 성별에 대한 표준화율을 주로 산출하지만 연구특성에 따라서 중요하게 생각되는 다른 변수도 표준화할 수 있다. 만약 표준화를 하지 않으면 집단 간 객관적인 비교가 가능하지 않아 자료를 잘못 해석할 수 있다.

연령표준화의 원리는 비교하고자 하는 인구집단의 연령군별 율을 표준인구집단의 연령별 인구구조에 적용했을 때 기대되는 가상적인 사망자수(발생자수, 유병자수)를 산출하는 것이다. 표준인구 구조를 적용하여 산출된 연령별 사망자수를 모두 합산한 값을 분자로, 표준인구집단의 전체인구수를 분모로 하여 표준화율을 산출한다. 국내 자료를 통한 농약 중독 사망에 대한 연령표준화율 산출 예시는 〈표 4-9〉와 〈표 4-10〉과 같다.

〈표 4-9〉 2010년과 1996년의 농약 중독 연령별 사망률

연령	2010년			1996년		
	농약 중독 사망자	인구수	사망률[a]	농약 중독 사망자	인구수	사망률
0-19	5	11,584,399	0.04	108	14,354,481	0.75
20-29	32	6,866,956	0.47	267	8,919,764	2.99
30-39	169	8,370,549	2.02	380	8,736,379	4.35
40-49	380	8,844,352	4.30	317	5,837,011	5.43
50-59	469	7,066,823	6.64	311	4,096,086	7.59
60-69	681	4,191,329	16.25	267	2,637,600	10.12
70-79	951	2,618,525	36.32	182	1,255,232	14.50
≥ 80	519	972,733	53.35	68	429,703	15.82
전체	3,206	50,515,666	6.35	1,900	46,266,256	4.11

[a]10만 명당 연령별 사망률

〈표 4-10〉 표준인구집단의 연령별 인구수 적용 시 기대되는 사망자수

연령	표준인구수	2010년		1996년	
		사망률[a]	기대사망자수	사망률	기대사망자수
0-19	25,938,880	0.04	10.4	0.75	194.5
20-29	15,786,720	0.47	74.2	2.99	472.0
30-39	17,106,928	2.02	345.6	4.35	744.2
40-49	14,681,363	4.30	631.3	5.43	797.2
50-59	11,162,909	6.64	741.2	7.59	847.3
60-69	6,828,929	16.25	1,109.7	10.12	691.1
70-79	3,873,757	36.32	1,406.9	14.50	561.7
≥ 80	1,402,436	53.35	748.2	15.82	221.9
전체	96,781,922		5,067.5		4,529.9

[a]10만 명당 연령별 사망률

각 연도의 기대사망자수를 표준인구 전체 인구수로 나누어 표준화율을 산출하면 다음과 같다. 여기서는 2개 연도의 인구를 합산한 것을 표준인구로 사용하였다.

$$2010\text{년도의 표준화율} = \frac{5,067.5}{96,781,922} = \text{인구 10만 명당 } 5.24\text{명}$$

$$1996\text{년도의 표준화율} = \frac{4,529.9}{96,781,922} = \text{인구 10만 명당 } 4.68\text{명}$$

즉 2010년과 1996년의 농약 중독 사망의 조율은 각각 10만 명당 6.35명, 4.11명이며 각 연도의 인구구조를 살펴보면 1996년도에 비해서 2010년도의 60세 이상 인구비율이 약 2배 증가한 것을 확인할 수 있다(표 4-9). 농약 중독 사망이 주로 고령에서 많이 발생하는 것을 고려해 볼 때 고령층이 많이 포함된 인구집단에서 농약 중독 사망자가 많이 발생했을 것이라고 예측할 수 있다. 따라서 2개 연도의 자료를 연령표준화 방법을 통해 동일한 연령구조를 적용하여 표준화율을 산출해 보면 2010년도는 5.24명, 1996년도는 4.68명이 산출된다(표 4-10). 연령표준화를 통해 2010년도에 고령층이 많이 포함되어 있는 효과를 제거했음에도 불구하고 1996년에 비해서 2010년도의 농약 중독사망률이 높다고 할 수 있다.

한편 일반 인구집단을 비교군으로 하여 관심 인구집단에서의 사망(이환)률을 비교하고자 할 때 표준화사망(이환)비(standardized mortality or morbidity ratio)라는 지표를 사용한다. 표준화사망비는 관심 인구집단에서 실제 관찰된 사망자 수를 가상적인 기대사망자 수로 나누어 줌으로서 산출한다. 이때 가상적인 기대사망자 수를 계산하는 방식은 일반 인구집단에서의 연령별 율이 관심 집단에 적용되었을 때 산출되는 사망자 수를 의미한다. 국내 일반 인구집단에 비해서 농업인 집단의 표준화사망비를 산출하는 예시는 〈표 4-11〉과 같다.

〈표 4-11〉 일반 인구집단과 농업인구의 연령별 연평균 사망자 수, 1996-2010

연령	일반 인구집단			농업 인구집단		
	사망자(A)	일반 인구수(B)	사망률 (A/B)	사망자	농업 인구수(C)	기대사망자수 (A/B×C)
15-19	1,570	3,540,569	0.00044	11	3,333	1.47
20-29	5,189	7,922,024	0.00066	154	43,000	28.4
30-39	9,803	8,743,934	0.00112	652	145,267	162.7
40-49	19,652	7,720,484	0.00255	1,889	314,067	800.9
50-59	28,194	5,091,977	0.00554	4,257	463,000	2,565.0
≥ 60	176,118	5,923,394	0.02973	29,567	900,933	26,784.7
합계	240,526	38,942,382		36,530	1,869,600	30,343.2

$$\text{표준화사망비} = \frac{\text{관찰된 사망자 수}}{\text{기대 사망자 수}} = \frac{36,530}{30,343.2} = 1.20$$

즉 농업 인구집단에서의 사망은 일반 인구집단에 비해서 20% 높다고 해석할 수 있다. 앞서 농약 중독 시 산출했던 연령표준화율은 동일한 표준인구수를 기준으로 중독자 수를 산출하였기 때문에 1996년과 2010년의 농약 중독률은 직접 비교가 가능한 지표이다. 그러나 농업 인구집단이 아니라 다른 직업군의 표준화사망비를 산출했다면 이 때 산출된 표준화사망비와 농업인구집단의 표준화사망비를 서로 직접 비교하는 것은 적절치 않다. 왜냐하면 산출된 표준화사망비 값은 비교하려는 집단들의 연령구조에 영향을 받기 때문이다. 그러므로 표준화사망비는 표준인구와의 비교를 위한 목적으로만 사용되는 것이 적절하며 연령표준화율과 같이 다른 군과 비교하는 것은 적합하지 않다.

7) 신뢰도

신뢰도(reliability)란 동일한 내용을 반복적으로 측정할 때 동일한 측정결과를 가져올 수 있는 정도를 의미한다. 만약 어떤 측정도구를 동일한 현상에 반복 적용하였을 때 항상 같은 결과를 얻게 된다면 이 측정도구는 신뢰성이 높다고 볼 수 있다. 보건학에서는 설문 문항에 대해서 신뢰도 검사를 많이 실시하고 있으며 설문 문항의 신뢰도가 높아야만 연구에 활용할 수 있다. 특히 농약 노출에 의한 건강영향을 평가하기 위해서는 설문조사를 많이 실시하고 있어 각 설문 항목들이 역학 연구에 활용될 수 있는 신뢰도를 갖고 있는지 검증하는 것은 우선적으로 중요하다.

신뢰도를 측정하는 방법으로 가장 많이 사용되고 있는 것은 동일한 대상에게 시간적 간격을 두고 동일한 문항을 반복적으로 측정하는 재검사법이다. 이때 같은 설문문항을 기억에 의존하지 않고 답할 수 있는 잊어버리기에 충분한 기간이면서, 동시에 묻는 문항의 내용이 변하지 않는 기간 설정이 중요하다. 즉 너무 짧으면 첫 번째 응답했던 내용을 기억에 의존해 그대로 답할 가능성이 있으며, 너무 길면 실제 내용이 변화될(예, 농약 살포자가 유기농으로 전환) 가능성이 있다. 일반적으로 1개월 정도가 단순한 회상을 피할 수 있도록 충분히 길고, 생활 양상의 일관성을 유지하기에 충분히 짧은 기간으로 판단하고 있으나 조사하는 항목에 따라 조사 간격이 조절될 수 있다.

미국농업인건강연구에서는 농약 사용 여부에 대한 설문 항목의 신뢰도 지수(카파)가 0.7-0.9로서 흡연과 음주 항목과 비슷한 정도의 신뢰도를 보였고, 육체 활동이나 식이항목보다는 높은 신뢰도를 보여 역학연구에서 유용하게 사용될 수 있다는 것을 보고 하였다. 한편 미국 과수 농민들을 대상으로 한 연구에서도 설문을 통한 농약 사용 항목에 대한 신뢰도가 역학적으로 사용될 충분한 수준이며 연령에 따라서 크게 변화하지는 않았다고 보고하였다. 스페인에서는 작물형태, 농약사용 시점, 개인보호구 착용 등의 항목에 대해서는 높은 신뢰도를 보였으나 개별 농약 및 농약사용 기간 등에 대해서는 낮은 신뢰도를 보고한 바 있다. 또한 미국에서 실시된 유방암 환자-대조군 연구, 캐나다에서 실시된 파킨슨병 환자-대조군 연구, 이탈리아의 흑색종 환자-대조군 연구에서는 농약 사용 여부에 대해 각각 0.63, 0.47, 0.37 등의 카파 통계량을 보고한 바 있다.

비록 외국에서 일부 문항들이 신뢰도와 타당도가 검증되었다고 하더라도 연구 대상자들의 일반적 특징 즉 교육수준, 연령, 문화적 배경 및 생활양식이 다른 한국인에서는 같은 타당도나 신뢰도를 유지할 수 있다고 보기 어렵다. 또한 농약 노출 평가에 있어서 생물학적 지표 사용이 지극히 제한된 상황에서 농약 노출 평가를 위해 설문에 많이 의존하고 있으며 따라서 우리나라에 맞는 설문 문항 개발 그리고 개발된 설문 항목들에 대한 타당도와 신뢰도 평가는 중요하다. 농약 노출 문항의 신뢰도 산출 시 기존 역학 연구에서 흔히 사용되는 흡연, 음주, 운동, 식이력 등의 생활습관 항목들과 비교해서 어떠한 수준인지를 파악하여 활용 가능성을 판단하는 것이 필요하다.

우리나라에서도 2010년도에 처음으로 일부 농업인을 대상으로 농약 노출 평가에 활용되는 설문 항목들에 대한 신뢰도 결과가 보고되었다. 이 연구에 의하면 농약 사용 여부 및 기간에 대한 문항들은 전체적으로 높은 신뢰도 값을 나타내었으며 흡연, 음주, 운동 항목과는 비슷하고 식이 습관보다는 다소 높은 수준의 신뢰도를 나타내었다. 따라서 총 농약 살포 문항들에 대한 자가보고 정보들은 생활습관 항목들과 같이 역학연구에서 활용될 수 있을 것으로 판단된다. 그러나 개인 보호 장비와 위생행위 항목들은 비교적 낮은 신뢰도를 보였고, 특히 개방형으로 질문한 개별 농약 사용 항목 및 농약 살포 방식에 대한 응답률은 매우 낮았으며, 신뢰도 수준도 각 농약별로 큰 차이를 보여 주었다. 한편 농약 살포 연수에 비해 살포 일수에 대한 문항의 신뢰도가 상대적으로 낮은 것으로 나타났다. 이는 농약 살포 작업이 연중 일정하게 이루어지기보다는 농번기에 집중적으로 이루어지고, 날씨에 영향을 많이 받기 때문에 살포 일수가 살포 연수보다 가변적이기 때문인 것으로 판단된다. 그리고 농업인들이 개인 보호구의 형태나 종류를 정확하게 구분하지 못했을 가능성도 배제할 수 없기 때문에 설문에 해당 보호구에 대한 그림이나 사진 등을 첨부하여 이해를 돕는 것도 신뢰도를 높이기 위해 중요하다.

8) 타당도

타당도(validity)란 적용된 검사방법이 참값을 얼마나 정확히 표시하느냐를 평가하는 것이다. 농약 노출에 대한 정보가 거의 전적으로 개인의 응답에 의존하기 때문에 각 문항들의 타당도 검정이 중요하다. 농사 경력과 전체 농약 사용 여부에 대한 정보는 상대적으로 용이하게 파악될 수 있으나 개별 농약 사용에 대한 정보는 특히 파악하기 어렵다. 농약에 대한 연구가 전체 농약 사용여부보다는 개별 농약에 의한 건강영향을 파악하는 방향으로 나아가고 있어 개별 농약 사용에 대한 파악은 매우 중요하다. 그러나 타당도에 대한 연구는 참값(gold standard)을 설정하는 것이 어렵기 때문에 국내외적으로 제한적으로 실시되었다.

농약 연구에서 타당도를 검사한 방법으로는 농약의 등록시점을 이용하여 농업인들이 자가 보고한 농약의 처음 사용 시기를 검증하거나, 기존의 자세한 보고를 참 값으로 설정하여 최근 보고 자료와 비교한 연구들이 진행된 바 있다. 또한 설문 정보를 사용해 만든 노출 지수와 소변 중 농약 대사산물 농도와의 비교를 통해 타당도를 검사하기도 한다. 이러한 타당도 평가는 설문을 통해 산출된 농약 노출 정도가 역학적으로 유용하다는 것을 과학적으로 뒷받침해 주는 중요한 역할을 담당하고 있다.

국내에서도 연구 대상자들이 지난 1년간 실제 구입한 농약 목록을 농협을 통해 확보하여 참값으로 설정한 후 개별 농약에 대한 타당도 검사를 수행한 바 있다. 즉 농업인들이 지난 한 해 동안 주로 사용하였다고 보고한 개별 농약 상품명을 연구 대상자들이 농협에서 실제 구입한 농약 목록과 비교한 결과, 농협에서 구입한 농약의 개수는 일인당 평균 16.9개였으나, 면접조사 시 사용하였다고 보고한 농약 개수는 평균 3.8개였다. 그리고 연구 대상자가 농협에서 실제 구입한 농약 중에서 면접조사 시 보고된 농약의 분율은 평균 9.2%(0-

22.7%)로 매우 낮았으며, 보고한 농약 중에서도 실제로 농협에서 구입한 목록에 포함되어 있는 농약의 분율은 36%에 불과하였다.

이러한 결과는 설문을 통해 개별 농약 사용력을 파악하고 있는 미국 연구들과 대비되는 것으로 향후 우리나라에서 농약 연구를 실시하는 방향성 설정에 의미하는 바가 크다고 할 수 있다. 우리나라 농업인이 상대적으로 고령이고 사회경제적 수준이 낮아 개별적으로 심층 인터뷰를 하지 않는 한 일반적인 설문조사로서 개별 농약에 대한 정확한 정보를 얻기가 어려울 수 있다. 그 대신 신뢰도와 타당도가 높은 가능한 다른 정보들을 토대로 추론하는 방식이 더 적합할 수 있다. 즉 구체적인 개별 농약 정보 대신에 타당도가 높은 작목형태 및 경지 면적에 대한 정보를 통해 개별 농약 사용을 추정하는 방법을 고려하는 것도 유용할 것으로 판단된다. 프랑스의 농업인 코호트에서도 이와 유사하게 농약 노출을 개인별 조사가 아닌 직업-노출 매트릭스를 통해 평가하고 있다.

대규모 역학 조사에서는 모든 대상자에게 자세한 정보를 얻기가 현실적으로 어렵기 때문에 전체에 대해서는 대략적인 정보를 얻고 일부 집단에서는 자세한 조사를 통해 보완하는 방식을 취할 수 있다. 이러한 과정을 2단계 연구(two-stage design)라고 하며 이때 대략적인 정보와 자세한 정보 결과들 간의

■ 신뢰도와 타당도에 활용되는 지표들

신뢰도에 사용되는 지표들로는 여러 가지가 있으며 조사하고자 하는 변수의 성격에 따라 사용되는 지표들이 달라진다. 농약 살포 여부, 살포 시 역할 등의 이분 범주형 척도에는 백분율 일치도(percent agreement)와 카파 통계량(kappa statistic)을 산출하며, 살포 기간, 살포 일수, 살포 시간, 최초 살포 나이 등의 연속형 척도에서는 급내상관계수(intraclass correlation coefficient)를 산출한다. 개인 보호 장비 및 위생 행위 실천 여부를 순위형 척도로 조사하였다면 가중 카파 통계량(weighted kappa statistic)을 적용한다. 그 외에 상관계수, 단순일치율 등이 신뢰도 평가 지표로 사용될 수 있다. 타당도를 위해서는 민감도(sensitivity)와 특이도(specificity)지표가 주로 사용된다. 만약 민감도와 특이도를 직접 산출할 수 없을 때에는 신뢰도 지표를 사용하여 타당도를 추론하는 데 활용할 수 있다.

타당도와 신뢰도를 비교하는 것은 일부 집단의 결과를 전체 대상자에게 적용할 수 있는지를 판단하기 위해 매우 필요하다. 즉 타당도, 신뢰도, 2단계 연구는 서로 연결되는 개념들이며 농약을 비롯한 환경역학 연구에서 자주 적용되는 방식들이다. 국내 농약 연구에서도 대규모 농업인을 대상으로 농작업에 대한 개략적인 1단계 조사를 한 후, 일부 대상자에 대해서 자세한 정밀설문 및 생체시료 조사를 진행하면서 정확도와 신뢰도를 효율적으로 파악하는 것이 필요하다.

주요 참고문헌

이경무, 전재범, 박동욱, 이원진. 〈건강근로자효과의 최소화 방안과 보정 방법〉. 《한국환경보건학회지》. 2011;37(5):342-7.

Agricultural Health Study. http://www.aghealth.org

Blair A and Thomas TL. Leukemia among Nebraska farmers : a death certificate study. *American Journal of Epidemiology*. 1979;110(3):264-73.

Blettner M, Sauerbrei W, Schlehofer B, Scheuchenpflug T, Friedenreich C. Traditional reviews, meta-analyses and pooled analyses in epidemiology. *International Journal of Epidemiology*. 1999;28(1):1-9.

Cha ES, Lee YK, Moon EK, Kim YB, Lee YJ, Jeong WC, Cho EY, Lee IJ, Hur J, Ha M, Lee WJ. Paraquat application and respiratory health effects among South Korean farmers. *Occupational and Environmental Medicine*. 2012;69(6) :398-403.

Checkoway H, Pearce N, Kriebel D. Selecting appropriate study designs to address specific research questions in occupational epidemiology. *Occupational and Environmental Medicine*. 2007;64(9):633-8.

Gunnell D, Fernando R, Hewagama M, Priyangika WD, Konradsen F, Eddleston M. The impact of pesticide regulations on suicide in Sri Lanka. *International Journal of Epidemiology*. 2007;36(6):1235-42.

International Agency for Research on Cancer. AGRICOH : a consortium of agricultural cohort studies. http://agricoh.iarc.fr

Kass D, McKelvey W, Carlton E, Hernandez M, Chew G, Nagle S, Garfinkel R, Clarke B,

Tiven J, Espino C, Evans D. Effectiveness of an integrated pest management intervention in controlling cockroaches, mice, and allergens in New York City public housing. *Environmental Health Perspectives*. 2009;117(8):1219-25.

Lee WJ, Son M, Chun BC, Park ES, Lee HK, Coble J, Dosemeci M. Cancer mortality and farming in South Korea : an ecologic study. *Cancer Causes & Control*. 2008;19(5):505-13.

Lee WJ, Hoppin JA, Blair A, Lubin JH, Dosemeci M, Sandler DP, Alavanja MC. Letters to the editor. The authors reply. *American Journal of Epidemiology*. 2005;161(1):102-3.

Lee WJ, Blair A, Hoppin JA, Lubin JH, Rusiecki JA, Sandler DP, Dosemeci M, Alavanja MC. Cancer incidence among pesticide applicators exposed to chlorpyrifos in the Agricultural Health Study. *Journal of the National Cancer Institute*. 2004;96(23):1781-9.

Lee WJ, Cantor KP, Berzofsky JA, Zahm SH, Blair A. Non-Hodgkin's lymphoma among asthmatics exposed to pesticides. *International Journal of Cancer*. 2004;111(2):298-302.

Manuweera G, Eddleston M, Egodage S, Buckley NA. Do targeted bans of insecticides to prevent deaths from self-poisoning result in reduced agricultural output? *Environmental Health Perspectives*. 2008;116(4):492-5.

McDuffie HH, Pahwa P, McLaughlin JR, Spinelli JJ, Fincham S, Dosman JA, Robson D, Skinnider LF, Choi NW. Non-Hodgkin's lymphoma and specific pesticide exposures in men : Cross-Canada Study of Pesticides and Health. *Cancer Epidemiology, Biomarkers & Prevention*. 2001;10(11):1155-63.

National Institute for Occupational Safety and Health. The Upper Midwest Health Study. http://www.cdc.gov/niosh/topics/agriculture/UMHS.html

Roberts DM, Karunarathna A, Buckley NA, Manuweera G, Sheriff MH, Eddleston M. Influence of pesticide regulation on acute poisoning deaths in Sri Lanka. *Bulletin of the World Health Organization*. 2003;81(11):789-98.

Rothman KJ, ed. *Epidemiology : An Introduction*. New York : Oxford University Press. 2002.

Thomas KW, Dosemeci M, Coble JB, Hoppin JA, Sheldon LS, Chapa G, Croghan CW, Jones PA, Knott CE, Lynch CF, Sandler DP, Blair AE, Alavanja MC. Assessment of a pesticide exposure intensity algorithm in the Agricultural Health Study. *Journal of Exposure Science & Environmental Epidemiology*. 2010;20(6):559-69.

Thompson B, Coronado GD, Vigoren EM, Griffith WC, Fenske RA, Kissel JC, Shirai JH, Faustman EM. Para ninos saludables : a community intervention trial to reduce organophosphate pesticide exposure in children of farmworkers. *Environmental Health Perspectives*. 2008;116(5):687-94.

Turner MC, Wigle DT, Krewski D. Residential pesticides and childhood leukemia : a systematic review and meta-analysis. *Environmental Health Perspectives*. 2010;118(1):33-41.

Van Maele-Fabry G, Lantin AC, Hoet P, Lison D. Residential exposure to pesticides and childhood leukaemia : a systematic review and meta-analysis. *Environment International*. 2011;37(1):280-91.

Waggoner JK, Kullman GJ, Henneberger PK, Umbach DM, Blair A, Alavanja MC, Kamel F, Lynch CF, Knott C, London SJ, Hines CJ, Thomas KW, Sandler DP, Lubin JH, Beane Freeman LE, Hoppin JA. Mortality in the Agricultural Health Study, 1993-2007. *American Journal of Epidemiology*. 2011;173(1):71-83.

제5장

농약 노출에 의한 만성 건강영향

chronic health effects

1. 주요 건강영향 및 취약집단

농약에 의한 건강영향에는 노출 후 단기간에 나타나는 미세한 생리·생화학적 변화 및 임상증상으로부터, 수년 또는 수십 년 이후에 나타나는 만성 건강영향들이 포함될 수 있다. 그런데 급성 건강영향과는 달리 만성 건강영향들은 농약과의 연관성을 파악하기가 매우 어렵다. 우선 농약 노출 시점 자체가 불분명하며 이로 인한 질병 시작 시점(induction period)을 결정하기 어렵고, 질병의 시작부터 발현까지의 기간(latent period)이 길어 농약 노출과 질병 발생과의 원인적 연관성을 파악하는 것이 쉽지 않다. 또한 동일한 농약이라 하더라도 노출 강도와 방식에 따라 다른 형태의 건강영향을 보일 수 있다. 그리고 만성 건강영향들은 조사하고자 하는 농약 노출뿐 아니라 개인적 생활습관, 유전적 감수성 및 동시에 노출된 다른 환경요인들에 의해서도 영향을 받는다. 따라서 농약 노출로 인한 만성 건강영향을 파악하기 위해서는 조사하고자 하는 건강상태에 영향을 줄 수 있는 여러 환경 및 생활습관 요인들을 함께 조사하여 보정하는 것이 중요하다.

농약에 의한 만성건강영향에 대해서는 그동안 주로 직업적으로 농약에 노출되고 있는 농업인들 및 사업장 근로자들을 대상으로 연구가 진행되었다. 지금까지의 연구를 종합하면 일반적으로 직업적 농약 노출과 일부 만성 건강영향과의 원인적 연관성은 인정하면서도 아직 결과들이 일관적이거나 양-반응 관련성을 충분히 만족시키지는 못한 상황이다. 특히 각 개별 농약의 구체적인 건강영향 및 질병 기전에 대해서는 거의 알려진 것이 없다. 그럼에도 불구하고 지금까지 진행된 보건학적 연구들은 농약과 건강에 대한 중요한 결과들을 제시해 주고 있다.

그중에서도 특히 미국농업인건강연구는 농약과 만성 건강영향을 조사하는 가장 대표적인 연구로서, 이 연구를 통해 개별 농약들의 건강영향에 대해 본격적으로 보고되고 있다. 농약 노출과 관련되어 지금까지 주로 연구된 만성 건강영향들로는 악성종양을 비롯하여, 호흡기 질환(천식, 만성 기관지염, 폐기능 감소, 천명, 비염 등), 신경계 질환(우울증, 파킨슨병 및 말초신경염 등), 안과적 질환(망막변성 등), 그 외에 당뇨병, 손상, 폐경 시기의 변화 및 불임, 면역독성 등이 있다. 대부분의 건강영향들은 농약을 직접 살포하는 농업인들에게서 관찰된 것이지만 우울증, 망막변성, 기관지염, 폐경지연(delayed menopause) 등의 건강영향은 간접적으로 농약에 노출된 농업인의 배우자들에게도 관찰되었다. 이러한 결과들은 비록 초기단계이지만 다른 학문영역에서는 얻을 수 없는 인구집단에 대한 중요한 내용들이다.

1) 악성종양

가) 농약의 발암성

농약의 직업적 노출은 사람들에게 악성종양(cancer)을 발생시키거나 위험도를 높일 수 있다. 국제암연구소(International Agency for Research on Cancer)에 의해 현재까지 발암성이 확인된 경우(Group 1)로 분류된 농약들은 훈증제로 사용되는 ethylene oxide와 농약 제조시 부산물로써 형성되는 TCDD가 포함된다(표 5-1). 과거에 농약으로 사용된 적이 있는 비소를 함유한 살충제도 발암성이 확인된 경우로 분류된다. 발암성이 추정된 경우(Group 2A)는 농업인들에게 일반적인 노출 상황인 '살충제의 직업적 노출'을 포함하여 captafol, ethylene dibromide, nonarsenical inseciticides 등이, 발암성이 가능한 경우(Group 2B)는 aramite, DDT, para-dichlorobenzene 등이 포함되어 있다. 이러한 결정은 개별 농약의 암 위험도와 노출 정도에 따른 것으로 새로운 연구결과가 축적되면 일정 기간 이후에 재평가 작업을 하기도 한다.

농약 노출이 인간에게 암 발생 위험을 증가시키는 독성 기전은 아직 충분히 밝혀지지 않았으나 유전독성을 비롯하여 DNA 메틸화, 면역독성, 활성산화작용, 호르몬 작용 및 다른 발암물질과의 상호작용을 통한 기전들이 연구되고

〈표 5-1〉 국제암연구소에 의한 농약의 발암성 분류

분류	해당 농약
Group 1	2,3,7,8-tetrachlorodibenzo-*para*-dioxin(TCDD), ethylene oxide
Group 2A	captafol, ethylene dibromide, nonarsenical insecticides
Group 2B	1,2-dibromo-3-chloropropane, aramite, chlordane, chlordecone, chlorophenoxy herbicides, chlorothalonil, DDT(*p,p'*-DDT), dichlorvos, heptachlor, hexachlorobenzene, hexachlorocyclohexanes(lindane), mirex, nitrofen, *para*-dichlorobenzene, sodium *ortho*-phenylphenate, toxaphene(polychloronated camphenes)

출처 : Siemiatycki J et al. Listing occupational carcinogens. *Environmental Health Perspectives*. 2004.

있다. 특히 최근 농약들은 대부분 유전독성이 없는 물질들임에도 불구하고 역학연구에서 악성종양과 양-반응관련성을 보이기도 하여 다양한 기전이 관여하고 있는 것으로 판단된다.

농약과 악성종양과의 역학적 연관성은 미국에서 1970년대 생태학적 연구를 통해 가설이 생성되었으며, 1980년대에 들어서 농촌지역 주민과 농약 노출 직업군에 대한 사망률 및 환자-대조군 연구를 통해 활발히 진행되었다. 이러한 결과에 근거하여 농약을 포함한 농촌 환경이 농업인의 건강에 어떠한 영향을 주고 있는지 보다 분명한 인과 관계를 구명하고자 1993년 말 전향적 농업인 코호트 연구인 미국농업인건강연구가 시작되었다. 최근까지의 이 연구결과를 종합하면 일부 개별 농약들이 폐암, 백혈병, 혈액종양, 림프종, 다발성골수종, 췌장암, 대장암, 직장암, 방광암, 전립샘암, 뇌종양, 그리고 피부암 등과 유의한 연관성을 보였다.

그러나 기존의 농업인에 대한 악성종양 결과들은 주로 암 등록 자료가 상대적으로 잘 갖추어진 백인 남성 농업인들로 국한되어 있기 때문에, 농약에 의한 악성종양 위험도의 성별, 인종별 차이를 보는 데에는 제한점이 있다. 따라서 농업인에서의 악성종양에 대한 종합적인 이해를 위해서는 노출 상황과 환경요인이 서로 다른 각 나라별 다양한 인종 및 직업에서의 연구들이 필요하다.

■ **국제암연구소의 발암성 분류(IARC monographs)**

세계보건기구 산하 국제암연구소(IARC)에서는 인체 발암성이 의심되는 물질(agent) 또는 노출상황(exposure circumstance)을 선정하여 발암정도를 평가하고 있다(http://monographs.iarc.fr). 발암성 평가를 위해서 해당 요인에 대한 노출 정도, 역학적 결과, 동물 발암성, 기타 발암 기전별 연구 결과들을 각 분야 전문가들이 나누어 종합적으로 평가한 후 회의를 통해 등급을 결정한다. 이때 가장 중요한 역할을 하는 것은 역학적 결과이며 분류기준은 아래와 같다.

Group 1 : 발암성이 확인된 경우(carcinogenic to humans)
Group 2A : 발암성이 추정된 경우(probably carcinogenic to humans)
Group 2B : 발암성이 가능한 경우(possibly carcinogenic to humans)
Group 3 : 발암성이 미분류된 경우(not classifiable)
Group 4 : 비발암성으로 판단된 경우(probably not carcinogenic to humans)

나) 주요 농약 및 악성 종양

유기염소계 농약은 암 발생과 관련되어 가장 많이 연구된 농약으로서 비호지킨림프종, 백혈병, 중추신경계암, 전립샘암, 췌장암, 간암 및 유방암 등의 위험성을 높이는 것으로 보고되고 있다. 암 발생과 연관된 대표적인 유기염소계 농약들로는 DDT, chlordane, lindane, methoxychlor, toxaphene 등이 언급되고 있으나 개별 농약들에 대한 연구결과들이 항상 일치하지는 않는다.

여러 유기인계 농약들(crotoxyphos, dichlorvos, famphur, diazinon, fonofos, malathion, phorate 등)도 백혈병, 비호지킨림프종, 전립샘암 발생의 위험을 증가시키는 것으로 보고되었다. 특히 동물실험에서는 발암성이 보고되지 않았던 chlorpyrifos라는 유기인계 농약에 직업적으로 노출될 경우 폐암 발생이 증가된 것으로 보고된 바 있어, 농약 관리에 있어서 인구집단을 근거로 한 역학적 평가의 중요성이 강조되었다. 그 외 carbofuran이라는 카바메이트계 살충제는 비호지킨림프종, 뇌종양, 폐암 발생과 연관된 것으로 보고되고 있다.

페녹시 계통 제초제는 2,4-D, 2,4,5-T, MCPA 등의 농약을 포함하는 것으로 비호지킨림프종, 백혈병, 연조직육종, 전립샘암 발생 증가와 관련된 것으로

■ DDT와 유방암 연관성 논란

DDT(dichlorodiphenyltrichloroethane)는 1874년 독일 화학자 Zeidler에 의해서 처음 합성된 물질로서 1939년 스위스 화학자 Paul Muller에 의해 살충작용이 발견되었으며, 1944년 이후 상품화되어 말라리아 및 티푸스 관리에 전 세계적으로 광범위하게 사용되었다. 그러나 긴 잔류성과 지방 축적성 및 잠재적 독성으로 논란을 빚다가 미국에서는 1972년 사용이 금지되었다. 우리나라를 포함하여 대부분의 나라에서도 1970년대에 사용이 금지되었으나 아직도 아프리카, 일부 아시아 및 중남미 국가에서는 사용되고 있다.

DDT는 동물실험에서 간에 발암작용이 있는 것이 확인되었으며 사람에서는 잠재적인 발암성이 고려되고 있다(IARC Group 2B). 특히 DDT는 동물실험에서 에스트로젠 수용체를 자극시키는 효과를 갖고 있는 것으로 알려져 유방암과의 연관성이 많이 연구되었다. 1993년도에 뉴욕에서 실시한 환자-대조군 연구를 통해 혈중 DDT의 대사물질(*p,p'*-DDE) 농도가 높은 여성이 유방암의 위험도가 4배 높다는 연구를 발표한 이래 많은 관심을 받게 되었으나 이후 일련의 연구들에서 검증되지는 못하였다. 이러한 결과의 차이에는 DDT의 노출 시점이 중요한 영향을 주는 것으로 보고된 바 있다. 또한 기존 대부분 연구에서 사용된 단면적인 대사산물 측정값은 1970년대 DDT가 금지된 후 측정된 값들이어서 개인별 몸무게 변화 및 DDT 반감기에 따른 노출값 변화를 파악하는 데 제한점이 있다.

보고된 바 있다. Triazine 계통 제초제는 atrazine, simazine, propazine, terbutylazine, cyanazine 등을 포함하고 있는 농약들로서 주로 전립샘암과 난소암 등과의 연관성이 보고된 바 있다. 그 외 alachlor 제초제는 농업인에서 백혈병 발생 증가와 연관된 것으로 보고되었다.

한편 최근까지의 역학적 결과를 정리하여 악성종양과 유의한 양-반응관계를 보인 개별 농약들이 〈표 5-2〉와 같이 정리된 바 있다. 이 중에서 전립샘암은 서구에서 발생률이 높은 악성종양으로 다른 부위에 비해 상대적으로 많은 연구들이 진행되어 왔다. 특히 butylate, chlordecone, DDT, fonofos, lindane, simazine 농약들과 연관성이 제시되고 있으며 기전을 분명히 밝히기 위해 분자역학적 연구들이 진행되고 있는 단계이다.

〈표 5-2〉 악성종양과 유의한 역학적 관련성을 보인 개별농약들

암종	농약물질	기능분류	계통분류
전립샘암	butylate	제초제	티오카바메이트계
	chlordecone	살충제	유기염소계
	DDT	살충제	유기염소계
	fonofos	살충제	유기인계
	lindane	제초제	유기염소계
	simazine	제초제	트리아진계
폐암	chlorpyrifos	살충제	유기인계
	diazinon	살충제	유기인계
	dieldrin	살충제	유기염소계
결장암	aldicarb	살충제	카바메이트계
	dicamba	제초제	벤조산계
	EPTC	제초제	티오카바메이트계
	imazethapyr	제초제	이미다졸리논계
	trifluralin	제초제	디니트로아닐린계
직장암	chlordane	살충제	유기염소계
	chlorpyrifos	살충제	유기인계
	pendimethalin	제초제	디니트로아닐린계
췌장암	DDT	살충제	유기염소계
	EPTC	제초제	티오카바메이트계
	pendimethalin	제초제	디니트로아닐린계
흑색종	carbaryl	살충제	카바메이트계
	maneb/mancozeb	살균제	디치오카바메이트계
	parathion	살충제	유기인계
	toxaphene	살충제	유기염소계
백혈병	chlordane	살충제	유기염소계
	diazinon	살충제	유기인계
비호지킨림프종	chlordane	살충제	유기염소계
	lindane	제초제	유기염소계
방광암	imazethapyr	제초제	이미다졸리논계

출처 : Alavanja MC and Bonner MR. Occupational pesticide exposures and cancer risk : a review. *Journal of Toxicology and Environmental Health. Part B, Critical Reviews.* 2012.

비호지킨림프종은 농약 노출과 관련되어 많이 보고되고 있는 대표적인 악성 종양이다. 비호지킨림프종의 위험도를 높이는 농약들로는 페녹시계 제초제, 유기염소계 살충제, 유기인계 살충제, 카바메이트계 및 살균제 등 다양한 종류가 보고된 바 있다. 환자-대조군 연구들에 대한 메타분석에 의하면 농약을 살포하는 농업인의 경우 비호지킨림프종에 걸릴 위험성이 약 35% 유의하게 증가한다고 보고된 바 있다. 한편 미국에서 진행된 연구에 의하면 일부 농약들(dieldrin, lindane, toxaphene, atrazine)에 노출된 경우 14번 염색체의 일부가 18번 염색체로 전위(translocation)된 비호지킨림프종의 위험도를 증가시키는 것으로 나타나 농약 노출에 따른 유전-환경 상호작용이 일어날 수 있다는 것을 보여주었다. 반면 농약제조 사업장 근로자를 대상으로 한 후향적 코호트 연구에서는 대부분 유의한 연관성을 보이지 않아 비호지킨림프종 발생에 있어서 농업인이 갖고 있는 다른 농업환경 요인들과의 상호작용에 대한 자세한 연구가 필요하다.

한편 미국 중서부 지역의 환자-대조군 연구에 의하면 천식 자체는 비호지킨림프종의 위험도를 감소시킴에도 불구하고 천식 환자가 농약에 노출되었을 때는 비천식군보다 오히려 비호지킨림프종의 위험도가 증가되었다. 미국에서 실시된 또 다른 환자-대조군 연구에서도 천식의 중증도가 심할수록 즉 천식으로 입원한 경우 또는 치료약을 복용한 경우 농약 노출에 의해 비호지킨림프종의 발생 위험도가 더욱 커진다는 결과가 보고되었다. 그러나 오스트리아에서 실시된 환자-대조군 연구에서는 유의한 관련성을 발견하지 못해, 농약과 천식과의 상호작용에 대해서 다양한 후속 연구가 필요하다.

백혈병에 대해서도 농약 노출과 관련되어 많은 연구들이 있었으며 주로 유기인계 및 유기염소계 농약들이 관련되어 보고되었다. 아직까지 특정 농약에 대해 일관성 있는 연관성이 보고되지는 않았지만, 특히 유기인계 살충제로서 diazinon과 유기염소계 살충제인 chlordane은 백혈병 위험도와 양-반응 관련성을 보여주어 향후 깊이 있게 연구되어야 할 것으로 보인다.

폐암은 페녹시계 제초제 사용과 유의한 연관성이 보고되어 많은 관심을 받았으며, 최근 미국농업인건강연구를 통해서는 연령과 흡연을 보정한 상태에서 chlorpyrifos, diazinon, dieldrin들과 유의한 양-반응 관련성을 보였다. 그 외 carbofuran, dicamba, metolachlor, pendimethalin 등과의 농약들과도 연관성이 관찰되었다.

대장암은 일반적으로 농약 및 다른 환경요인들과 관련이 없는 것으로 생각된 악성종양이다. 그러나 유럽과 미국의 연구들에서 결장암이 aldicarb, dicamba, EPTC, imazethapyr, trifluralin 등과, 직장암은 chlordane, chlorpyrifos, pendimethalin 등과 유의한 연관성이 보고되었다. 비록 연관성에 대한 기전은 아직 밝혀져 있지 않았지만 역학적 양-반응관계는 뚜렷이 보고되고 있다.

뇌종양도 농작업과 유의한 연관성을 보여 지속적으로 관심을 받은 악성종양이지만 아직까지 개별 농약에 대한 연구는 적으며 일관된 결과를 보이지는 않고 있다. 미국 네브라스카 지역에서 1988년도부터 1993년도까지 뇌종양에 대한 지역 주민을 대상으로 한 환자-대조군 연구가 실시되어 일부 개별 농약들(metribuzin, paraquat, bufencarb, chlorpyrifos, coumaphos)이 뇌종양(원발성 두개내 신경교종, primary intracranial glioma)의 위험도를 유의하게 증가시켰다고 보고된 바 있다. 그러나 미국 국립산업안전보건연구원이 1990년대 초에 미국 중서부 지역을 대상으로 진행한 환자-대조군 연구에서는 유의한 증가를 발견하지 못하였다.

그러나 이러한 많은 보건학적 연구들이 실제 농약을 평가하거나 관리하는데 제대로 활용되지 못하고 있다. 미국농업인건강연구에서 지금까지 악성종양과 유의한 양-반응 관련성을 보여 준 개별농약들 중에서 현재 미국과 캐나다에 등록되어 있는 상황은 〈표 5-3〉과 같다. 비록 역학 연구들에서 악성종양과 유의한 연관성을 발견한 개별 농약들이라고 하더라도 아직 미국 환경보호국, 캐나다 농약관리국 그리고 국제암연구소에서 제대로 평가되지 않았거나, 발암성으로 고려되지 않은 물질들이 많다는 것을 알 수 있다. 따라서 개별 농약들에

〈표 5-3〉 미국농업인건강연구에서 악성종양과 양-반응관계를 보인 농약들의 분류현황

농약물질	기능분류	암종	기관		
			U.S. EPA[a]	PMRA[b]	IARC[c]
alachlor	제초제	혈액종양	추정(고용량)/비추정(저용량)	미등록	미평가
aldicarb	살충제	결장암	비발암성	미등록	미분류
carbaryl	살충제	흑색종	추정	재평가 중	미분류
chlorpyrifos	살충제	폐암, 직장암	비발암성	동물 발암성 없음	미평가
diazinon	살충제	모든 암, 혈액종양, 백혈병, 폐암	비추정	동물 발암성 없음	미평가
dicamba	제초제	결장암, 폐암	비추정	동물 발암성 없음	미평가
EPTC	제초제	모든 암, 결장암, 백혈병, 췌장암	비추정	동물 발암성 없음	미평가
imazethapyr	제초제	방광암, 결장암	비추정	재평가 중	미평가
metolachlor	제초제	폐암	가능	미등록	미평가
pendimethalin	제초제	폐암, 직장암, 췌장암	가능	동물 발암성 있음	미평가
permethrin	살충제	골수종	추정	동물 발암성 있음	미분류
trifluralin	제초제	결장암	가능	동물 발암성 있음	미평가

[a]U.S. EPA, Environmental Protection Agency : 미국 환경보호국
[b]PMRA, Pest Management Regulatory Agency : 캐나다 농약관리국
[c]IARC, International Agency for Research on Cancer : 국제암연구소
출처 : Weichenthal S et al. A review of pesticide exposure and cancer incidence in the Agricultural Health Study cohort. *Environmental Health Perspectives*. 2010.

대한 새로운 역학적 결과들에 근거하여 사람에서의 발암성에 대한 재평가가 이루어져야 하며, 이것은 개별 농약을 관리하는 데 매우 중요한 의미를 가진다.

한편 소아 악성종양의 환경적 위험요인에 대해서는 전리방사선 노출 외에 아직 많은 부분이 밝혀져 있지 않고 있으나 농약 노출과 관련되어 많은 연구들이 진행되고 있다. 최근 논문들에 의하면 환경적 농약 노출 및 부모를 통한 간접적인 노출이 소아 백혈병, 뇌종양, 림프종의 발생 위험도를 유의하게 증가시키는 것으로 보고되었다(표 5-4). 그 외에 유잉육종(Ewing's sarcoma), 연조직육

〈표 5-4〉 농약 노출과 소아 악성종양에 대한 위험도

농약 노출	소아 악성종양 위험도 (95% 신뢰구간)		
	백혈병	뇌종양	림프종
제초제	1.26 (1.14-1.39)	1.31 (1.08-1.60)	1.31 (1.02-1.67)
살충제	1.17 (1.03-1.33)	1.18 (1.06-1.33)	1.46 (1.20-1.78)
살균제	유의하지 않음	1.32 (1.06, 1.65)	1.45 (1.06-1.99)
가정 내 농약 사용(아버지)	1.26 (1.06-1.49)	1.48 (1.22-1.80)	1.35 (1.13-1.61)
가정 내 농약 사용(어머니)	1.56 (1.21-2.02)	유의하지 않음	1.48 (1.23-1.80)
아버지의 직업적 농약 노출	1.37 (1.23-1.52)	1.40 (1.20-1.62)	유의하지 않음

출처 : Vinson F et al. Exposure to pesticides and risk of childhood cancer : a meta-analysis of recent epidemiological studies. *Occupational and Environmental Medicine*. 2011.

종(soft tissue sarcoma), 윌름스종양(Wilm's tumor)에 대해서도 연관성이 보고되고 있다. 이러한 연관성은 농약의 종류에 따라서는 큰 차이가 없었으며 출산 전 노출이 특히 중요한 것으로 알려져 있다.

다) 국내 사례

악성종양은 우리나라에서 가장 많은 사망원인을 차지하고 있는 질환으로서 농림어업인에서도 수위를 차지하고 있다. 1996-2010년 사망원인통계 자료 분석에 의하면 농업인의 악성종양은 일반 인구집단에 비해서 약 40% 유의하게 높게 나타났다. 암의 종류별로는 식도암, 위암, 간암, 췌장암, 폐암, 백혈병, 뇌종양, 전립샘암의 사망률이 일반 인구집단보다 유의하게 높았고 대장암과 유방암은 낮게 나타났다. 한편 국민건강영양조사 자료를 통해서 살펴본 바에 의하면 농업인에서의 악성종양 유병률이 일반 인구집단보다 낮은 것으로 보고되고 있다. 이처럼 농업인에서 악성종양의 사망률은 높으나 유병률은 낮은 현상은 농업인에서 상대적으로 말기에 병원을 이용하는 중증 환자가 많기 때문으로 판단된다.

국내에서는 일부 농촌 주민 약 6천 명에 대한 추적 자료를 통해 농약을 사용하는 남성 농업인들에서 전체 암과 소화기계 암의 사망이 증가되었으나 여성 농업인은 모든 부위의 악성종양에서 유의한 차이를 보이지 않은 것으로 보고된 바 있다. 그리고 사망 자료와 농업총조사를 이용한 생태학적 연구에서도 지역별 농촌지표(farming index)가 높아질수록 일부 암(식도암, 위암, 뇌종양, 백혈병) 사망률이 유의하게 증가하였으며 대장암과 담낭암은 유의하게 감소되었다. 또한 우리나라에서 1995-2006년까지 통계청 출생신고 자료를 통해 등록된 6,843,945명의 소아에 대한 후향적 출생사망 코호트 자료에서는 농촌 지역일수록 소아 백혈병 사망의 위험도가 증가되었다.

한편 공군에 입대하여 감과 배를 재배하는 유실수반에 근무하여 2년 4개월 동안 농약을 살포하고 전역 후 비호지킨림프종이 발병한 사례가 있었으며, 산림병해충 방제용 농약을 살포 작업을 했던 산림청 소속 직원이 직업성 폐암으로 보상받은 경우도 있었다. 향후 우리나라에서 농약 노출과 악성종양과의 연관성에 대한 판단이 요구되는 상황이 많이 제기될 수 있어 각 직업군별로 농약 노출 상황에 대한 철저한 파악이 필요하다. 그리고 직업적으로 농약에 노출된다는 것 자체가 사람에게 암을 일으킬 가능성이 있다는 것을 기존 연구들을 통해 인식하는 것이 중요하다.

2) 신경계 질환

신경계 질환은 농약 노출과 관련된 대표적인 건강영향으로서 신경학적 증상(neurological symptoms), 신경행동기능 변화(neurobehavioral change), 우울증(depression), 말초 신경 기능 장애, 파킨슨병(Parkinson's disease), 근위축성측삭경화증(amyotrophic lateral sclerosis) 등에 대한 보고가 주로 이루어지고 있다. 미국농업인건강연구에서 농약 노출과 신경계 영향에 대한 최신 연구들을 정리하면 〈표 5-5〉와 같다.

〈표 5-5〉 미국농업인건강연구에서 농약 노출과 관련되어 보고된 신경계 질환들

질병	관련 농약
파킨슨병	2,4,5-T, benomyl, butylate, chlorothalonil, dicamba, lindane, methyl bromide, phorate, trifuralin
우울증	fumigants, fungicides, insecticides, organochlorines, organophosphates
근위축성 측삭경화증	aldrin, DDT, dieldrin, toxaphene
말초신경기능 장애	chlorpyrifos, coumaphos, dichlorvos, fonofos, phosmet, tetrachlorvinphos
신경행동기능 장애	ethoprop, malathion
신경학적 증상	carbamates, fumigants, fungicides, insecticides, organophosphates, organochlorines, pyrethroids
자살	유의하게 관련된 농약 없음

가) 신경학적 증상 및 신경행동기능 장애

급성 농약 노출에 따른 신경학적 증상은 잘 알려져 있는 건강영향이다. 여러 농약들 중 특히 유기인계 농약들이 비특이적인 임상증상(두통, 어지러움, 피로, 구토 등)의 위험도를 높이는 것으로 잘 알려져 있다. 이것은 유기인계 살충제가 아세틸콜린에스테라제의 억제 작용을 통해 해충의 신경기능에 영향을 주도록 만들어져 있어 사람에게도 잠재적인 신경독성을 갖는 것으로 설명된다. 그러나 유기염소계 농약들도 신경학적 증상의 위험도를 높이는 것으로 보고되고 있어 아세틸콜린에스테라제 외에 다양한 기전이 관여하는 것으로 생각되고 있다. 신경계 영향으로서 흥분, 우울, 불안 등의 정서장애, 기억력 및 집중장애 등 인지기능, 감각이상, 시력 및 냄새 변화 등 감각기능, 운동기능, 자율신경기능 등이 전반적으로 영향을 받은 것으로 보고되었다.

신경행동기능은 농약을 비롯한 많은 독성물질에 의해 영향을 받는다. 최근 연구들을 정리하면 농업인 또는 농약 살포자에서 직업적 농약 노출은 여러

신경행동 기능 즉 주의력, 시각 운동, 통합기능, 언어적 추상화, 복합개념 인지능력의 저하를 가져오는 것으로 보고되었다. 한편 프랑스에서 포도원 내 농약 살포자를 추적 조사한 연구에 의하면 만성적 농약 노출이 인지장애에 영향을 주어 이후 치매의 발생과도 연관 될 수 있는 것으로 보고된 바 있다. 특히 유기인계 농약이 가장 유의하게 신경행동기능의 변화를 초래하는 것으로 알려져 있다.

농약 노출과 신경발달 장애에 대한 연구는 주로 소아들을 대상으로 유기인계 및 유기염소계 농약 노출 연구들이 많이 실시되었다. 지금까지의 연구들을 종합하면 비록 결과들이 일관적이지 못하지만 임신 중 농약 노출은 태아의 신경발달을 저해하는 것으로 판단된다. 또한 소변 중 유기인계 농도가 높을수록 집중력 장애, 주의력 결핍 과잉행동장애의 위험도가 증가하는 것으로 보고되고 있어 소아에서의 농약 노출을 최소화하는 것이 필요하다. 소아의 자폐증도 농약 노출과 관련되어 있을 수 있다고 보고되었으며 농약에 의한 신경독성, 산화손상, 면역독성, 부모의 갑상샘 기능 저하 등이 가능한 기전으로 알려졌다. 관련 농약들로는 유기인계, 유기염소계, 피레스로이드계 등 다양한 농약들이 보고되었다. 특히 chlorpyrifos는 신경계 기능과 관련되어 많은 연구들이 보고되고 있으며 낮은 농도에서도 소아의 뇌발달에 구조적인 변화를 준다고 보고된 바 있다.

나) 파킨슨병

파킨슨병은 행동장애가 특징적으로 나타나는 퇴행성 신경 질환 중의 하나로서 연령이 증가함에 따라 발생률이 증가하는 양상을 보인다. 그러나 파킨슨병의 원인에 대해서는 충분히 밝혀져 있지 않은 상태이며 위험요인으로서 여러 유전 및 환경적 요인들이 관여하고 있는 것으로 보고된 바 있다. 그중 농약 및 농약 노출과 관련된 요인들(농촌 거주 및 농작업 종사, 우물물 섭취 등)에 대해서 현재까지 많은 연구들이 실시되었으며 대체로 일관되게 농약 사용이 파킨슨병의 위험도를 증가시키는 것으로 보고되고 있다.

최근 메타 연구에 의하면 농약 노출 여부에 따라서 파킨슨병이 약 60% 증가된 위험도를 보였으며 특히 제초제와 살충제의 위험도가 높았고 살균제의 경우는 유의한 연관성이 없는 것으로 나타났다(표 5-6). 이러한 결과는 개별 연구들의 농약 노출 평가 방식, 연구 지역 및 연구 형태 등에 상관없이 일관적으로 나타나 농약 노출과 파킨슨병과의 연관성을 강하게 뒷받침하고 있다.

파킨슨병과 관련된 개별 농약들로는 paraquat, maneb, chlorpyrifos, rotenone, DDT, dieldrin, heptachlor 등이 보고되고 있다. 특히 패러콧은 동물

〈표 5-6〉 농약 노출과 파킨슨병과의 연관성에 대한 메타분석 결과

특성	위험도 (95% 신뢰구간)
전체	1.62 (1.40-1.88)
농약 종류	
제초제	1.40 (1.08-1.81)
살충제	1.50 (1.07-2.11)
살균제	0.99 (0.71-1.40)
노출 평가 방법	
자가보고(노출 경험)	1.50 (1.26-1.78)
자가보고(정기적 노출)	1.71 (1.30-2.25)
직업명	2.50 (1.54-4.05)
연구 지역	
북미	1.44 (1.19-1.75)
유럽	1.76 (1.41-2.20)
기타	1.75 (1.12-2.75)
연구 형태	
환자-대조군 연구	1.67 (1.43-1.96)
코호트 연구	1.39 (0.92-2.10)
단면 연구	1.64 (0.37-7.29)

출처 : van der Mark M et al. Is pesticides use related to Parkinson disease? Some clues to heterogeneity in study results. *Environmental Health Perspectives*. 2012.

실험에서 도파민을 감소시키며 MPTP라는 파킨슨 증후군 유발 물질과 화학구조가 비슷하여 많은 관심을 받고 있다. 또한 maneb 농약은 파킨슨병과의 연관성이 알려진 망간을 함유하고 있어, maneb가 패러콧과 동시에 노출되는 경우 파킨슨병의 위험도를 크게 증가시킬 수 있는 것으로 알려졌다.

한편 국내에서 실시된 환자-대조군 연구에 의하면 농림어업 산업에 종사할 경우 파킨슨병의 위험도가 1.9배, 직업으로서 농업인인 경우는 1.6배 유의하게 증가된 결과가 보고되었으나 농약 노출과의 직접적인 조사는 아직 이루어진 적이 없다. 우리나라 농촌에서 노령인구가 증가함에 따라 농약 노출에 따른 파킨슨병과의 관련성에 대한 연구가 중요하다고 할 수 있다.

다) 우울증 및 자살

농업인이 경험하는 정신건강은 국내외적으로 주요한 건강문제 중의 하나이다. 외국의 여러 연구들에서는 농업인들이 일반 주민보다 상대적으로 높은 우울증 유병을 보이는 것으로 보고되고 있다. 우리나라 농업인들은 도시인에 비해 상대적으로 저소득, 힘든 노동, 지역적 불균형, 문화적 소외 등 우울증 위험요인들을 더 많이 갖고 있어 농약에 의한 위험에도 더 취약할 것으로 판단된다. 미국농업인건강연구에서 농약 중독 경험과 농약의 직업적인 만성 노출 자체가 우울증의 위험을 높였으며 농약 살포자의 배우자에서도 농약 중독 경험이 우울증의 위험도를 증가시킨 바 있다.

농약 중독 경험(poisoning history)이 우울증상(depressive symptom)의 위험을 높인다는 보고는 여러 나라 연구에서 상당히 일관적으로 지지되고 있다. 그러나 농약의 직업적 노출이 우울증과 연관성이 있는지에 대해서는 논란이 되고 있다. 농약 중독이라는 경험이 농약의 노출 지표보다는 보다 직접적인 건강영향이며 따라서 우울을 비롯한 다른 건강영향과도 누적 노출 지표보다 관련이 높을 것으로 판단된다. 즉 직업적 누적 노출은 단지 노출의 상황을 반영하지만 중독 경험은 보다 직접적인 건강영향을 나타내기 때문에 우울증과도 더 밀접한 관련이 있는 지표가 될 수 있다.

우리나라에서 농촌지역에 대한 우울증상 유병률 및 관련 요인에 대한 연구들은 대체로 전국 유병률과 비슷한 결과(9-33%)를 보고하고 있으나 농업인 자체에 초점을 맞추어 진행된 연구는 매우 부족하다. 우리나라 남성 농업인 조사에 의하면 2010년에 농업인 10.4%가 우울증상을 보고하였고, 직업성 농약 중독을 경험한 농업인의 경우 약 1.6배 증가된 우울증상 위험도를 보인 바 있다(표 5-7). 이러한 우울증 위험도는 보다 심한 농약 중독일수록 즉 심한 증상이거나, 의료기관을 이용한 경우이거나, 여러 번 중독된 경우 더욱 증가되었다. 따라서 농약 중독자들을 되도록 조기에 발견하고 치료하는 것이 우울증 예방을 위해 중요하다.

농약 복용이 자살(suicide)의 한 방법으로서만 단순히 평가되어 왔으나 농약

〈표 5-7〉 국내 남성 농업인에서 농약 중독 중증도별 우울증 위험도

특성	우울증상 없음	우울증상 있음	위험도 (95% 신뢰구간)
	인원수 (%[a])	인원수 (%)	
급성 직업성 농약 중독			
아니오	1,320 (76.0)	138 (69.3)	1.00 (비교군)
예	376 (23.9)	56 (30.7)	1.61 (1.10-2.34)
농약 중독의 증상 강도			
증상 없음	1,320 (76.0)	138 (69.3)	1.00 (비교군)
경미한 증상	257 (16.3)	26 (13.6)	1.05 (0.64-1.70)
중간 증상/심각한 증상	119 (7.6)	30 (17.1)	2.81 (1.71-4.63)
농약 중독 후 치료 형태			
농약 중독 없음	1,320 (76.0)	138 (69.3)	1.00 (비교군)
미치료	306 (19.8)	42 (23.2)	1.45 (0.96-2.20)
자가치료	28 (1.8)	5 (2.4)	2.04 (0.75-5.56)
외래/입원	42 (2.4)	9 (5.1)	2.52 (1.15-5.53)

[a]표본조사로 인한 가중치 적용 퍼센트

출처 : Kim J et al. Depressive symptoms and severity of acute occupational pesticide poisoning among male farmers. *Occupational and Environmental Medicine*. 2013.

〈그림 5-1〉 농약 노출과 자살과의 가설

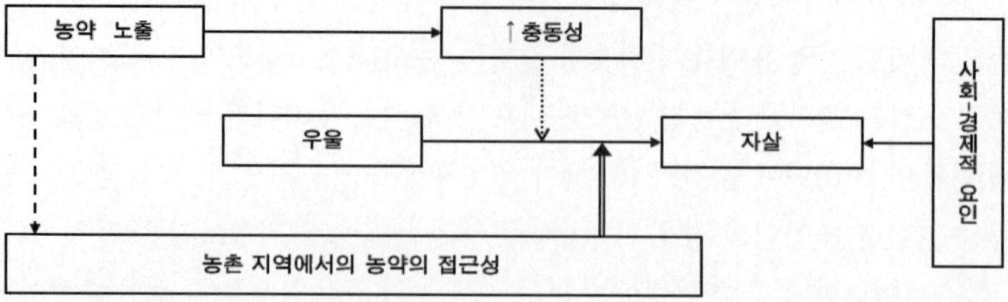

출처 : London L et al. Suicide and exposure to organophosphate insecticides : cause or effect? *American Journal of Industrial Medicine.* 2005.

에 노출되는 것 자체가 농약 복용의 중요한 원인이라고 설명되기도 한다(그림 5-1). 즉 농약의 장기적 노출은 신경행동학적 영향을 통해 우울증이나 충동성을 증가시키고, 이것은 농약에 대한 접근성이 쉬운 상황에서 농약 복용과 직접적으로 연결될 수 있다. 이처럼 농약이 단지 자살의 수단으로 사용된 것을 넘어 농약복용의 원인이 될 수 있다는 가설은 자살의 문제를 개인이 아닌 환경보건학적 관점에서 바라보는 데 중요하다. 따라서 우리나라에서 그동안 농촌에서의 높은 자살률과 재해율을 단순히 개인의 부주의나 성격적인 요인에서 다루어 온 것을 벗어나 농약 노출이라는 입장으로 접근할 필요가 있다.

라) 근위축성측삭경화증

근위축성측삭경화증(amyotrophic lateral sclerosis)은 루게릭병으로도 알려진 운동신경세포병으로 대뇌의 운동신경세포가 점진적으로 사멸되는 드문 질환이다. 이 질환과 농약 노출 사례는 1987년 영국에서 59세 남성이 밀폐된 방에서 pyrethrin과 chlordane 성분의 살충제로 작업을 한 후 운동신경세포병으로 급속하게 진행한 증례가 보고되면서 농약 노출이 발생 원인이 될 수 있다는 가설이 제기되었다. 이후 1993년에 브라질에서 유기염소계 살충제에 만성적으로 노출된 작업자가 운동신경세포병의 증상을 보인 증례가 보고되었으며,

2006년 일본에서 밀폐된 방에서 장기간 피레스로이드계 살충제를 사용하던 44세 여성이 임상적으로 명확한 근위축성측삭경화증의 증상을 보이다가 살충제 사용을 중지한 이후 상태가 호전되었던 증례가 보고되기도 하였다.

기존 연구들을 종합한 메타 결과에 의하면 농약 노출이 근위축성측삭경화증의 위험도를 약 2배 유의하게 증가시킨 것으로 보고된 바 있으며 특히 남성에서의 위험도가 여성보다 높았다. 한편 미국농업인건강연구 결과에서는 유기염소계 살충제를 비롯하여 피레스로이드계, 제초제, 훈증제 등 다양한 농약들이 근위축성측삭경화증과 연관성을 보였으며 특히 aldrin, dieldrin, DDT, toxaphene 등의 농약들과 연관성이 높았다. 비록 아직까지 대부분의 연구들은 환자-대조군 연구 형태로서 환자의 규모가 많지 않았고, 농약 노출을 평가하는 방식에 있어서도 제한점이 많지만 농약 노출과 근위축성측삭경화증 연관성은 근거 있는 것으로 판단되고 있다.

우리나라에서는 약 15년간 재활용품 및 폐농자재를 수거, 처리하는 과정에서 농약 빈병에 남아 있던 농약에 노출된 근로자에게서 근위축성측삭경화증이 발병된 사례가 보고된 바 있다. 이 근로자는 작업 초기 4년 동안 연간 평균 30회의 농약병 수거 작업을 하였으며 농업인들이 일반적으로 수백 배 이상 희석하여 사용하는 농약원제에 직접 노출되었다. 또한 농약병 수거작업 당시 적절한 보호구를 충분히 보급받지 못하였으며, 작업방식에 있어서도 반밀폐된 공간 내에서 작업한 경우가 많아 인체 내 노출 농도가 일반 농업인보다도 높았을 것으로 판단되었다.

마) 말초신경 기능장애

유기인계에 의한 지연성 다발신경병증(organophosphate-induced delayed polyneuropathy)은 고농도의 유기인계 농약에 급성 노출된 후 2-3주 뒤에 발생될 수 있는 말초신경계 질환으로 주로 다리의 감각이상, 저린 증상, 허약 및 마비 등이 특징적으로 나타나는 감각-운동신경성 말초신경병증이다. 우리나라에서도 1980년대 이후에 유기인계 중독 환자 중 지연성 다발신경병증 환자에 대한 사례들이 산발적으로 보고되고 있다. 발생 기전은 정확히 알려져 있지 않지만 신경 내에 존재하는 신경병증 표적 에스테라제(neuropathy target esterase)를 억제함으로써 신경 손상을 초래하는 것으로 보고되고 있다.

한편 만성 농약 노출과 말초신경전달 속도 감소와의 연관성에 대한 다양한 결과들이 보고되어 왔으나 결과가 일관적이지 못해 아직도 많은 논란이 있다. 외국 연구들에 의하면 농약 살포 농업인들에서 근전도 검사에서의 이상소견, 진동역치의 증가, 운동 및 감각신경 전도속도의 감소가 보고되기도 하였으나, 농약 제조공장 근로자를 대상으로 한 코호트 연구에서는 유기인계 농약의 만성 노출과 신경손상은 연관성이 없었다고 보고되기도 하였다. 이러한 각 연구 결과들의 차이는 연구 대상자의 사용 농약 종류나 노출 시간 및 노출 형태 등의 차이로 인한 것으로 판단된다.

우리나라에서는 남성 농업인을 대상으로 농약 살포 전후에 2회에 걸친 신경전도 검사를 시행한 바 있으며, 조사 결과 총 농약 살포 일수가 증가할수록 정중신경(median nerve)의 감각신경의 신경전도 속도가 유의하게 감소하였으며, 농약 살포로 인해 후경골신경(posterior tibial nerve)의 운동신경전도속도와 정중신경과 장딴지 신경(sural nerve)의 감각 전도속도가 유의하게 감소된 바 있다. 말초 신경에 대한 영향은 일반적으로 긴 신경이 먼저 영향을 받으며 감각신경이 운동신경보다 더 민감하게 손상받는 것으로 보고되고 있다.

3) 호흡기 질환

농약 노출은 여러 호흡기 질환의 위험성을 증가시키는 것으로 보고되고 있다. 특히 호흡기 증상(respiratory symptoms), 천식(asthma), 폐기능 감소(pulmonary function), 알레르기(allergy) 등에 대한 연구들이 많이 진행되었다. 그동안 보고된 연구들 중 개별 농약 정보가 조사된 주요 결과들을 요약하면 〈표 5-8〉과 같다.

〈표 5-8〉 호흡기 질환과 개별 농약 노출과의 연관성 연구들

저자	출판연도	나라	관련 농약	건강영향
Senthilselvan 등	1992	캐나다	carbamate insecticides	천식
Castro-Gutierrez 등	1997	니카라과	paraquat	호흡곤란, 천명
Dalvie 등	1999	남아프리카 공화국	paraquat	운동 중 동맥혈 산소 불포화도 증가
Zhang 등	2002	중국	insecticides	천명, 기침, 가래, 천식
Shenker 등	2004	코스타리카	paraquat	산소 불포화도 증가
Peiris-John 등	2005	스리랑카	organophosphates	제한성 폐기능장애
Hoppin 등	2006	미국	chlorpyrifos, dichlorvos, malathion, parathion, phorate	천명
Chatzi 등	2007	그리스	bipyridyl herbicides (parquat, diquat), carbamate insecticides, dithiocarbamate fungicides	알레르기 비염
Hoppin 등	2007	미국	carbofuran, DDT, heptachlor, malathion	만성기관지염
Hoppin 등	2007	미국	aldicarb, DDT, lindane	농부폐증
Hernandez 등	2008	스페인	bipyridilium, neonicotinoid	폐기능 감소
Fieten 등	2009	코스타리카	chlorpyrifos, terbufos	천명
Hoppin 등	2009	미국	carbon tetrachloride/ carbon disulfide, coumaphos, ethylene dibromide, heptachlor, parathion	알레르기 천식
Slager 등	2010	미국	captan, carbaryl, chlorpyrifos, diazinon, dichlorvos, glyphosate, malathion, petroleum oil, permethrin	비염
Cha 등	2012	한국	paraquat	제한성 폐기능 장애

농작업자들에서 농약 노출은 대체로 만성기침, 가래, 천명, 호흡곤란 등의 호흡기 증상을 증가시키는 것으로 보고되고 있으며 농약 중독을 경험한 경우 그 위험도가 더 증가되는 것으로 알려졌다. 호흡기 증상 중에서 특히 천명(wheezing)과 농약 노출과의 연관성은 많은 연구가 이루어져 있으며, 유기염소계 및 카바메이트계 농약 등은 농부폐증의 위험을 증가시킨 것으로 알려졌다. 미국농업인건강연구에 의하면 유기인계 농약인 chlorpyrifos, malathion, parathion, dichlorvos, phorate의 노출이 호흡기 증상의 위험을 증가시켰고, 특히 chlorpyrifos와는 양-반응 관련성을 보였다. 유기인계 농약 이외에도 paraquat, atrazine, alachlor와 같은 제초제나 카바메이트계 농약인 EPTC은 천명의 위험성을 높인 것으로 보고되었다. 살균제 노출도 호흡기 증상과 관련되어 있으며 메틸브로마이드와 황화산소 등의 훈증제도 직업적으로 노출될 경우 심한 급성 호흡기 반응을 초래하는 것으로 보고되었다.

농약 노출로 인한 호흡기 증상의 가능한 기전들로서는 농약의 호흡기에 대한 직접 자극, 아세틸콜린에스테라제 억제 작용, 그리고 농약 외 다른 유해요인 노출로 인한 염증반응에 대한 상호작용 등이 제시되고 있다. 농약은 호흡기 점막을 직접 자극시킬 수 있으며 아세틸콜린에스테라제를 억제시켜 과민반응을 초래할 수 있다. 일부 동물실험 결과에 의하면 유기인계 살충제 노출에 의하여 기도 과민성반응을 보였으며 이러한 반응은 농약 노출로 인해 미주신경(vagus nerve)의 아세틸콜린에스테라제 억제 작용과 관련이 있는 것으로 설명되고 있다. 그러나 아세틸콜린에스테라제를 억제하는 농도 이하에서도 기도 과민성 반응이 유발되는 것으로 보고되기도 하여 부교감신경의 무스카린 수용체 억제도 관여하는 것으로 생각되고 있다.

농약 노출에 의한 천식의 위험도 증가는 농약의 종류 및 살포방식에 무관한 것으로 알려져 있으며, 알레르기성 및 비알레르기성 천식 모두의 위험을 높이는 것으로 알려져 있다. 그러나 농촌 환경 중 노출되는 다양한 내분비 독소들은 체내에서 여러 사이토카인(면역세포들의 상호작용에 관여하는 단백질을 총

칭)을 생성시킴으로써 천식의 위험도를 낮추는 방향으로 작용하기도 하여, 농업인에서의 천식 발생은 여러 요인이 복합적으로 작용한 결과로 해석되어야 한다.

한편 호주에서 실시된 무작위 임상시험 결과에 의하면 살충제 노출이 호흡기 증상과 폐기능 감소를 초래하였으며 기도의 과민반응도 증가시킨 바 있다. 인도와 크로아티아에서 실시된 역학 연구에서도 아세틸콜린에스테라제를 억제시키는 농약을 사용한 사람들에서 유의하게 높은 호흡기 질환 유병률과 폐기능 감소가 관찰되었다. 그 외 농부폐증과 알레르기성 비염 등 아토피 질환들도 농약 노출과의 연관성이 보고되고 있다.

우리나라에서는 농업인을 대상으로 농약 노출과 호흡기 질환과의 연관성을 조사한 결과 패러쾃의 직업적 살포가 제한성 폐기능 장애(restrictive pulmonary defect)의 위험도를 유의하게 증가시켰다(표 4-1 참고). 이러한 역학적 결과는 패러쾃이 폐포의 산화손상을 통해 폐조직의 섬유화를 초래한다는 생물학적 기전과도 일관된다. 그 외에도 니카라과 농업인들에서 패러쾃 노출과 운동성 호흡곤란, 미국 농업인에서 천식, 남아프리카 공화국 농업인에서 동맥 내 산소 불포화도 증가, 그리고 스페인 농업인 및 일본 급성 패러쾃 중독자들에서의 폐 확산능 감소현상 등이 보고된 바 있다.

4) 생식기계 영향 및 선천성이상

농약 노출과 생식기계 및 발달장애로서 주로 알려져 있는 건강영향들로는 불임, 선천성 이상 및 결손, 유산, 저체중아 출산, 짧은 재태기간, 조산, 사산, 임신율(fecundability) 저하, 비정상적 정자 및 정자수 감소들이다(표 5-9). 그 동안 생식기계 건강영향과 관련된 것으로 보고된 농약 종류로는 유기인계(parathion, malathion, methamidophos, chlorpyrifos, diazinon), 카바메이트계(carbaryl, carbosulfan, carbofuran), 피레스로이드계(fenvalerate, cypermethrin, permethrin), 제초제(paraquat, chlorophenoxy herbicides, triazines,

〈표 5-9〉 생식기계 건강영향과 관련된 농약들

성별	농약 종류	농약 계통	건강영향
남성	DDT, lindane, methoxychlor	유기염소계	정자 DNA 절단 증가
	chlorpyrifos, diazinon, ethyl parathion, methamidophos	유기인계	정자 염색체 수 이상 및 DNA 절단 증가
	carbaryl, carbosulfan, carbofuran	카바메이트계	정자 염색체 수 및 형태 이상, DNA 절단 증가
	cypermethrin, fenvalerate	피레스로이드계	정자 염색체 수 이상 및 DNA 절단 증가
	vinclozolin	살균제	남아출산 감소
	chlorophenoxy, glyphosate, paraquat, triazines	제초제	자연유산 증가
	DBCP, methyl bromide	훈증제	무정자증(비가역적), 남아출산 감소, 생식세포염색체 돌연변이
여성	DDT, dioxin, methoxychlor	유기염소계	자궁내막증 증가, 태아성장 저해, 자녀의 면역세포기능 감소 및 중이염 증가
	chlorpyrifos, diazinon, malathion, parathion	유기인계	저체중아 출산 및 재태기간 감소, 자녀의 신경발달 및 행동장애
	carbaryl, propoxur	카바메이트계	자녀의 신경발달 및 행동장애, 자녀의 백혈병 증가
	deltamethrin, permethrin	피레스로이드계	자녀의 신경발달 및 행동장애, 자녀의 백혈병 증가
	thiram, vinclozolin	살균제	불임 증가, 자녀의 사지 기형
	chlorophenoxy, glyphosate, triazines	제초제	불임 증가, 자연유산 증가, 자녀의 사지 기형 및 심장 기형, 태아성장 저해

출처 : Frazier LM. Reproductive disorders associated with pesticide exposure. *Journal of Agromedicine*. 2007.

glyphosate), 살균제(vinclozolin, thiram), 훈증제(DBCP, methyl bromide), 유기염소계(DDT, lindane, methoxychlor) 등이 있다. 비록 전반적인 결과가 일관적이지 못하지만 농약의 직업적 살포는 이러한 건강영향의 위험성을 높이는 것으로 알려져 있다.

농약 노출과 생식기계 건강영향과의 연관성을 평가하기 위해서 캐나다 온타리오에서(Ontario Farm Family Health Study) 후향적 코호트 연구가 실시된 바 있다. 온타리오 내 농업인 및 가족을 대상으로 전체 2,012건의 계획 임신 대상자가 포함되었으며 농약 사용 여부 및 관련 활동에 대해서 조사하였다. 연구결과 임신 전에 페녹시계 제초제 노출은 자연유산의 위험성을 증가시켰으며 남편이 보호장비를 입지 않은 경우 위험도가 더욱 증가되었다.

선천성이상(congenital anomalies)은 태아에 발달장애가 있는 것을 말하며 다양한 종류가 있다. 대부분의 선천성이상은 원인이 밝혀지지 않았지만 일반적으로 잘 알려진 위험요인으로는 저체중아, 조산아, 다태아, 고연령 산모 등이며 유전적 원인으로는 유전성 질환이나 염색체 이상 등이 있다. 또한 환경적 요인으로는 산모의 흡연, 음주, 당뇨, 감염, 약물, 방사선, 농약을 포함한 화학물질의 노출 등이 있다. 일반적으로 장기 생성시기인 임신 첫 3개월 이내가 가장 취약하지만 그 이후에도 발생될 수 있다. 선천성이상은 태아뿐 아니라 어머니와 아버지에게 영향을 주었을 때도 발생될 수 있으며, 임신 전후에 노출되었을 때 각기 다른 기전으로 발생할 수도 있다.

농약 노출과 선천성이상과의 연관성을 연구한 역학 연구들에 의하면 입천장 갈림증(cleft palate)과 입술갈림증(cleft lip), 사지의 감소결손(limb reduction defects), 중추신경계 결손(central nervous system defects) 등이 보고되었다. 일부 연관성이 보고된 개별 농약들로는 glyphosate, phenoxy herbicides, maneb, mancozeb, organotin 등이 있다. 이러한 결과들은 일관성이 부족하고 대부분의 연구들이 개별 농약에 대한 구체적인 정보 없이 부모의 직업, 거주지역, 혹은 총 농약 노출 기간 등의 노출 평가만을 근거로 실시된 한계를 갖고 있다. 그러나 동물을 대상으로 한 연구에서 여러 농약들이 기형을 발생시키는 것으로 알려져 있어 농작업 혹은 농약 노출과 선천성이상과의 개연성에 대해 충분한 주의를 기울여야 한다.

한편 선천성이상 연구에서는 발생률(incidence)보다는 유병률(prevalence) 지표를 사용한다. 그 이유는 선천성이상인 태아는 자연 유산되는 경우가 많고 산전 검사를 통해 인공유산을 시키는 경우들이 있어, 전체 임신 중에 선천성이상아를 파악하는 것이 거의 불가능하기 때문이다. 따라서 현실적으로 살아서 출생한 아이들 중에 얼마나 선천성이상이 나타났는지(live birth prevalence rate)를 보게 되며, 만약 사망 자료와 연계한다면 출산아 유병률(prevalence rate at birth) 산출도 가능하다. 어느 경우이든 발생보다는 유병의 개념으로 접근한다고 표현하는 것이 더 적절하다.

5) 기타 질환

그 밖에도 농약 노출은 면역기능, 피부염, 류마티스 관절염, 망막변성, 대사증후군 및 당뇨, 청력손실, 호르몬기능 변화 등 매우 다양한 건강영향들과 관련되어 연구되고 있다. 비록 연구 결과들이 여러 제한점들을 갖고 있지만 농약 노출이 다양한 건강영향들과 관련될 수 있다는 것을 인식하는 것은 중요하다. 아직 보고되지 않은 많은 질환들에 대해서도 농약과의 연관성 여부 및 크기 등을 구명해 나가는 것은 보건학적으로 중요한 과제이다.

생체 내 면역 지표의 변화를 통해 면역기능을 평가한 연구들도 많이 실시되어 왔으며 유기인계, 유기염소계 및 카바메이트계 농약들이 면역글로불린, 보체(complement), T 세포 분포의 변화를 유발시킬 수 있다는 것이 보고되고 있다. 우리나라 일부 농약 고노출 농업인들에서도 T 세포의 변화(CD4와 CD4/CD8의 값이 감소하였고, CD8의 값은 증가)를 통해 농약 노출에 따른 직접 면역억제의 가능성이 시사된 바 있다. 한편 TCDD에 오염된 제초제에 노출된 국내 베트남 참전 군인들에서도 면역 기능의 변화가 관찰된 바 있다.

미국의 여성을 대상으로 한 코호트 연구(Women's Health Initiative Observational Study)에서는 살충제 노출과 류마티스 관절염 그리고 전신 홍반성 루푸스의 위험도 증가가 보고된 바 있다. 미국 농업인에서는 망막변성과 살균제 농약 살포와의 연관성이 보고되었으며, 특히 농약을 살포하는 농업인뿐 아니라 배우자들에게도 유의하게 증가된 소견이 관찰된 바 있어 농약에서도 흡연에서와 같이 간접 노출의 중요성이 강조된다고 할 수 있다. 또한 미국 농업인에서 대사증후군의 위험도가 혈중 유기염소계 농약의 농도와 관련이 있는 것으로 보고되기도 하였으며, 일부 유기염소계 및 유기인계 살충제들이 당뇨 발생의 위험도를 증가시키는 것으로 보고되기도 하였다. 그리고 살균제 및 유기염소계 농약에 노출된 여성에서는 갑상샘 기능 저하증을 보였으며 농약에 고노출 경험이 있거나 농약 중독을 경험한 사람의 경우 청력손실 위험도가 높았다.

또한 농약 노출은 피부 자극성 또는 접촉성 피부염을 유발시킬 수 있으며 특히 유기염소계 농약의 염소성분은 피부질환(chloracne)을 유발하는 것으로 알려져 있다. 특히 패러콰트과 같이 자극성이 강한 농약의 경우 직접 접촉 시 피부에 궤사를 일으킬 수 있으며 살충제로 많이 사용되는 cartap은 가려움증이나 두드러기를 일으킬 수 있다. 이러한 피부 질환은 농약 노출이 옥외작업으로 인한 고온 다습 및 자외선 노출 등으로 인해 더욱 악화될 수 있다. 또한 항공기내 소독시 살포되는 살충제로 인해 인체 과민반응(anaphylaxis) 사례가 보고되기도 하였다.

6) 여성과 어린이

여성은 직접 농작업에 종사하여 농약에 노출되는 경우보다도 남성 배우자들의 직업적 노출이 가정 내에 유입되는 간접 노출의 형태를 많이 띠는 것으로 알려져 있다. 그러나 미국에서 남성 농약 살포자의 배우자들도 농약 살포 작업에 직접 관여하는 경우가 많은 것으로 보고되어 여성이 농약 살포하는 경우도 무시할 만한 수준은 아니다. 아프리카를 포함한 개발도상국의 경우에는 오히려 여성이 남성보다 농작업에 더 많이 관여하면서도 보호구 및 안전시설의 혜택은 남성보다 부족한 것으로 알려져 있다. 그 외 병원, 호텔, 사무실 등 여성이 많이 근무하는 환경에서 직업적 농약 노출이 이루어지기도 한다.

여성은 남성과 다른 생리, 임신 및 출산 등의 특성을 갖고 있어 농약을 비롯한 화학물질에 보다 민감하게 영향을 받을 수 있다. 미국농업인건강연구에서는 살포자의 배우자들이 농약의 간접 노출로 인해 갑상샘 질환, 협심증, 폐경지연 및 생리주기 변화 등의 위험도가 증가된 바 있다. 그럼에도 불구하고 여성에서의 농약으로 인한 건강영향은 상대적으로 무시되거나 과소보고되는 경향이 있으며, 아직 농약 노출 및 그로 인한 건강영향에 대한 성별 차이에 대한 연구는 거의 실시된 바 없다.

한편 소아는 농약을 해독시키는 기능이 성인에 비해 덜 발달되어 있으며(예를 들어 유기인계 농약을 해독하는 paraoxanase-1 효소의 농도가 낮음), 성인보다 단위체중당 더 많은 음식과 음료를 마신다. 또한 소아는 성인보다 농약 오염이 발생될 수 있는 야채 및 과일 주스 등의 음식을 상대적으로 더 많이 먹는다. 따라서 만약 음식 중 농약이 오염되어 있다면 소아는 성인보다 더 많은 농약에 노출된다. 그리고 영유아의 경우 어머니의 모유 섭취를 통해서도 농약에 노출될 수 있다. 또한 소아는 장난감 등 주변 환경을 통해서도 농약에 노출될 기회가 높다. 이러한 이유들로 소아는 성인보다 농약의 노출 위험도가 높으며, 기대수명이 길어 노출에 따른 긴 잠복기 이후 발생하는 질환들에 이환될 가능성이 더 높다.

여성 및 소아를 대상으로 한 농약과 건강 연구로서 대표적인 것은 미국에서 진행된 CHAMACOS(Center for the Health Assessment of Mothers and Children of Salinas) 연구이다. 이 연구는 농약을 많이 사용하는 미국 캘리포니아 살리나스지역에서 임신 20주 미만의 18세 이상 여성 601명을 모집한 전향적 출생 코호트 연구이다. 대상자는 대부분 멕시코 이민자들로서 사회경제적 수준이 낮은 농업인으로 상대적으로 유기인계 및 유기염소계를 비롯한 농약에 많이 노출된 집단이다. 이 연구 목적은 산모와 소아에 대한 농약 노출 정도와 경로 파악, 농약 및 환경성 알레르기 유발물질 노출과 다양한 건강영향들(성장, 신경발달, 호흡기 질환 등)과의 연관성, 농약 노출을 감소하기 위한 개입방법 개발 등이다. 부모 및 출생아의 다양한 생물학적 시료들(혈액, 소변, 침, 모유, 태반혈액, 치아 등)을 출생 전후에 수집하였고 가정 내 농약 농도를 측정하였으며 자세한 설문조사를 실시하였다. 또한 캘리포니아 지역의 농약사용 자료도 활용하여 자세한 정보를 통해 농약 노출에 따른 산모 및 소아 건강에 대한 많은 연구들을 실시하고 있다.

최근 우리나라 농촌에서 농업인구가 급격히 감소되고 있지만 국제결혼이 증가하면서 외국 여성들이 농작업에 직간접적으로 많은 역할을 하고 있다. 따라서 우리나라 농촌에 이주한 외국 여성들의 건강상태를 조사하는 것은 농약을 포함한 유해 농업환경으로부터 이들의 질병을 예방하기 위해서 중요하다.

7) 유전적 감수성

농약에 똑같이 노출되더라도 질병에 잘 걸리는 사람들이 있는 반면 그렇지 않은 사람들도 있다. 농약의 종류와 노출의 정도 및 형태 그리고 개인적 특성 차이들이 주요 원인으로 설명되고 있는데 그중에서 개인의 유전적 차이도 중요한 원인중 하나이다. 농약의 흡수 및 대사와 관련된 유전적 차이에 따라 건강영향이 다르게 나타나는 유전-환경 상호작용(gene-environment interaction) 연구들은 질병 발생에 대한 생물학적 기전의 이해를 증가시켜 왔다. 또한 생물학적 시료를 활용한 역학 연구는 유전적으로 노출에 민감한 대상자들을 선정할 수 있게 하여 통계적 검증력을 증가시킬 수 있으며, 노출 초기에 나타날 수 있는 노출 및 건강영향 지표들을 평가하는 데 큰 기여를 하고 있다.

분자역학(molecular epidemiology)의 발달과 더불어 유전-환경 상호작용에 대한 연구들이 환경보건학 분야에서 많이 실시되었지만 농약 연구에서는 아직까지 활발히 적용되고 있지는 않고 있다. 농약 노출과 유전적 다형성(polymorphism)에 대한 연구들은 주로 악성종양과 파킨슨병에 대해서 많이 실시되었다. 그동안 농약 독성 대사와 관련된 것으로 보고된 유전자 들로는 PON1, PON2, PON3, CYP2C9, CYP2D6, CYP1A1, CYP2E1, VKORC1, GSTM1, GSTP1, GSTT1, GSTZ1, GSTO1, DAT1, MDR1, NQO1 등이 대표적이다(표 5-10).

이 중에서도 특히 PON1(paraoxonase 1)에 대한 연구가 가장 많이 실시되고 있다. PON1은 chlorpyrifos, diazinon, parathion 등과 같은 유기인계 살충제의 대사와 관련된 효소로서 특히 L55M와 Q192R의 변이가 농약 물질에 대한 개인의 감수성에 영향을 미치는 것으로 보고되고 있다. 이러한 PON1 유전자의 변이는 농약 노출에 대한 개인의 감수성을 증가시켜 악성종양, 파킨슨병, 근위축성측삭경화증 등의 위험성을 증가시킬 수도 있는 것으로 알려졌다.

영국 축산 농업인들을 대상으로 한 일련의 연구들에서는 유기인계 농약의 대사와 밀접한 관련이 있는 PON1 유전자형에 따라 농약 중독증상에 차이를 보였으며, 미국 어린이들에 대한 연구에서도 PON1 유전자형이 유기인계 농약 노출에 의한 신경행동 발달에 영향을 주는 것으로 알려졌다. 그 외 농약에 직업적으로 노출된 근로자들에서 염색체 손상지표가 유전적 감수성에 따라 차이가

〈표 5-10〉 농약 독성과 관련된 것으로 알려진 단백질과 효소

단백질/효소	농약
CYP2C9	methoxychlor, warfarin
VKORC1	warfarin
CYP2D6	chlorpyrifos, diazinon, parathion
CYP3A4/5	aziphos-methyl, chlorpyrifos, diazinon, malathion, parathion
CYP1A2	chlorpyrifos, diazinon, malathion, parathion
CYP2B6	aziphos-methyl, chlorpyrifos, diazinon, malathion, parathion
CYP2C8	chlorpyrifos, diazinon, parathion
CYP2C19	chlorpyrifos, diazinon, parathion
CYP2E1	dibromochloropropane
PON1	chlorpyrifos, dibromochloropropane, diazinon, parathion
Carboxylesterase	pyrethroids
GSTM1	1,3-dichloropropene
DAT	heptachlor
PGP	avermectin, permethrin

출처 : Peck EC and Eaton DL. Genetic Polymorphism and Susceptibility to Pesticides. In : Krieger R, ed. *Handbook of Pesticide Toxicology*. Academic Press. 2010.

난다는 결과들도 많이 보고되고 있다.

8) 사전주의 원칙

농약 노출과 만성질환의 연관성을 판단하는 데 있어서 사전주의 원칙(precautionary principle)을 이해하고 적용할 필요가 있다. 사전주의 원칙이란 원인과 결과와의 관련이 비록 과학적으로 충분히 입증되지 않았어도 건강 또는 환경에 위해를 줄 것으로 판단될 때 사전 조치를 취해야 한다는 것을 말한다. 즉 사전주의 원칙은 위해의 증거가 없다는 것이 위험이 없다는 증거는 아니다(absence of evidence of harm is not the same thing as evidence of the absence of harm)라는 철학에 근거를 두고 있으며, 위험성이 나타나기 이전에 예방을 강조하는 개념이다.

사전주의는 원칙으로 정립되기 이전에 이미 사회적으로 이러한 사고를 중요하게 적용하여 왔다. 1854년 영국의 존 스노우가 비록 콜레라의 전파와 펌프물의 사용에 대한 인과관계가 객관적으로 충분히 증명되지는 않았지만 펌프물을 폐쇄함으로서 콜레라의 전파를 막은 것도 사전주의 원칙에 해당된다. 이와 비슷하게 담배연기 내의 수천 가지 발암물질을 확인하기 전에 금연 활동을 통해 수많은 사람들의 생명을 구한 것도 좋은 예가 될 수 있다. 반대로 석면의 경우 석면탄광이 시작된 1879년 이후 이미 1898년 영국에서 건강에 유해한 영향이 보고되었음에도 불구하고 충분한 과학적 근거가 부족하다는 이유로 실제 행동으로 이어지기까지 오랜 기간이 걸렸다.

보건학적 입장에서 사전주의 원칙의 적용이 특히 중요한 이유는 현재 건강영향에 대한 증거가 없는 것이 정말 건강영향이 없다고 판단할 수 없기 때문이다. 대부분의 경우 건강영향이 없는 것이 아니라 아직 모르고 있다는 것이 정확한 표현이다. 우리는 과학기술이 많이 발달된 사회에 살고 있어 모든 면에서 충분한 정보를 갖고 있다고 간혹 착각하고 있는 경우들이 있다. 그러나 역학 및 보건학 분야 특히 농약으로 인한 건강영향에 대해서는 매우 제한된 지식상태에 있는 것이 현실이다.

비록 농약에 대한 충분한 정보와 지식을 갖고 있지 않다고 하더라도 농약과 질병과의 연관성에 대해 현실적인 판단을 해야 하는 경우가 있다. 이러한 상황에서 과학적 근거가 부족한 상태라고 결론짓고 예방대책을 소홀히 해서는 안 될 것이다. 특히 환경보건에서 너무 엄격한 기준의 적용은 수많은 사람들에게 돌이킬 수 없는 건강상의 피해를 가져올 수 있다. 역사적 사례에서 경험하였듯이 공중보건학적 입장에서 사전주의 원칙은 매우 중요하다.

그러나 이 원칙은 과학적이고 합리적으로 적용되어야 한다. 사전주의가 감정적이거나 공포에 근거해서는 안 되며 함부로 남용되어 불필요한 낭비를 초래하는 것은 바람직하지 못하다. 유네스코(UNESCO)에서는 사전주의 원칙을 과학적인 불확실성이 존재하고, 불확실성이 단기간에 감소될 수 없고, 과학적으로 합리적인 가능한 위해성이 존재하고, 가능한 위해가 충분히 심각하거나 비가역적이고, 지금 당장 행동이 필요한 경우에 적용하는 것을 권장하였다. 반대로 과학적 불확실성이 단기간에 극복될 수 있거나 잠재적인 위해가 자발적인 행위에 의한 일부 사람들에게 국한되는 등 비도덕적으로 받아들여지지 않을 때, 그리고 위해가 회복가능 할 때는 사전주의 원칙을 적용하기보다는 기다리고 보는(wait and see) 전략이 사용될 수 있다.

2. 직업성 농약 노출 집단

농약에 대한 건강영향을 종합적으로 파악하기 위해서는 농약에 노출된 다양한 집단을 대상으로 한 연구들이 필요하다. 같은 종류의 농약에 노출되었다고 하더라도 작업 및 생활환경의 차이로 인해 농업인에게 나타나는 건강영향과 다른 농약 노출 집단(예를 들어 골프장 종사자, 정원사 및 농약제조업 근로자 등)에서의 건강영향은 다르게 나타날 수 있다. 최종적인 건강영향은 농약 자체의 효과뿐 아니라 다른 물질 또는 신체 조건에 따른 상호작용이 더해진 결과이기 때문이다. 따라서 농약과 건강영향에 대한 종합적인 이해를 위해서는 농약에 노출된 서로 다른 인구집단들을 조사하는 것이 중요하다.

1) 농약 제조 사업장 근로자

농약 제조 사업장 근로자들은 농약에 직업적으로 장기간 노출된다는 점에서 특별히 관심을 가져야 할 집단이다. 지금까지는 주로 사업장 관리가 잘 되고 있는 외국의 농약 제조 사업장을 중심으로 사망률 및 암 발생률을 살펴보는 코호트 연구들이 주로 많이 실시되었다. 즉 몬산토에서는 alachlor 제초제 제조 사업장 근로자들에 대한 연구를 통해 악성종양 발생 및 사망과 관련이 없음을 보고하였으며, 다우케미칼 회사에서는 2,4-D 또는 chlorpyrifos 농약 제조 근로자들에 대한 역학적 연구들이 실시되었다. Chlorpyrifos 농약 제조 근로자들에 대해서는 신경학적 검사 및 생물학적 모니터링과 관련된 연구들이 실시된 바 있으며, 작업 중 노출로 인해 아세틸콜린에스테라제가 억제되지만 임상적으로 의미 있는 신경병변은 관찰되지 않는다는 결과를 보고하였다. 그리고 2,4-D 사업장 근로자들에 대한 추적 연구를 통해서는 비호지킨림프종 발생이 유의하지 않은 수준에서 증가하였고 전립샘암은 유의하게 감소함을 보고하였다.

그러나 사업장에서 진행된 연구들은 해당 회사의 농약이 건강영향과 관련되어 있지 않았다는 것을 의도적으로 강조하고 있어 결과 해석 시 주의가 필요하다. 실제로 미국농업인건강연구에서는 alachlor 살포 근로자들에서 혈액종양이, chlorpyrifos 살포 근로자는 폐암이 유의하게 증가되었으며, 농약 사업장 근로자들에 대한 메타분석 결과에서는 페녹시계 제초제(2,4-D)에 노출된 근로자에서 백혈병과 전립샘암 위험도가 유의하게 증가된 것으로 보고된 바 있어 사업장에서의 결과와는 차이가 있다.

그 외 농약 제조 사업장 근로자들을 대상으로 노출 평가에 대한 연구, 생체지표(아세틸콜린에스테라제, 유전독성, 호르몬), 생식기능, 피부 및 안질환 등에 대한 단면적 연구들이 실시되었다. 지금까지의 연구들은 농약 노출 근로자에서 아세틸콜린에스테라제의 억제가 관찰되었고 이러한 결과가 개인별 PON1의 상태에 영향을 받는 것으로 조사되었다. 인도와 파키스탄에서는 여러 농약에 동시에 노출된 농약 사업장 근로자를 대상으로 DNA 손상을 보고하기도 하였다. 한편 농약 제조 사업장 근로자들을 대상으로 한 신경전도 기능 검사에서는 대체로 유의한 영향이 보고되지 않고 있다.

한편 최근 37개의 농약 제조 사업장 근로자들의 코호트 연구를 종합한 결과에 의하면 전체 사망률은 일반 주민보다 낮았으나 일부 암(구강, 식도, 직장, 폐, 후두, 혈액종양)의 사망률은 유의하게 높아 농약 살포 농업인에서의 양상과 크게 다르지 않았다. 질병 및 사망 위험도는 농업인보다 크지 않았는데 이는 사업장 근로자들이 농업인보다 상대적으로 젊은 연령층이고 농약 노출이 적기 때문으로 판단된다.

국내에서 농약 제조 사업장 근로자들의 노출 상태 및 건강영향에 대한 역학적 연구는 거의 보고 되지 않았다. 농약 성분은 사업장에서 정기적으로 측정하는 작업환경측정 항목에 포함되어 있지 않아 노출에 대한 기본 자료도 매우 부족한 상황이다. 최근 국내 4곳의 농약 사업장을 대상으로 조사한 결과에 의하면 chlorpyrifos 농도가 국내 허용 기준보다는 낮았으나 미국의 기준보다는 초과되었고 작업 형태에 따라 큰 차이를 보였다. 우리나라에서 농약 사업장은 상대적으로 소규모 제조업체가 많으며 근로조건도 취약하여 농약 노출이 높을 것으로 예상된다. 제조 사업장 근로자들의 경우 상대적으로 젊고 근무기간도 짧아 장기간의 추적조사 형태보다는 자세한 생물학적 영향지표를 반복 조사하는 역학 조사가 우선적일 것으로 판단된다.

2) 농업인

농업인들은 농약 노출과 만성 건강영향을 살펴볼 수 있는 대표적인 직업군이다. 농업인들은 농약 이외의 여러 유해요인에 동시에 노출되어 복합적인 건강영향이 나타날 수 있지만 농업인의 건강상태를 종합적으로 살펴보는 것은 농약에 의한 건강영향에 대한 단서를 찾는데 도움이 될 수 있다.

가) 국내 농업인 현황

우리나라는 전통적으로 농업 국가였으며 농업은 핵심적인 기반 산업으로 가장 많은 인구를 차지하고 있었다. 산업화에 따라 농가 인구는 빠르게 감소하고 있지만 2011년 현재 296만 명(약 116만 가구)으로 전체 인구의 6.0%(전체가구의 6.7%)를 차지하고 있으며, 이 중 178만 명이 농업에 종사하고 있어 아직도 단일 산업으로서 가장 많은 종사자가 근무하고 있다. 농업인구는 1970년도에 약 1,440만 명에서 2000년도에 400만 명으로 급격히 감소하였고, 이후에는 완만한 감소 추세를 보이고 있다. 또한 전체 농가인구 중에서 65세 이상 노인인구가 차지하는 비율은 2011년 현재 33.7%로 전체인구의 고령화율 11.4%에 비해 매우 높은 수준이다. 농가 인구의 고령화와 함께 농가의 가구원 수는 4인 이상 농가는 감소한 반면, 1-2인 농가는 점차 증가하고 있어 1인당 노동력의 비중이 커지고 있다.

이러한 수적 변화와 더불어 농업의 내용면에서 전통적인 벼 · 보리 농사형태가 감소되고 시설원예 및 축산농가의 비중이 빠르게 증가하고 있다. 2011년 농가의 영농 형태별 분포를 보면 논벼 43.7%, 채소 21.7%, 과수 15.1%, 식량작물 7.8%, 축산 5.7%, 특용작물 2.4% 등의 순이다. 경지규모별로는 중간계층의 농가 비율이 감소하는 반면에 영세농과 대농의 비율이 상대적으로 증가하는 양극화 경향이 점점 뚜렷해지고 있다.

나) 농업인을 둘러싼 유해환경 요인

농업인은 작업 및 생활과 관련하여 다양한 유해환경에 노출되어 있다(표 5-11). 화학적 인자로서 농약, 비료 사용을 비롯하여 농기계에 사용되는 여러 화학물질 및 가축시설에서 발생되는 유해가스, 물리적 인자로서는 실외 작업 시 노출되는 고열, 한랭, 태양광선, 소음, 생물학적 인자로서는 동식물과 직간접적으로 접촉하면서 노출되는 유기분진, 세균, 곰팡이, 동식물 퇴비 등이 있다. 또한 농기계 사용과 농작업에 따른 재해 및 인간공학적 요인과, 스트레스, 경제적 불확실, 사회심리적 소외, 의료기관의 부족, 날씨의 불확실성 그리고 작업 관련 특수 유해환경(비닐하우스 등) 등의 환경요인들에 노출되어 있다. 즉 농업인에서의 유해 환경요인은 환경보건에서 언급되는 대부분의 유해인자들이 관여되어 있다고 볼 수 있다.

농작업 외에 농촌에서의 축산폐기물, 폐농자재, 생활쓰레기, 오폐수 등에서 발생하는 생활 환경오염도 중요한 보건학적 문제이다. 특히 축산업에서 발생하는 축산폐기물과 농촌의 오폐수는 농촌지역 수질 오염의 주요 원인이 되고 있다. 또한 농촌지역에서 공장에서 배출되는 수질 및 대기오염 그리고 농촌에 위치한 폐광산으로부터의 중금속 오염도 중요한 환경 유해요인들이다. 미국에서도 수질오염이 농촌에서 가장 중요한 환경문제 중의 하나로 알려져 있으

〈표 5-11〉 농촌지역에서의 유해 환경요인들

분류	유해 환경요인
작업 환경요인	
화학적	농약, 암모니아, 일산화질소, 니코틴, 무기분진(실리카), 황화수소, 일산화탄소, 이산화탄소, 메탄가스
생물학적	유기분진(알레르겐, 내독소), 세균, 바이러스, 기생충 등의 감염원, 곡물분진, 털, 사료, 미생물, 진드기
물리적	소음, 고열, 한랭, 진동, 감전, 태양광선, 농기계전복, 물리거나 긁힘, 쏘임, 기계에 끼거나 말림, 기계에서 추락 · 넘어짐, 농기계나 차량 · 물체와 충돌
인간공학적	과도한 힘을 가하는 작업, 반복하는 작업, 허리를 숙이거나 비튼 자세, 쪼그리거나 무릎을 꿇는 작업, 부자연스러운 작업 자세
생활 환경요인	축산폐기물, 폐농자재, 오폐수, 대기오염
사회심리적 요인	빈곤, 낮은 교육수준, 낮은 의료 접근성, 정신적 스트레스, 날씨 상태의 불안정, 우울, 불안, 소외 등

출처 : Prince S. Overview of Hazards for Those Working in Agriculture. In : Lessenger JE, ed. *Agricultural Medicine : A Practical Guide*. Springer. 2006.

며, 과다한 비료사용에 따른 수질오염으로 음용수에 초과 함유된 질산염 흡수는 다양한 건강장해, 즉 태아성장 저하, 유산, 위암의 위험도를 증가시키는 것으로 보고되기도 하였다. 각 환경요인들이 상호작용을 통해 다양한 건강영향이 나타날 수 있기 때문에 농약과 건강과의 연관성을 파악할 때 농업인을 둘러싼 종합적인 환경요인을 함께 이해하는 것이 중요하다.

다) 농업인 사망 및 유병

농업은 우리나라를 포함한 대부분의 나라에서 가장 위험한 직업 중 하나로 알려져 있으며 실제로 사망, 재해 및 직업성 질환의 발생이 높은 것으로 보고되고 있다. 그리고 농업인은 일반 주민과 다른 작업 및 생활환경으로 인하여 일반인 및 다른 직업군과는 구별되는 질병 및 사망 양상을 가지고 있는 것으로 알려져 있다. 미국 농업인들은 전체 사망률, 심장질환, 전체 암 사망률, 일부 흡연 관련 암 사망률이 일반주민들보다 낮은 것으로 보고된 반면, 사고 및 호흡기 질환 그리고 일부 암(위암, 뇌종양, 전립샘암, 피부암, 입술암, 결체조직암, 백혈병, 다발성골수종, 비호지킨림프종 등 혈액종양)의 발생 및 사망률은 일반주민들보다 높은 것으로 알려져 있다. 사망이 낮은 가장 큰 이유는 미국 농업인의 흡연율이 상대적으로 낮은 것과 건강한 사람들이 선택되었기 때문으로 판단되고 있다. 그 외 농업인을 둘러싼 다양한 생활양식 및 환경의 차이들이 밀접히 관련되어 있다. 한편 건강근로자 효과를 보정한 후에는 전체 혈액종양, 피부암, 소화기계암, 전립샘암, 신장암, 뇌종양의 위험도가 증가된 것으로 보고되었다.

우리나라에서의 농업인 건강을 파악할 수 있는 자료원이 부족하고 결과도 매우 제한적이다. 1996-2010년도 우리나라의 사망 자료를 분석한 결과에 의하면 농업인(임업 · 어업인이 포함되나 전체 5% 미만)의 전체 사망은 일반 인구집단에 비해서 20% 높은 것으로 나타났다(표 5-12). 사망원인별로 살펴보면, 운수사고로 인한 사망은 약 3배, 간질환 사망은 2배, 재해 및 자살이 각각 1.5배,

〈표 5-12〉 국내 농업인의 사망원인별 표준화사망비, 1996-2010

사망원인(ICD-10)	연평균 사망자수	표준화사망비 (95% 신뢰구간)
전체사망(A00-Y98)	36,530	1.20 (1.19-1.22)
전체 암(C00-C97)	10,621	1.40 (1.38-1.43)
식도암(C15)	414	2.10 (1.91-2.32)
위암(C16)	2,246	1.61 (1.54-1.67)
대장암(C18-C20)	602	0.95 (0.88-1.03)
간암(C22)	1,889	1.55 (1.48-1.62)
담낭암(C23)	140	1.05 (0.88-1.24)
췌장암(C25)	519	1.27 (1.16-1.38)
폐암(C34)	2,712	1.58 (1.52-1.64)
유방암(C50)	59	0.47 (0.36-0.60)
전립샘암(C61)	122	1.29 (1.07-1.54)
뇌종양(C71)	117	1.26 (1.04-1.50)
비호지킨림프종(C82-C85)	127	1.11 (0.92-1.32)
백혈병(C91-C95)	153	1.29 (1.09-1.51)
특정감염성 및 기생충성 질환(A00-B99)[a]	318	1.05 (0.93-1.17)
결핵(A15-A19)	504	1.40 (1.28-1.53)
당뇨병(E10-E14)	1,242	0.85 (0.81-0.90)
정신 및 행동장애(F00-F99)	622	0.92 (0.85-1.00)
파킨슨병(G20)	77	0.68 (0.54-0.85)
알쯔하이머병(G30)	76	0.54 (0.42-0.67)
고혈압성 질환(I10-I15)	776	1.19 (1.11-1.28)
허혈성 심장질환(I20-I25)	1,145	0.77 (0.72-0.81)
뇌혈관 질환(I60-I69)	4,665	1.05 (1.02-1.08))
폐렴(J12-J18)	475	0.87 (0.79-0.95)
만성 하기도 질환(J40-J47)	1,385	1.25 (1.19-1.32)
간질환(K70-K77)	1,892	2.06 (1.96-2.15)
신부전(N17-N19)	203	0.60 (0.52-0.68)
운수사고(V01-V99)	1,858	2.87 (2.74-3.00)
재해(W00-X59)	905	1.48 (1.39-1.58)
자살(X60-X84)	1,045	1.46 (1.38-1.56)

[a]결핵을 제외한 감염성 질환

결핵으로 인한 사망은 1.4배 유의하게 높게 나타났다. 전체 암 사망에 있어서도 농업인은 일반 인구집단보다 1.4배 높은 사망률을 보였고 특히 식도암, 위암, 폐암, 간암, 백혈병, 뇌종양, 전립샘암의 사망률이 높았다. 한편 당뇨병, 파킨슨병 및 알쯔하이머병, 허혈성 심장질환, 폐렴 및 신부전 사망률은 일반 인구집단에 비해서 유의하게 낮았다. 농업인에서 높은 자살률은 외국에서도 많이 보고되고 있으며 특히 농약복용에 의한 자살이 특징적이다. 사회경제적 빈곤, 노령화, 소외감, 자살도구로서 농약의 쉬운 접근성 등이 원인으로 설명되고 있다. 그리고 농업인은 농기계 작업, 옥외작업 및 동식물 접촉 등 특히 재해발생과 관련이 높은 유해 환경요인에 노출되어 있다. 또한 고령화에 따른 농업인들의 감소된 생리적 기전, 낮은 교육수준 등의 환경요인들도 농촌에서의 높은 사고율과 밀접한 관련이 있는 것으로 보인다. 아직 농업인 재해의 규모가 정확히 파악되지는 않았지만 기존 보고들에 의하면 다른 산업에 비해 높고 다른 직종의 사고보다 중증인 경우가 많은 것은 분명하다.

한편 농업인이라는 직업 정보는 사망원인통계 자료에서 제한적인 의미를 갖는다. 실제로 농업에 종사했으면서도 농업인이라고 기입하지 않는 경우들이 있다. 따라서 단순히 농업인이라는 직업코드만 사용하는 것이 아니라 각 지역별 농업인 분율을 활용하여 농업인이 많은 지역의 사망률을 살펴보는 것도 필요하다. 이에 따라 전국 250여 개 시군구별 농업인이 차지하는 분율을 5단계로 나누어 사망원인을 분석하였으며, 직업군 정보를 사용하였을 때와 비슷한 결과를 관찰할 수 있었다.

국민건강영양조사를 통해 농업인의 만성질환 유병률을 분석한 결과에 의하면 남녀 간에 큰 차이를 보이고 있었다. 1998년과 2005년 사이에 남성 농업인에서의 만성질환(구강질환 제외)에 대한 연령표준화율은 37.4%에서 34.8%로 감소하는 양상이었고, 여성 농업인은 52.7%에서 61.3%로 증가하는 양상을 보였다. 또한 남성 농업인의 주관적인 건강수준이 좋다고 답한 경우가 42.7%에서 57.7%로 증가한 데 반해 여성에서는 오히려 37.9%에서 28.7% 감소하였다. 여성 농업인의 경우 만성질환 유병률 자체도 높을 뿐만 아니라 유병의 양상도 증가하는 추세를 보이고 있기 때문에 이들 집단에 대한 건강수준의 향상을 위한 노력이 필요하다. 질병별로는 특히 관절염과 디스크의 유병률이 타 직업군에 비해서 유의하게 높았다. 근골격계 질병 이외에 만성폐쇄성폐질환이 타 직업군보다 높은 편이었고, 고혈압과 악성종양, 당뇨병 유병은 낮은 양상을 보였다.

이러한 자료를 종합하면 우리나라 농업인은 일반 인구집단과 비교해서 사망률은 유의하게 높았으나(특히 전체 사망, 전체 암, 소화기암, 폐암, 자살, 만성하기도 질환, 간질환, 사고, 중독, 결핵 및 감염성 질환 등) 질병 이환 현황은 일반 인구집단과 비슷하거나 오히려 낮은 양상(특히 알러지 및 아토피 질환, 당뇨병, 심근경색증, 협심증 등)을 보인다. 농촌에서의 이러한 질병 및 사망 양상은 의료기관에 대한 접근성의 문제보다는 도시와 농촌지역에서의 의료서비스의 질적 차이가 중요한 원인으로 해석될 수 있다. 실제로 농촌지역에서 전체적인 의료 이용 수준은 도시와 비슷하다고 보고되고 있으며, 중독 및 사고성 질환은 농촌지역에서 높은 사망률을 보이지만 유병률 양상은 지역별로 큰 차이가 없었다. 이것은 농촌지역에서 중증도가 심한 사고 및 중독이 많이 발생하거나 취약한 의료체계로 인하여 같은 중독환자들의 사망위험이 높게 나타날 수 있다는 것을 의미한다. 따라서 농업인 건강을 위해서는 일차적인 예방과 보건의료체계의 개선이 함께 중요하다.

3. 농약의 식품 오염

1) 발암위험도

농약이 우리 사회에서 얼마나 위해한지를 평가해 주는 절대값은 보건학 차원에서 중요한 정보이다. 그러나 상대 위험도 지표들(odds ratio, relative risk)은 이러한 정보를 직접 제공하지 못한다. 따라서 보건학에서는 위해성 평가

(risk assessment)라는 과정을 통해 독성 물질 등 위해 요인에 의해 나타날 수 있는 인구집단에서의 건강 위해 확률을 산출한다. 농약에 의한 악성종양의 위해도를 예로 들면 우선 특정 농약이 과연 악성종양을 발생시키는지 위험성 확인(hazard identification)에 대해 기존 연구결과들을 종합하여 판단한다. 다음은 해당 농약과 악성종양 간에 용량-반응 평가(dose-response assessment)를 실시한다. 이 과정 역시 여러 중요한 정보를 종합하고 추론하는 과정을 거친다. 그리고 해당 농약의 인구집단에서의 노출량(exposure assessment)을 객관적 자료들에 근거하여 산출한다. 마지막으로 위 과정들을 종합하여 인구집단에서 해당 농약의 악성종양에 대한 위해도 크기를 결정(risk characterization)한다. 이러한 과정에서 위해성 평가의 불확실성과 한계, 그리고 산출된 값에 대한 집단적 차원의 해석을 이해하는 것이 중요하다.

농약은 식품에 오염되어 인체에 노출될 수 있기 때문에 식품을 통해 농약을 평생 섭취했을 때의 암 발생 위험도를 살펴보는 연구들이 실시된 바 있다. 미국에서 식품 중 농약오염의 암 위험도를 미국 환경보호국과 식품의약품안전청에서의 노출 모델을 근거로 산출한 바에 의하면 발암 위험도가 100만 명당 한 명 이상과 한 명 미만으로 각각 나타났다. 다른 연구들에서도 조사 식품과 시기에 따라 차이가 나지만 대체로 비슷한 결과들을 보고하고 있다. 일반적으로 100만 명당 한 명 이하의 위해성을 가질 때는 무시 가능한 것으로 보며, 따라서 농약의 식품오염에 의한 발암 위험도는 사회적으로 무시될 만한 수준과 그렇지 않은 수준 사이에서 보고되고 있다.

한편 Bruce Ames는 일련의 논문들을 통해서 대부분의 인구집단이 노출되어 있는 낮은 농도의 합성 농약 잔류물의 위험도는 매우 낮다고 보고하면서 농약의 환경적 노출에 의한 독성이 불필요하게 과장되었다고 주장하였다. 반면 미국 국립환경보건연구원에서는 그러한 주장이 잘못된 것이며 공중보건학적 정책에서는 수용할 수 없다고 비판한 바 있다.

국내에서도 식품 중 농약오염과 발암위험도에 대한 연구가 일부 실시된 바 있다. 1996-1997년에 150건의 채소를 수집하여 발암성 농약의 위해성 평가 결과는 대체로 낮은 것으로 보고된 바 있다. 2001년도에는 농수산물센터에서 107개 농산물 6,164개 시료에서 측정된 농약 잔류량을 근거로 일반 주민들에 대한 암 위험도를 산출한 바 있다. 일일 섭취량을 최대로 설정할 경우와 평균 추정 섭취량으로 설정할 경우 각각 만 명당 7.3명에서 천만 명당 1.8명의 넓은 범위의 발암 위험도를 보고한 바 있다. 또한 26종 78개의 해산물 시료에서 유기염소계 농약 잔류량을 측정하고 위험도를 평가한 결과 비발암성 위험은 적은 것으로 나타났으나 PCB와 DDT에 의한 평생 발암 위험도는 증가된 것으로 보고되었다.

그러나 아직 식품 외에 수질 및 생활환경을 통한 농약 노출에 대해서는 조사가 거의 없어 종합적인 환경 노출 평가에 의한 위험도 산정은 이루어지지 못하고 있다. 농약의 환경적 노출로 인한 위험도는 비록 적다고 하더라도 개인의 의지와 상관없이 불필요하게 추가로 노출된다는 점에서 전 국민을 대상으로 한 민감한 보건학적 주제이다.

■ 농약의 식품 오염과 발암성에 대한 Ames의 주장과 논란

Bruce Ames는 살모넬라균을 이용해 돌연변이인자(mutagen) 여부를 결정하는 데 이용되는 검사법(Ames test)을 개발하였다. 에임스는 돌연변이원성 개발 초기에 수많은 일상 화학물질에서 돌연변이원성이 검출되자 이를 경고하면서 환경보호론자들로부터 추앙 받았다. 그러나 이후 천연물질에서도 비슷한 결과를 보이자 인공뿐 아니라 천연물질도 위험하다는 것을 주장하였다. 일련의 논문들을 통해서 우리 주변에서는 합성 화학물질보다 훨씬 많은 자연 발암성 물질이 존재하며, 실제로 미국인이 섭취하는 음식에서 농약성분의 99% 이상은 식물 자체 내에서 만들어진 것이라고 주장하였다. 또한 사람들이 노출되고 있는 매우 낮은 농도의 인공 화학물질들은 암을 일으키기에 충분하지 않으며, 오히려 불필요한 작은 위험도를 줄이기 위해 채소나 과일의 섭취가 줄어든다면 더욱 큰 문제라고 지적하면서 이번에는 산업체의 이익을 대변한다고 비판받기도 하였다.

2) 유기농산물

유기농산물(organic agricultural product)에는 농약 오염이 적을 것이라고 알려져 있으며 일부 소비자들은 값이 비싸지만 유기농산물을 선호한다. 실제로 외국 연구들에 의하면 유기농산물 섭취가 일반 농산물보다 농약 노출을 줄이는 것으로 보고되고 있다. 미국 시애틀 지역에서 진행된 어린이 농약 노출연구(Children's Pesticide Exposure Study)에서는 23명의 어린이들을 1년간 추적 조사하여 유기농 식품을 섭취했을 때 소변 중 유기인계 농약들의 농도가 현저히 감소되고, 일반 식품을 섭취했을 때는 다시 농도가 증가되었음을 보고한 바 있다(그림 5-2). 일련의 다른 연구들에서도 유기농산물을 먹였을 때 어린이에서 체내 농약 농도를 감소시키는 것으로 일관되게 보고되고 있다.

그러나 건강을 위해서 유기농산물을 섭취해야 하는지는 또 달리 평가되어야 할 분야이다. 현재까지의 연구에 의하면 유기농산물이 농약 오염이 적은 것은 사실이지만 일반 농산물을 섭취하는 것에 비해서 건강에 더욱 좋다는 증거는

〈그림 5-2〉 음식물 섭취에 따른 소변 중 chlorpyrifos 대사물질(TCPy) 농도 변화

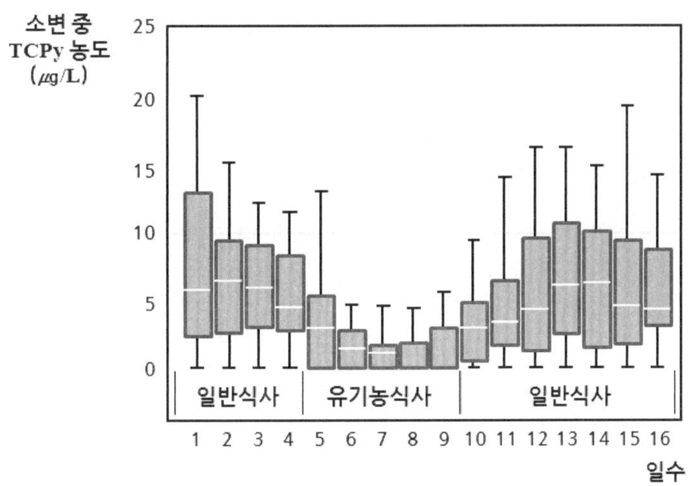

출처 : Lu C et al. Organic diets significantly lower children's dietary exposure to organophosphorus pesticides. *Environmental Health Perspectives*. 2006.

없다. 오히려 유기농산물이 반드시 일반 식품보다 바람직하지 않을 수 있다고 주장되기도 한다. 농약을 사용하지 않은 경우 병해충에 많이 걸릴 수 있고 이로 인한 직접적인 건강상의 피해가 농약 오염으로 인한 피해보다 클 수도 있다. 그리고 농약을 사용하지 않을 경우 농산물의 자기 방어를 위해 여러 자연 독성 물질이 만들어지고 이에 따라 유기농산물에는 천연 농약 성분들이 많게 될 수도 있다.

또한 농산물의 경우 섭취 시 신체에 좋은 건강영향도 고려되어야 한다. 예를 들어 농약 오염으로 인한 건강 위험도과 그 농산물을 섭취했을 때의 좋은 영향을 비교하면, 설령 오염이 조금 있다고 하더라도 전체적으로는 건강에 좋을 수 있다. 즉 농약을 사용하여 재배한 일반 사과를 저렴한 가격에 많이 구입하여 깨끗이 씻어 먹는 것이 비싼 유기농 사과를 적게 먹는 것보다 좋은 선택일 수 있다. 비슷한 사례로 채소 섭취로 인한 건강보호 효과와 채소에서의 잔류 농약으로 인한 건강 위험성을 비교하면 전체적으로는 채소 섭취가 질병 예방효과에 유리하다는 연구 결과가 보고되기도 하였다.

따라서 식품에서의 경우 단지 화학 농약의 농도가 감소되었다고 무조건 유기 농산물이 건강에 좋을 것이라고 판단하는 것은 위험할 수 있다. 사실 알레르기를 비롯하여 많은 건강문제가 자연에서 비롯되는 것을 고려하면 자연 상태가 인간에게 항상 좋은 것인가는 반문할 필요가 있다. 즉 자연물질은 항상 좋고 인공 화학물질은 항상 인간에 나쁘다는 것은 잘못된 편견일 수 있다. 인류는 자연과 인공을 조화시켜 사람들에게 유리한 방향으로 역사를 변화시켜 왔듯이 극단의 형태가 아닌 조화로운 생활이 중요하다고 할 수 있다.

우리나라에서 유기 및 무농약 농산물은 2011년도 현재 약 10.6%로서 점차 증가하고 있는 양상이다. 2011년도 농협의 잔류농약 안전관리 현황을 살펴보면 잔류농약 검출률은 일반농산물에서 2.6%, 친환경농산물에서 1.3%였다. 검출률이 높은 농약으로는 procymidon, cypermethrin, chlorfenapyr, endosulfan 순이었으며 작물 중에는 깻잎, 부추 등 소면적 재배작물의 농약 검출률이 높은 것으로 나타났다. 우리나라 식품의약품안전청에서도 국내 유통 식품 중 잔류농약 실태조사를 수행하고 있으며 2011년 국내 유통 농산물의 일부(17품목 345건)를 검사하여 잔류농약 236종을 분석한 결과, 99.7%가 기준에 적합하여 안전한 수준이라고 밝힌 바 있다.

잔류 농약을 둘러싼 논란은 발암성 유무 또는 자연과 인공의 비교보다는 우리 일상생활에서 불필요하게 부가되는 위험성에 대한 갈등이라고 할 수 있다. 일반적으로 위험도가 크지만 어쩔 수 없이 사용되어야 하는 화학물질에 대해서는 오히려 쉽게 용인하는 경향이 있으나 적은 노출이라도 불필요하게 부가되는 위험도는 받아들이지 못하는 경향이 있다. 그러나 객관적으로 작은 위험도에 대한 대책으로 인해 훨씬 크게 부가되는 위험도를 등한시한다거나 노력이 분산된다면 더 큰 문제를 초래할 수 있다. 따라서 식품에서의 잔류 농약에 대한 위험도에 있어서는 직업적 노출과 달리 균형 잡힌 판단이 특히 중요하다. 위험도에 대한 종합적이고 균형 잡힌 이해를 통해 불필요한 농약 노출을 최소한으로 줄이기 위해 노력하는 것이 바람직하다.

3) 농약의 식품 오염에 대한 인식

농약의 식품 중 오염은 환경 유해인자들 중에서 가장 불안해하는 요인의 하나로 보고되고 있다. 2008년도 사회조사 자료에 의하면 우리나라 국민들은 국내산 농산물 농약 오염에 대해서는 40.9%가 불안하다고 느끼고 수입산 농산물 농약 오염에 대해서 87.3%가 불안하다고 느껴 다른 환경오염보다 수입산 농산물 농약오염을 가장 불안하게 느끼는 것으로 나타났다 (표 5-13). 주로 여성, 40-50대 연령층, 기혼자, 대학졸업자, 비생산직 근로자, 학부모, 자가 집 소유군, 환경오염 방지노력 행위(쓰레기 분리수거 등)를 하는 군일수록 식품 중 농약 오염에 대해 더 높은 불안도를 나타났다.

수입 농산물을 가장 불안하게 느끼는 이유는 국내산에 비해 유해물질이 많다고 생각하는 경향이 크고, 수입식품이 수출국에서 우리나라까지 들어오는 동안에 식품의 신선도를 유지하기 위하여 과다한 농약처리를 해야 한다고 생각하기 때문으로 판단된다. 또한 자유무역협정으로 인한 수입산 농산물의 개방으로 생존과 직결된 농업종사자들의 부정적인 시각이 응답에 영향을 미친 것으로 추정된다. 특히 농업인의 경우 국내산 농약 오염에 대한 불안도는 다른 집단보다 낮지만 수입산 농약 오염에 대해서는 가장 높은 불안도를 보이는 것이 이러한 경향을 반영한다고 할 수 있다.

〈표 5-13〉 국내 농약오염 및 환경문제에 대한 불안도

단위 : 인원수(%)

항목	매우 불안하다	약간 불안하다	보통이다	별로 불안하지 않다	전혀 불안하지 않다	전체
국내산 농산물	2,658 (6.3)	14,679 (34.6)	16,393 (38.5)	7,425 (17.5)	1,317 (3.1)	42,472 (100)
수입산 농산물	21,870 (51.5)	15,219 (35.8)	4,480 (10.6)	762 (1.8)	141 (0.3)	42,472 (100)
기후변화	5,449 (12.8)	22,631 (53.3)	11,194 (26.4)	2,967 (7.0)	231 (0.5)	42,472 (100)
유전자 변형식품	8,595 (20.2)	20,520 (48.3)	10,928 (25.7)	2,253 (5.3)	176 (0.5)	42,472 (100)
황사	10,175 (24.0)	21,788 (51.3)	8,975 (21.1)	1,401 (3.3)	133 (0.3)	42,472 (100)
원자력 시설	5,152 (12.1)	14,692 (34.6)	16,645 (39.2)	4,963 (11.7)	1,020 (2.4)	42,472 (100)

출처 : 남은경 등. 〈한국인의 농산물 농약 오염 불안도 연구—2008년도 사회조사를 바탕으로〉. 《한국환경보건학회지》. 2011.

주요 참고문헌

기명, 나백주, 이원진, 정백근, 이희영, 박성우, 김은주. 《농어촌의료서비스개선사업 성과 평가 및 향후 투자 방향 정립에 관한 연구》. 보건복지부, 을지대학교, 한국건강증진재단. 2012.

남은경, 차은실, 최영철, 이원진. 〈한국인의 농산물 농약 오염 불안도 연구 : 2008년도 사회조사를 바탕으로〉. 《한국환경보건학회지》. 2011;37(4):323-31.

설재웅, 이상욱, 손태용, 지선하, 남정모, 오희철. 〈농약사용과 암발생과의 관계〉. 《예방의학회지》. 2002;35(1):24-32.

식품의약품안전청. 잔류화학물질정보. http://fse.foodnara.go.kr/residue

윤재홍, 이종태, 정용, 신동천. 〈채소류 중 발암성 농약의 위해성 평가〉. 《예방의학회지》. 1999;32(2):155-61.

이원진. 〈농약노출과 건강〉. 《한국환경보건학회지》. 2011;37(2):81-93.

최순과 김정원. 〈농약 폐기물 취급 근로자에서 발생한 근위축성가측경화증 증례〉. 《대한직업환경의학회지》. 2011;23(4):480-7.

Alavanja MC and Bonner MR. Occupational pesticide exposures and cancer risk : a review. *Journal of Toxicology and Environmental Health. Part B, Critical Reviews.* 2012;15(4):238-63.

Alavanja MC, Ross MK, Bonner MR. Increased cancer burden among pesticide applicators and others due to pesticide exposure. *CA Cancer J Clin.* 2013 (In print).

Ames BN and Gold LS. Environmental pollution, pesticides, and the prevention of cancer : misconceptions. *FASEB Journal.* 1997;11(13):1041-52.

Attaran A and Maharaj R. Doctoring malaria, badly : the global campaign to ban DDT. *British Medical Journal.* 2000;321(7273):1403-5.

Beseler CL and Stallones L. A cohort study of pesticide poisoning and depression in Colorado farm residents. *Annals of Epidemiology.* 2008;18(10):768-74.

Blair A and Freeman LB. Epidemiologic studies in agricultural populations : observations and future directions. *Journal of Agromedicine.* 2009;14(2):125-31.

Calvert GM, Lee K, Roh S, Davis K, Tak SW. Promoting and protecting worker health and safety in the Republic of Korea agricultural sector. *Journal of Agromedicine.* 2012;17(3):326-37.

Cha ES, Kong KA, Moon EK, Lee WJ. Prevalence and changes in chronic diseases among South Korean farmers : 1998 to 2005. *BMC Public Health.* 2009;9:268.

Chun OK and Kang HG. Estimation of risks of pesticide exposure, by food intake, to Koreans. *Food and Chemical Toxicology.* 2003;41(8):1063-76.

Donham KJ and Thelin A, eds. *Agricultural Medicine : Occupational and Environmental Health for the Health Professions.* Ames : Blackwell Publishing. 2006.

Eskenazi B, Bradman A, Gladstone EA, Jaramillo S, Birch K, Holland N. CHAMACOS, a longitudinal birth cohort study : lessons from the fields. *Journal of Children's Health.* 2003;1(1):3-27.

Forman J, Silverstein J; Committee on Nutrition; Council on Environmental Health; American Academy of Pediatrics. Organic foods: health and environmental advantages and disadvantages. *Pediatrics.* 2012;130(5):e1406-15.

Frazier LM. Reproductive disorders associated with pesticide exposure. *Journal of Agromedicine.* 2007;12(1):27-37.

Garcia AM. Pesticide exposure and women's health. *American Journal of Industrial Medicine.* 2003;44(6):584-94.

Han DH. Airborne concentrations of organophosphorus pesticides in Korean pesticide manufacturing/formulation workplaces. *Industrial Health.* 2011;49(6):703-13.

Hoppin JA, Umbach DM, London SJ, Lynch CF, Alavanja MC, Sandler DP. Pesticides and adult respiratory outcomes in the Agricultural Health Study. *Annals of the New York Academy of Sciences.* 2006;1076:343-54.

Ismail AA, Bodner TE, Rohlman DS. Neurobehavioral performance among agricultural workers and pesticide applicators : a meta-analytic study. *Occupational and Environmental Medicine.* 2012;69(7):457-64.

Jones DR, Sutton AJ, Abrams KR, Fenty J, Warren F, Rushton L. Systematic review and meta-analysis of mortality in crop protection product manufacturing workers. *Occupational and Environmental Medicine.* 2009;66(1):7-15.

Kim HA, Kim EM, Park YC, Yu JY, Hong SK, Jeon SH, Park KL, Hur SJ, Heo Y. Immunotoxicological effects of Agent Orange exposure to the Vietnam War Korean veterans. *Industrial Health.* 2003;41(3):158-66.

Kim J, Ko Y, Lee WJ. Depressive symptoms and severity of acute occupational pesticide poisoning among male farmers. *Occupational and Environmental Medicine.* 2013[Epub ahead of print]

Kirrane EF, Hoppin JA, Kamel F, Umbach DM, Boyes WK, DeRoos AJ, Alavanja MC, Sandler DP. Retinal degeneration and other eye disorders in wives of farmer pesticide applicators enrolled in the Agricultural Health Study. *American Journal of Epidemiology.* 2005;161(11):1020-9.

Lee K and Lim HS. Work-related injuries and diseases of farmers in Korea. *Industrial Health.* 2008;46(5):424-34.

Lee SJ, Kim I, Ryou H, Lee KS, Kwon YJ. Work-related injuries and fatalities among farmers in South Korea. *American Journal of Industrial Medicine.* 2012;55(1):76-83.

Lee WJ, Cha ES, Moon EK. Disease prevalence and mortality among agricultural workers in Korea. *Journal of Korean Medical Science.* 2010;25(Suppl): S112-8.

Lee WJ and Alavanja MC. Pesticides. In : Colditz GA, ed. *Encyclopedia of Cancer and Society.*

Thousand Oaks : SAGE publications. 2007:670-3.

Lee WJ, Alavanja MC, Hoppin JA, Rusiecki JA, Kamel F, Blair A, Sandler DP. Mortality among pesticide applicators exposed to chlorpyrifos in the Agricultural Health Study. *Environmental Health Perspectives*. 2007;115(4):528-34.

Lee WJ, Purdue MP, Stewart P, Schenk M, De Roos AJ, Cerhan JR, Severson RK, Cozen W, Hartge P, Blair A. Asthma history, occupational exposure to pesticides, and the risk of non-Hodgkin lymphoma. *International Journal of Cancer*. 2006;118(12):3174-6.

Lee WJ, Colt JS, Heineman EF, McComb R, Weisenburger DD, Lijinsky W, Ward MH. Agricultural pesticide use and risk of glioma in Nebraska, United States. *Occupational and Environmental Medicine*. 2005;62(11):786-92.

Lee WJ, Hoppin JA, Blair A, Lubin JH, Dosemeci M, Sandler DP, Alavanja MC. Cancer incidence among pesticide applicators exposed to alachlor in the Agricultural Health Study. *American Journal of Epidemiology*. 2004;159 (4):373-80.

Lee WJ, Lijinsky W, Heineman EF, Markin RS, Weisenburger DD, Ward MH. Agricultural pesticide use and adenocarcinomas of the stomach and oesophagus. *Occupational and Environmental Medicine*. 2004;61(9):743-9.

London L, Flisher AJ, Wesseling C, Mergler D, Kromhout H. Suicide and exposure to organophosphate insecticides : cause or effect? *American Journal of Industrial Medicine*. 2005;47(4):308-21.

Lu C, Toepel K, Irish R, Fenske RA, Barr DB, Bravo R. Organic diets significantly lower children's dietary exposure to organophosphorus pesticides. *Environmental Health Perspectives*. 2006;114(2):260-3.

Mackness B, Durrington P, Povey A, Thomson S, Dippnall M, Mackness M, Smith T, Cherry N. Paraoxonase and susceptibility to organophosphorus poisoning in farmers dipping sheep. *Pharmacogenetics*. 2003;13(2):81-8.

Moon HB, Kim HS, Choi M, Yu J, Choi HG. Human health risk of polychlorinated biphenyls and organochlorine pesticides resulting from seafood consumption in South Korea, 2005-2007. *Food and Chemical Toxicology*. 2009;47(8):1819-25.

Park J, Yoo CI, Sim CS, Kim HK, Kim JW, Jeon BS, Kim KR, Bang OY, Lee WY, Yi Y, Jung KY, Chung SE, Kim Y. Occupations and Parkinson's disease : a multi-center case-control study in South Korea. *Neurotoxicology*. 2005;26 (1):99-105.

Park SK, Kong KA, Cha ES, Lee YJ, Lee GT, Lee WJ. Occupational exposure to pesticides and nerve conduction studies among Korean farmers. *Archives of Environmental &*

Occupational Health. 2012;67(2):78-83.

Parks CG, Walitt BT, Pettinger M, Chen JC, de Roos AJ, Hunt J, Sarto G, Howard BV. Insecticide use and risk of rheumatoid arthritis and systemic lupus erythematosus in the Women's Health Initiative Observational Study. *Arthritis Care & Research.* 2011;63(2):184-94.

Peck EC and Eaton DL. Genetic Polymorphism and Susceptibility to Pesticides. In : Krieger R, ed. *Handbook of Pesticide Toxicology.* 3rd edition. San Diego : Academic Press. 2010:525-49.

Prince S. Overview of Hazards for Those Working in Agriculture. In : Lessenger JE, ed. *Agricultural Medicine : A Practical Guide.* New York : Springer. 2006:29-34.

Siemiatycki J, Richardson L, Straif K, Latreille B, Lakhani R, Campbell S, Rousseau MC, Boffetta P. Listing occupational carcinogens. *Environmental Health Perspectives.* 2004; 112(15):1447-59.

Swirsky Gold L, Stern BR, Slone TH, Brown JP, Manley NB, Ames BN. Pesticide residues in food : investigation of disparities in cancer risk estimates. *Cancer Letters.* 1997;117(2): 195-207.

Tomatis L, Melnick RL, Haseman J, Barrett JC, Huff J. Alleged misconceptions' distort perceptions of environmental cancer risks. *FASEB Journal.* 2001;15(1): 195-203.

United Nations Educational, Scientific and Cultural Organization. *The Precautionary Principle.* Fontenoy : United Nations Educational, Scientific and Cultural Organization. 2005. http://unesdoc.unesco.org/images/0013/001395/139578e.pdf

van der Mark M, Brouwer M, Kromhout H, Nijssen P, Huss A, Vermeulen R. Is pesticide use related to Parkinson disease? Some clues to heterogeneity in study results. *Environmental Health Perspectives.* 2012;120(3):340-7.

Vinson F, Merhi M, Baldi I, Raynal H, Gamet-Payrastre L. Exposure to pesticides and risk of childhood cancer : a meta-analysis of recent epidemiological studies. *Occupational and Environmental Medicine.* 2011;68(9):694-702.

Weichenthal S, Moase C, Chan P. A review of pesticide exposure and cancer incidence in the Agricultural Health Study cohort. *Environmental Health Perspectives.* 2010;118(8):1117-25.

Wolff MS, Anderson HA, Britton JA, Rothman N. Pharmacokinetic variability and modern epidemiology-the example of dichlorodiphenyltrichloroethane, body mass index, and birth cohort. *Cancer Epidemiololgy, Biomarkers and Prevention.* 2007;16(10):1925-30.

제6장

농약의 사회적 부담 및 관리

burden & management

1. 농약에 의한 부담

1) 질병 부담

농약으로 인한 질병 및 경제적 부담을 비롯해 사회적 부담을 평가하는 것은 우리 사회에서 농약관리 대책을 수립하는 데 있어서 중요한 정보를 제공해 준다. 일반적으로 질병으로 인한 부담 평가를 위해서는 질병자의 숫자(number), 질병으로 인한 손실 일수(time), 그리고 질병으로 인한 경제적 비용(cost) 등의 내용들이 활용될 수 있다. 그러나 아직까지는 국제적으로도 급성 농약 중독의 규모와 경제적 비용을 파악하는 수준에서 일부 연구들이 실시되었을 뿐이어서 보다 많은 연구들이 요구된다.

질병 부담을 평가하는 데 많이 활용되는 지표는 기여위험도(attributable risk)로서 특정 노출이 기여하는 정도가 얼마인지를 나타낸다. 기여위험도 값은 위험요인에 노출된 군과 노출되지 않은 군 간의 질병 발생률 차이로 산출한다. 예를 들어 농약 노출군과 비노출군 간의 악성종양 발생률의 차이를 통해 농약 노출군에서 악성종양이 얼마나 초과 발생하게 되는지를 파악할 수 있다. 이러한 수량적 지표는 만약 농약 노출이 없었다면 악성종양을 얼마나 예방할 수 있는지를 말해 주는 것으로 공중보건학적으로 중요한 의미를 가진다.

농약으로 인한 질병의 기여 정도를 노출 집단만이 아니라 비노출 집단을 포함한 전체 인구집단으로 확대하였을 때는 인구집단 기여위험도(population attributable risk)라고 한다. 인구집단 기여위험도는 위험요인이 전체 인구집단에서의 질병 발생에 기여하는 부분을 의미하는 것으로 만약 해당 위험요인이 없다면 인구집단(노출 및 비노출 모두)에서 질병을 예방할 수 있는 정도를 나타낸다. 이를 산출하기 위해서는 전체 인구집단에서의 질병 발생률과 특정 위험요인에 노출된 군에서의 발생률을 파악해야 한다. 그러나 실제로 집단 내 발생률을 알기 어렵기 때문에 해당 위험요인의 비교위험도(relative risk)와 그 요인의 노출 분율(exposure proportion)을 근거로 추정하기도 한다. 인구집단

기여위험도 값은 위험요인의 비교위험도가 높거나 지역사회 내 노출 분율이 높으면 증가한다. 이러한 기여위험도와 인구집단 기여위험도는 각 나라의 보건 사업의 우선순위 결정에 필수적인 지표로서 활용되고 있다.

그런데 인구집단 기여위험도를 산출할 때 인구집단이 얼마나 노출되는지에 대한 정보가 함께 필요하므로 비록 비교위험도가 같더라도 노출 정도에 따라 각 나라 및 인종별로 다른 값을 보일 수 있다. 또한 같은 흡연 요인이라고 하더라도 폐암 발생에 대한 비교위험도는 우리나라와 미국 혹은 유럽의 결과와 다른 값을 갖는다. 따라서 인구집단 기여위험도 산출 시 다른 나라에서의 비교위험도 값을 그대로 적용하는 것은 바람직하지 못한 경우들이 많다. 그리고 만약 어떤 위험요인이 독성이 강하지만 일부 소수 사람들에게만 노출되었다면 그 물질에 직접 노출된 집단에서의 위험도는 커서 기여위험도는 큰 값을 보이지만 전체 인구에서는 노출 정도가 적어 인구집단 기여위험도의 절대적 규모는 상대적으로 작은 값을 보일 수 있다.

한편 인구집단 기여위험도 지표가 특정 요인에 의한 질병기여 정도를 저평가할 수 있다는 것을 인식하고 해석하는 것도 중요하다. 실제로 직업 및 환경성 발암물질에 의한 암 발생의 인구집단 기여위험도를 산출할 경우 아직 연관성이 확인되지 않은 발암물질, 혼합물질의 상호작용, 낮은 농도의 발암물질에 광범위하게 노출된 인구집단 등을 포괄하지 못한 것으로 비판받고 있다.

농약에 대한 질병 부담 평가는 현재로서는 농약과 직접 관련된 농약 중독의 발생 및 유병률 자체를 통해 제시되고 있는 수준이다. 그러나 급성중독은 농약 노출에 의한 것이 상대적으로 분명하나 만성중독은 농약과의 연관성이 분명하지 못한 경우가 많아 농약의 질병부담 지표는 급성 농약 중독의 규모만을 나타내는 한계를 갖고 있다. 우리나라에서 농약으로 인한 인구집단 기여위험도를 정확히 산출하기 위해서는 우리나라 국민을 대상으로 한 농약 노출의 정도 그리고 농약 노출과 각 질환과의 연관성 연구를 통한 비교위험도 산출이 필요하다. 비록 농약과 만성질환과의 연관성이 불확실한 경우가 많지만 향후 농약 노출에 따른 만성 건강영향으로 인한 질병 부담 연구들이 진행되어 농약에 의한 종합적인 질병부담을 산출하는 것은 중요한 연구 주제이다.

2) 경제적 부담

농약으로 인한 경제적 비용에 대해서는 일부 국가들에서 급성 농약 중독으로 인한 비용을 산출한 연구들이 주로 실시되었다. 각 연구들의 조사 시기와 대상 집단의 차이, 그리고 경제적 비용의 정의 및 산출 방식에 많은 차이를 보여 일관적인 비교는 어렵지만 농약 중독자 한 명에 소요되는 평균 비용이 에콰도르에서는 9.9달러, 짐바브웨에서는 4.7-8.3달러, 스리랑카는 49.1달러, 이탈리아에서는 802달러로 각각 산출된 바 있다. 한편 네팔에서는 농약 노출과 건강비용, 농약사용과 경제적 수익 등을 비교하여 농약 살포자가 비농약 살포자에 비해서 훨씬 많은 건강비용을 지출한다고 보고되었으며, 브라질에서는 농약으로 인한 건강문제의 치료를 위한 비용이 농약을 사용하는 이익의 25-42% 정도를 차지하는 것으로 보고된 바 있다.

우리나라에서도 2009년도 건강보험 자료를 통해 농약 중독으로 인한 비용을 산출하였다(표 6-1). 농약 중독의 종합적인 경제적 비용을 산출하기 위해 농약 중독으로 지출되는 직접 의료비용 외에도 그 질병으로 인한 교통비, 간병비, 노동력 감소율 및 손실액 등 간접 비용 등이 포함되었다. 직접의료 비용은 보험자료를 통해서 산출하였고 간접 비용은 기존에 알려진 정보 등을 모아서 추산하였다. 연구 결과 우리나라 2009년도 급성 농약 중독으로 인한 경제적 비용은 약 1,900억 원이 소요되었으며 비용의 대부분은 생산성 손실 특히 조기 사망에 의한 손실에서 비롯되었다. 다른 질환들보다 직접 의료비용이 상대적으로 적고 간접비용이 많은 이유는 급성 농약 중독이 대부분 자살 목적으로 농약을 복용한 경우들이기 때문이다.

이 연구에서 산출된 1,900억 원이라는 비용은 다른 질병보다 크다고 할 수 없으나 우리나라에서 급성 농약 중독으로 인한 사회적 비용을 객관적으로 파악하였다는 데 의미가 있다. 즉 농약 중독으로 인해 의료보험에서 지출된 비용은 약 10억 원으로 전체 의료보험 비용의 0.05%에 불과하지만 급성 농약 중독으로 인한 간접비용은 전체 질환의 0.31%를 차지한다. 전체 질병 중 차지하는 직간접 비용의 이러한 큰 차이는 농약 중독의 경우 사망률이 높아 치료비용은 적게 들지만 조기 사망으로 인한 생산성 손실 등이 크기 때문에 발생하는 것이다. 이것은 농약 중독이 다른 질환보다 상대적으로 젊은 연령에서 발생하는 것과도 연관된다. 이처럼 직접비용이 적은 것이 그동안 농약 중독이란 질병에 사회적 관심이 적었던 하나의 이유가 될 수 있다.

한편 보험 자료를 통해 산출된 농약 중독 비용은 여러 제한점을 갖는다. 우선 산출된 값은 여러 가지 이유로 과소평가되었을 가능성이 높다. 심하지 않은

〈표 6-1〉 국내 급성 농약 중독에 의한 경제적 부담, 2009

(단위 : 천원)

비용 구분	비용
총 비용	190,752,132
직접 의료비용	16,139,852
의료보험자 부담비용	9,952,506
환자본인 부담비용	2,625,664
의료보험 약제비용	47,146
의료보험 비급여 비용	3,514,536
직접 비의료 비용	1,759,037
교통 비용	162,464
간병 비용	1,596,573
간접비용	172,853,243
조기 사망으로 인한 생산성 손실	169,002,750
입원과 외래 방문으로 인한 작업 손실	3,850,493

출처 : Choi Y et al. Economic burden of acute pesticide poisoning in South Korea. *Tropical Medicine & International Health*. 2012.

급성농약 중독의 경우 병의원을 찾아오지 않아 자료에서 누락될 수 있으며, 증상 및 징후가 비특이적이어서 다른 질환으로 진단될 수도 있다. 그리고 농약으로 인한 만성중독에 의한 질병 부담과 비용은 포함되어 있지 않았다. 농약의 만성중독은 급성중독과 같이 질병 분류가 되어 있지 않기 때문에 의료기관에서 여러 증상과 징후가 농약의 만성 노출에 의한 것으로 의심된다고 하더라도 기록할 진단 코드가 없으며 따라서 기존에 잘 알려진 유사한 질병으로 잘못 분류되는 경우가 많다. 또한 농약 노출이 암이나 신경계 질환의 발생을 높였다면 이러한 부분도 농약으로 인한 질병부담에 포함되어야 할 것이다. 이럴 경우 농약에 의한 경제적 비용이 훨씬 더 커질 것이다.

3) 사회적 부담

농약을 사용함으로 해서 얻어지는 작물 생산의 이익과 인간의 건강과 환경에 주는 피해는 각각 어느 정도이며, 농약의 사용이 과연 피해를 감수할 만큼 충분한 이익을 주는 것인지를 구명하는 것은 우리 사회에서 농약을 관리하는데 중요한 정보를 제공해 줄 수 있다. 농약이 단순히 작물 생산을 증가시키는 비용을 넘어서 농약 사용에 따른 사회적 비용들이 발생된다는 것을 고려해야 하며, 농약을 사용해서 얻게 되는 경제적 이득이 보건학적 피해를 감수할 만큼의 충분한 보상인가를 판단해야 한다.

농약은 외부효과(externality)[1]가 크기 때문에 농약을 사용할수록 눈에 보이지 않은(계산되지 않은) 비용이 그만큼 증가되어, 농약에 의한 사회적 부담이 과소평가될 가능성이 높다. 농약 사용에 의한 외부효과는 비용이 흔히 무시되는 경우가 많으며, 비용이 일정 시간 뒤에 발생되기도 하고, 잘 알려지지 않는 집단에 피해를 주기도 한다. 예를 들어 농약 제조사는 농약으로 인해 발생되는 중독 및 건강영향에 대한 비용을 지불하지 않고 있으며 농업인들은 농약으로

1 어떤 행위가 다른 사람에게 의도하지 않은 혜택이나 손해를 발생시키면서도 이에 대해 대가를 받거나 비용을 지불하지 않는 것.

인한 환경 오염을 제거하는 것에 큰 관심이 없다. 이러한 부분은 표면적으로 계산되지는 않지만 우리 사회가 결국은 지불하게 되는 비용들이다.

미국에서의 연구에 의하면 농약으로 인한 환경 및 인구집단의 피해에 대한 간접비용이 약 96억 달러에 이르는 것으로 추산된 바 있다(표 6-2). 이 연구에서 고려된 건강 및 환경 비용들로는 공중보건에 미치는 영향(농약 제조 근로자 및 살포 근로자와 가족들의 농약 노출로 인한 건강 영향)뿐 아니라 가축, 어류, 야생 동물 및 곤충에 미치는 피해, 그리고 지하수 오염에 이르기까지 다양한 환경적 영향들이 고려되었다. 즉 농약 살포에 의한 토양과 표층수를 오염시킴으로 인해 물을 처리하여 식수로 적합하게 만드는 데 드는 비용, 수생생태계를 교란시키고 물고기를 죽임으로 발생되는 피해 비용, 자연에서의 생물 다양성에 대한 부정적 영향으로 인한 비용 등은 농약을 사용하지 않으면 결국 발생하

〈표 6-2〉 미국에서 농약으로 인한 환경 및 사회적 비용 추정

(단위 : 백만 달러/년)

비용 구분	비용
공중보건에 미치는 영향	1,140
가축의 죽음, 낙농제품의 농약 오염으로 인한 손실	30
천적 개체수 감소	520
해충의 농약 저항성 발달로 인한 농산물 감소	1,500
꿀벌 개체수 감소 및 식물의 수분(受粉)작용 저하로 인한 농산물 감소	334
농약으로 인한 약해(藥害)가 발생하여 농산물 감소	1,391
어류 개체수 감소	100
야생 조류(鳥類) 및 동물 개체수 감소	2,160
지하수 오염	2,000
농약감시 및 규제 프로그램 수행을 위한 정부 예산	470
총 비용	9,645

출처 : Pimentel D. Environmental and Economic Costs of the Application of Pesticides Primarily in the United States. In : Peshin R and Dhawan AK, eds. *Integrated Pest Management : Innovation-Development Process*. Springer. 2009.

지 않을 비용들로서 농약의 사회적 비용으로서 포함될 수 있다.

농약이 사용되지 않는다면 농작물 감소를 통해 경제적으로 손해라는 의견들도 많이 보고되고 있다. 그러나 농약 사용을 사회에서 어느 한 순간 금지시키는 상황을 근거로 하는 계산은 현실적이지 못한 가정으로서 비용을 과대평가하여 산출할 수 있다. 농약을 사용하지 않는 경우 실제로는 점차 사용을 줄이는 것이 자연스럽고, 이러한 상황에 근거하여 비용이 계산된다면 훨씬 적은 비용이 산출될 것으로 알려졌다. 또한 기존 계산과정은 병해충종합관리와 유기농 프로그램을 통해 작물 손실 없이 농약사용을 줄이는 성공적 경험들을 포함시키지 못하였다는 지적도 받고 있다. 한편 작물의 수확을 감소시키지 않는 범위 내에서 농약을 줄일 수 있다는 연구들이 많이 보고되고 있어 농약을 최소한으로 줄이면서 그 사회적 비용을 줄이고 효율을 극대화하는 것이 필요하다.

농약을 사용하지 않으면 과연 우리 사회에 많은 손실을 가져올 것인가 하는 것에 대해서 객관적으로 파악할 필요가 있다. 스리랑카에서 실시된 연구에 의하면 자살용으로 많이 사용되는 일부 살충제를 금지시킨 것이 농작물의 감소나 생산비용을 증가시키지 않았다. 미국의 한 연구에서도 작물 생산의 감소 없이 곡물가격의 변화도 거의 없는 범위 내에서 농약 사용을 약 절반으로 줄일 수 있다고 보고한 바 있다. 따라서 농약을 완전히 사용하지 않는다는 것은 불가능하여도 최소한 현재 우리 사회에서 불필요하게 과도하게 사용되고 있는 농약이 존재하는 지는 충분히 고려해 보아야 할 내용이다.

농약 사용으로 인한 전체적인 사회적 비용의 규모를 파악하는 것은 농약 사용으로 인한 작물 증산의 직접적 이익뿐 아니라 보이지 않게 지출되는 사회적 비용을 파악한다는 의미에서 중요하다. 비용편익분석(cost-benefit analysis)은 이러한 평가를 위해 흔히 사용되는 방법으로서 모든 면을 금전적인 단위로 수량화하여 분석한다. 그러나 환경 및 건강영향들을 단순히 금액으로 수량화하는 것에는 많은 한계가 있다. 그리고 전체적인 비용을 평가하므로 누가 이득을 얻고 누가 손실을 보는지를 다루는 것은 무시될 수 있다. 만약 일부 집단이

■ **DDT 사용의 사회적 득실**

DDT를 계속 사용하여야 하는지 금지해야 하는지는 논란의 대상이다. DDT는 현재 많은 국가에서 잔류성, 환경호르몬, 발암가능성 등의 이유로 사용이 금지되었지만 말라리아 및 티푸스라는 질병으로부터 수백만 명의 생명을 살렸던 물질이다. 한편에서는 DDT가 갖고 있는 사회적 이득에 비하면 현재 제기되는 환경 및 건강영향의 규모는 매우 적을 것이기 때문에 DDT를 금지시키는 것 자체가 비과학적이며 말라리아로 죽어가는 제3세계 취약 계층에게 비윤리적이라고까지 비판하기도 한다. 따라서 올바른 판단을 하기 위해서는 DDT라는 농약의 이득과 사회적 비용 등을 체계적으로 분석하여 판단하는 것이 필요하다. 지금까지의 국제적 결론은 DDT 사용을 서서히 합리적으로 줄여나가는 것이 바람직하며, 다소 비싸더라도 가능한 범위에서 피레스로이드 계통의 살충제를 대신 사용하는 방법이 권장되고 있다. 궁극적으로 말라리아와 DDT 자체 두 가지 모두의 위험성으로부터 우리 사회를 지켜내기 위해 균형 있게 노력하는 것이 중요하다.

이익을 많이 얻더라도 전체 집단이 손실을 보게 된다면 윤리적 형평성의 문제를 불러일으킬 수 있다. 즉 농약 사용으로 이익을 보는 사람들과 피해를 보는 사람들이 따로 있는 경우 피해 보는 사람들에 대한 고려가 없이 사용을 권장하는 것은 불공평하게 된다.

2. 농약의 관리

1) 농약의 등록

농약을 등록하는 일은 우리 사회에 새로운 물질을 내놓는 것으로 매우 중요한 절차이다. 따라서 이에 대해서 각국은 엄격한 등록 제도를 통해 관리하고 있다. 또한 한번 등록된 농약이라고 하더라고 일정기간 후에 재등록 과정을 통해서 안전성을 다시 검정하는 과정을 밟는다. 이러한 등록 및 재등록 기준이 각 나라별로 약간씩 다르긴 하지만 분명한 것은 선진사회일수록 농약의 효용성 또는 실험적 평가보다는 인구집단에서의 건강영향을 우선적으로 고려하여 판단한다는 것이다.

우리나라에서는 농촌진흥청에서 제조회사 또는 수입업자가 제출한 각 농약 관련 시험성적에 근거하여 국내 사용에 대한 등록허가가 이루어지며, 재등록은 기존 농약들에 대해 10년마다 이루어진다(그림 6-1). 등록신청을 위해서는 각 농약의 이화학 분석성적서, 약효 · 약해 시험성적서, 인축독성 시험성적서, 환경생물독성 시험성적서, 잔류성 시험성적서 등의 자료가 구비되어야 한다. 독성 자료에는 급성, 아급성, 만성독성 시험결과를 비롯하여 발암성, 생식독성, 유전독성 등 자세한 실험적 결과들이 포함된다. 이러한 결과들을 종합하여 전문위원회의 심의 및 자문을 거쳐 등록에 대한 판단이 이루어지고 있다.

등록 과정에서의 동물 실험 결과는 각 농약의 중요한 독성정보를 주고 있는 것은 사실이지만 직접 사람에게 적용하여 해석하는 데에는 여러 한계점들이 있다. 우선 농업인의 경우 작업 시 유효성분 하나에만 노출되는 것이 아니라 비활성물질이 포함된 제품으로서 사용하고 있으며, 다른 농약을 비롯하여 유해물질에 동시 노출되는 경우가 흔하다. 노출의 형태도 실험실에서와 같은 단기간 노출이 아니라 수년 혹은 수십 년에 걸친 장기간의 누적 노출이다. 또한 동물실험 결과를 사람에게 적용하여 추론하는데 따르는 문제점 및 개인별 감수

〈그림 6-1〉 우리나라 농약 원제등록 절차

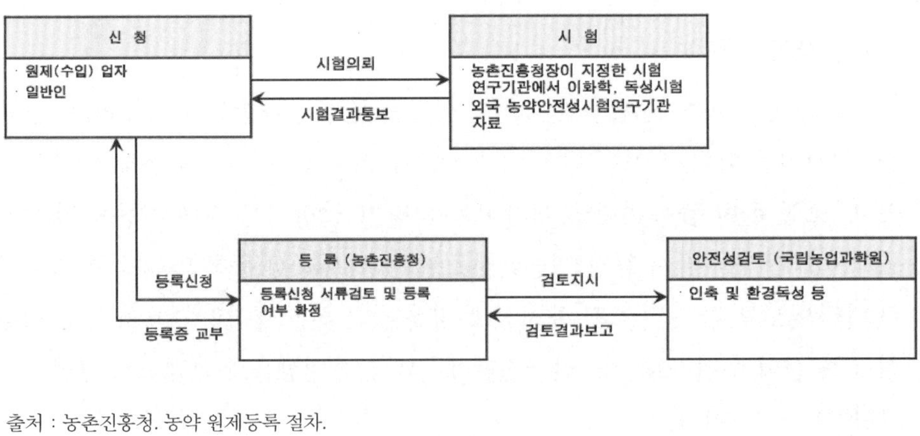

출처 : 농촌진흥청. 농약 원제등록 절차.

성의 차이로 인한 건강영향 등도 한계점으로 포함될 수 있다.

따라서 현재 등록된 농약이라 하더라도 사람에게 안전한 것이라고 단정하는 것은 매우 위험하다. 농약 등록 시에는 독성이 적은 농약이라고 판단되었어도 실제 노출되는 농업인에서는 발암위험성을 증가시키는 경우들도 있다. 또한 패러쾃 농약도 동물실험 결과에 근거하면 고독성이 아닌 보통 독성으로 평가되어 있지만 실제로 사람에게는 맹독성 이상의 독성을 보여 주고 있다. 따라서 기존의 동물실험을 근거로 한 독성 평가는 사람에 대한 독성에 근거해서 새롭게 평가가 이루어져야 한다고 주장되기도 한다. 이러한 차이는 등록과정에 문제가 있다기보다는 등록검사 때 검토하는 사항들과 판매된 후 농업인들에게 나타나는 건강영향들이 다르기 때문이다. 따라서 판매 후(post-marketing) 농업인 건강을 직접적으로 살펴 볼 수 있는 역학적 조사가 매우 필수적이다. 이를 통해서 농약 등록 전(pre-marketing)에 평가한 내용과 함께 보다 정확한 종합적인 농약의 안전성 평가가 이루어질 수 있다.

한편 미국의 농약 재등록 프로그램(Pesticide Reregistration Program)은 살균제, 살진균제, 살서제에 관한 연방법률의 개정에 의하여 1984년 11월 1일 이전에 등록된 모든 농약에 대하여 인간과 환경에 대한 영향을 검토하는 프로그램이다. 이 프로그램은 시판중인 농약들이 안전하게 사용되고 있는지를 평가하는 것으로 재검토에 필요한 자료에는 최초 등록 시의 독성학적 정보 이외에 시판 이후에 발생한 농약 중독 사례에 대한 내용이 포함된다. 검토를 거친 농약은 재등록 적합판정문(Reregistration Eligibility Decision)을 발부함으로써 지속적인 사용 가능성을 판정하며, 이러한 과정을 통해서 일부 농약의 유효물질들의 재등록이 철회되기도 한다.

농약의 등록 및 재등록을 담당하는 기관으로서 미국은 환경보호국에서 새로운 농약에 대한 평가, 기존 시판 농약의 안전성 검토, 농약 생산 기관을 등록하는 업무를 담당하며, 영국은 보건안전관리국에서 농약을 비롯한 화학물질의 등록, 평가, 승인 및 제한과 유럽연합의 분류에 따른 라벨 및 포장 규정을 관리하고 사용에 대한 교육과 인증 업무를 담당한다. 반면 일본은 우리나라와 비슷하게 농림수산성에서 농약 등록 업무를 주관하고 등록과정에서 후생노동성과 환경성이 관여하며 식품안전위원회가 의사결정에 관여하고 있다. 이러한 해외 사례들은 농약 등록 시 농약을 사용하는 부서만이 아니라 보건, 환경, 식품안전을 담당하는 여러 기관에서 많은 역할을 관할하며 평가에서도 보건학적 관점이 중요하게 고려되고 있음을 시사한다. 또한 재평가 및 재등록 시 그 과정과 결과를 보고서와 인터넷을 통해 상세히 공개함으로서 투명성을 증대시키고 대중의 참여를 중시하고 있다.

국제적으로 농약의 등록과 재등록에 관련된 여러 프로그램들이있다. 유엔식량농업기구(FAO)에서는 농약의 유통과 사용에 관한 국제실행규약(International Code of Conduct on the Distribution and Use of Pesticides)을 통해 각국 정부는 모든 가능한 정보와 자료에 근거하여 위험평가 및 관리를 농약등록 과정에 포함하여야 한다고 기술하고 있다. 이 규약은 식품의 안전성을 높이고 인간의 건강과 환경을 보호하기 위해 자발적으로 만들어진 규약으로 1985년 유엔식량농업기구에서 채택되었다. 이후 각 정부, 비정부기구, 농약제조사, 국제기구들이 함께 참여하여 2005년 개정된 규약을 발표하였으며 농약의 올바른 사용을 위한 국제적인 기본틀로서의 기능을 수행하고 있다. 이 규약은 12조항으로 이루어져 있으며 농약의 관리, 시험 평가, 건강과 환경 위험의 감소방안, 규제 및 기술적 요구사항, 유통과 무역, 정보의 교환, 라벨, 포장, 보관 및 폐기, 광고 등에 대한 내용을 포함하고 있다. 이 규약은 비록 강제성은 없지만 전 세계적으로 농약의 잠재적인 사회적 문제에 대한 인식과 농약을 법률적으로 관리하는 나라들을 증가시켰으며, 농약 관리에 있어서 비정부 기구와 농약제조사의 참여 그리고 병해충종합관리 대책 수행 등 긍정적인 기여를 해왔다.

국제적으로 농약을 규제한 시기는 각 나라별로 다르다. 〈그림 6-2〉에서 보듯이 미국에서는 1970년대에 대부분의 유기염소계 농약들이 사용금지 혹은 제한되었으나 유럽에서는 1981년에, 브라질에서는 1980년대 중반에 이러한 조

〈그림 6-2〉 농약 규제의 국가별차이

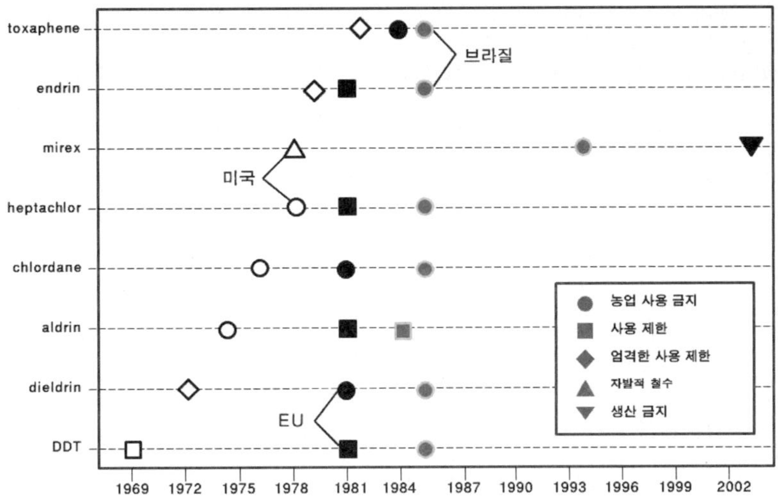

출처 : Porto MF et al. Double standards and the international trade of pesticides : the Brazilian case. *International Journal of Occupational and Environmental Health*. 2010.

치들이 각각 이루어졌다. 즉 미국은 사용을 제한하긴 하였지만 생산을 금지시킨 것은 아니며 유럽에서도 실제로 생산이 금지된 것은 2000년도 이후의 일이다. 이것은 선진국에서 만들어진 많은 유기염소계 농약들이 자국 내에서 사용이 금지된 이후에도 수십 년간 다른 나라에 수출되고 있었다는 것을 말해 준다. 이러한 시기적 차이는 농약의 국제무역에 대한 이중기준(double standard)을 나타내는 것으로 다른 화학물질에서도 존재하고 있는 국제적 논쟁 사항이다.

농약과 밀접한 관련이 있는 국제 협약으로 특정 농약 및 유해 화학물질의 생산과 사용을 규제하는 스톡홀름 협약과 특정 화학물질의 국제 간 교역을 규제하는 내용을 포함하고 있는 로테르담 협약이 있다. 스톡홀름 협약(Stockholm Convention on Persistent Organic Pollutants)은 잔류성유기오염물질(POPs; persistant organic pollutants)의 생산 및 사용을 금지하거나 감소시키기 위한 목적으로 만들어진 국제 환경 협약이다. 유엔환경계획(UNEP)이 중심이 되어

2001년 5월에 채택된 협약으로 처음에는 유기염소계 농약, 산업용 화학물질, 부산물 등 12개 물질이 대상이었으며 2009년 회의 때 일부 물질들이 추가되어 현재까지 aldrin, chlordane, dieldrin, endrin, heptachlor, hexachlorobenzene, mirex, toxaphene, PCBs, DDT, polychlorinated dibenzo-*p*-dioxins, polychlorinated dibenzofurans, α-hexachlorocyclohexane, β-hexachlorocyclohexane, chlordecone, hexabromobiphenyl, hexabromodiphenyl ether, heptabromodiphenyl ether, lindane, pentachlorobenzene, tetrabromodiphenyl ether, pentabromodiphenyl ether, perfluorooctane sulfonyl fluoride, perfluorooctane sulfonic acid와 그 염 등이 포함되어 있다.

로테르담 협약은 특정 유해화학물질 및 농약의 국제교역에 있어서 사전통보 승인에 관한 국제 규약으로서 정식명칭은 Rotterdam Convention on the Prior Informed Consent Procedure for Certain Hazardous Chemicals and Pesticides in International Trade이다. 이 협약은 유해화학물질의 사용으로 부터 인간의 건강과 환경을 보호하기 위해 특정 유해물질에 대해 국제교역에 있어서 상호간의 책임성과 협력을 강화하는 데 있다. 특히 개발도상국의 경우 화학물질의 사용과 수입을 적절히 감시하는 체계가 부족하지만 다국적 기업들이 진출되어 있는 경우들이 많다. 또한 선진국 기업들이 자국 내에서는 유통이 금지된 독성물질을 개발도상국에 수출하여 이를 사용한 국민들이 피해를 입는 경우도 많아 개발도상국들에서 더욱 큰 문제가 되고 있다. 이 협약은 1998년 체결되었고 2004년 2월부터 효력이 발효되기 시작하였으며 해당 물질로 등록되면 국제 교역 시 각 물질의 정보교환 및 등록 과정의 정보를 제공하는 등 수출입에 규제를 받게 되는 효과가 있다. 현재 이 규약의 적용을 받는 물질들은 32개의 농약 및 혼합물을 포함하여 총 39개이며 점차 관리 대상 물질을 넓히고 있다(표 6-3). 이 외에 패러콰 농약과 석면(chrysotile)도 포함 여부가 논의되고 있다.

〈표 6-3〉 로테르담 협약에 의해 사전통보승인이 필요한 화학물질들

구분	화학물질
농약	2,4,5-T 및 그 염과 에스테르, alachlor, aldicarb, aldrin, binapacryl, captafol, chlordane, chlordimeform, chlorobenzilate, DDT, dieldrin, dinitro-*ortho*-cresol과 그 염, dinoseb 및 그 염과 에스테르, 1,2-dibromoethane, endosulfan, ethylene dichloride, ethylene oxide, fluoroacetamide, HCH(mixed isomers), heptachlor, hexachlorobenzene, lindane, mercury 화합물, monocrotophos, parathion, pentachlorophenol 및 그 염과 에스테르, toxaphene, 모든 tributyltin 화합물
고독성 농약 혼합물	benomyl(7% 이상), carbofuran(10% 이상), thiram(15% 이상)의 혼합 분제, 리터당 methamidophos가 600g 초과 함유된 액제, 리터당 phosphamidon이 1000g 초과 함유된 액제, methyl-parathion이 19.5% 이상 함유된 유제 또는 1.5% 이상 함유된 분제
산업용 물질	asbestos(actinolite, anthophyllite, amosite, crocidolite, tremolite), polybrominated biphenyls, polychlorinated biphenyls, polychlorinated terphenyls, tetraethyl lead, tetramethyl lead, tris(2,3-dibromopropyl) phosphate

출처 : UNEP, FAO. *Rotterdam Convention on the Prior Informed Consent Procedure for Certain Hazardous Chemicals and Pesticides in International Trade.* 2011.

■ 농약 규제에 대한 농약회사의 영향(influence)

농약회사는 여러 가지 방법으로 농약 규제에 대한 정부의 결정에 영향을 주고 있다. 특히 국가기관의 농약 관련 부서에서 근무했던 담당자들을 채용하여 정부 규제 결정에 영향을 주고, 회사 자체 내에서 실시된 연구결과를 통해 농약에 대한 기준치를 상향 조절하는 등 다양한 방법을 통해 농약 제품의 생산과 소비를 촉진하기 위해 노력하고 있는 것으로 보고되고 있다. 단지 농약회사만이 아니라 미국에서는 담배회사들도 담배의 증산을 위해 잔류 농약 기준치 등 농약관리에 영향을 주어 왔던 것으로 알려졌다.

'몬산토'라는 책에서는 대표적인 농약 회사인 몬산토 기업을 역사적으로 자세히 분석하여 기업이 어떻게 정부의 규제 정책에 영향을 주었는지 정부-농약회사-연구자들 간의 이해관계 속에서 실감나게 보여 준다. 실제 몬산토 회사는 농약뿐 아니라 유전자 변형 농작물 종자를 만들어내는 다국적 기업으로 전환하면서 식품의 종자를 독점적으로 지배하여 특히 저개발국가의 농업인에게 많은 피해를 주고 있다.

간혹 농약과 악성종양과의 연관성에 대한 메타분석 논문들이 기업체들을 통해서 보고되고 있다. 이러한 결과들은 역학연구에서 존재할 수 있는 노출 평가의 불확실성과 양-반응관계의 부재 등을 강조함으로서 농약과 질병과의 연관성에 대해 제한점을 강조하고 있다. 물론 이러한 한계들을 극복하고 개선해 나가는 노력이 지속되어야 하겠으나 여러 이유를 근거로 기존 결과들을 불신하거나 평가 절하하려는 것은 기업체의 이윤과 관련된 의도적인 노력이라고 볼 수 있다.

2) 농약의 판매 및 사용

농약의 안전한 사용을 위해 농약사용자에 대한 안전교육 및 인증 프로그램은 중요하다. 우리나라에서도 고독성 농약의 경우 시군 농업기술센터에서 실시하는 농약 안전사용 교육을 받은 자에게만 판매하도록 되어 있다. 그러나 실제로는 잘 지켜지지 못하고 있어 현재 우리나라에서는 일반인들이 쉽게 농약을 구입할 수 있다. 우리나라의 경우 농약 등록에서의 문제보다도 농약의 사용에 대한 관리가 제대로 지켜지지 않는다는 것이 더 심각하다고 할 수 있다. 농촌뿐 아니라 도시에서도 농약이 자살 목적 수단으로 쉽게 사용되고 있으며, 사망원인통계에서도 농약중독으로 인한 사망자가 비농업인으로 분류된 경우가 많아 이를 뒷받침한다. 따라서 농약으로 인한 건강 문제를 해결하기 위해서는 농업인뿐 아니라 도시인을 대상으로 한 교육 및 홍보도 중요하다.

우리나라에서 농약병 및 포장이 마치 음료수와 같이 만들어져 있어 어린이들이 잘못 마시는 경우들도 보고되고 있다. 한국소비자보호원에 접수된 농약 관련 위해 사례들을 분석한 결과에 의하면 농약 용기가 음료수 병이나 의약품 등과 구분이 제대로 되지 않는 것이 사고의 주된 원인 중의 하나로 파악되었다. 따라서 혼동을 일으키는 포장 또는 광고는 금지되어야 하며 잘못된 포장과 광고 실태를 파악하는 것이 필요하다. 또한 농약을 식물보호제라는 용어로 바꾼 것 자체가 독극물로서의 농약에 대한 경계심을 무디게 만들 소지가 많다. 식물보호제는 작물회사들이 용어를 순화하기 위해 만들어 낸 이름이며 사람의 입장에서는 보호제가 아닌 생명체를 죽이거나 해하기 위해 만들어진 독극물이라는 것을 사회가 올바로 알아야 한다.

농업인이 농약을 올바로 사용하도록 유도하고 농약 관련 사고를 줄이기 위해서 농약 표시 형태를 농업인 요구에 맞게 개선할 필요도 있다. 농촌경제연구원 보고서에서는 이와 관련하여 글자 크기를 확대하고 이해하기 쉬운 표시 문구를 사용하여 연령이 많은 농업인들이 쉽게 알아볼 수 있도록 의무 기준을 설정하는 것, 농약콜센터를 운영하여 농업인의 농약 관련 애로 및 의문 사항에 대한 상담체계를 설치하는 것, 농약 관련 농업인 교육을 강화하기 위해서 농업기술센터, 농협, 농약 제조업체등에 역할을 분담하는 것, 농업인이 농약안전사용기준을 준수할 수 있는 제도적 장치를 강화하는 것 등이 제안된 바 있다.

외국에서는 농약의 판매, 교육 및 인증을 위해 다양한 프로그램을 운영하고 있다. 유엔식량농업기구에서는 교육 프로그램을 대상자에 따라 나누어 진행하고 있다. 즉 농작업자들에 대해서는 라벨내용 확인과 이해의 중요성, 피부를 통한 노출의 중요성과 기타 노출 경로, 농약 노출 누적효과의 위험성, 장기적인 건강영향에 대한 위험성, 농약 중독증상, 안전한 살포방법 등을 포함시키고, 농약판매자에 대해서는 라벨을 통한 농약위험등급 확인, 안전한 보관방법 및 운송방법, 농약병의 적절한 진열방법 등을 교육 내용으로 포함시킨다. 그 외 정부기관 담당자 및 의료인에 대한 교육을 위해서는 별도의 항목을 포함시킴으로서 대상자 특성에 맞는 효과적인 교육을 강조하고 있다. 세계보건기구와 유엔환경계획에서도 농약등록업무 수행자, 의료인, 일반 대중을 대상으로 한 각각의 교육 자료를 운영하고 있다.

미국에서는 농작업자 보호기준(Workers Protection Standard)을 설정하여 농작업자의 안전과 건강을 위한 고용주의 교육과 정보제공에 대한 의무를 기술하고 있다. 교육 대상은 농약취급자, 농약 살포 지역에 조기 진입하여 작업하는 사람, 최근 30일간 농약 살포한 지역에서 5일 이상 작업하는 사람을 대상으로 실시하며 교육 이수자에 대해서는 이수증을 수여한다. 한편 농작업자 보호기준에 따라 고용주는 농약의 살포 위치, 살포 농약 정보(상품명, 등록번호, 원제명), 살포 날짜와 시각, 살포 지역 출입제한 기간 등의 내용을 의무적으로 고지하여야 한다.

또한 미국 농림부와 미국 환경보호국에서는 농약 안전교육프로그램(Pesticide Safety Education Program)이라는 교육 프로그램을 운영하고 있다. 여기서는 사용이 제한되어 있는 농약에 대한 교육과 인증업무를 담당하고 있으며, 농업인 농약 살포자, 농약 살포 근로자, 공공 농약 살포자들에게 각각 자격증을 부여하고 있다. 캐나다 온타리오에서도 농약 살포자는 제한된 농약을 사용하기 위해서 농약 교육 코스를 이수하고 필기시험에 합격해야 하는 규정을 두고 있다. 미국에서는 이러한 농약 살포자 교육 및 자격증 제도 덕분에 미국농업인건강연구와 같은 전향적 코호트 연구를 성공적으로 수행할 수 있었다.

유럽연합에서는 회원국 정부들은 모든 직업적인 농약사용자가 적절한 초기교육과 지속적인 교육에 접근할 수 있는 기회를 제공해야 한다고 규정하고 있다. 또한 회원국들은 직업적 농약사용과 유통업자들에 대하여 인증 제도를 실시하며, 농약에 대한 안전의식을 고양하기 위해 농약사용이 인간과 환경에 미치는 위험에 대하여 대중적 의식을 높일 수 있는 노력을 하도록 권고하고 있다.

이러한 외국 사례들은 교육 시행 의무자의 명확한 규정이 필요하고 피교육자의 지위와 특성에 따라 알맞은 교육 내용이 필요하다는 것을 강조하고 있다. 우리나라도 이러한 사례들을 종합하여 사용자에 의한 오남용을 줄일 수 있는 방법들이 도입되어야 할 것이다.

3) 농약 중독자 파악

국제적으로 여러 나라들이 농약에 의한 중독 사례들을 파악하기 위한 프로그램들을 진행시키고 있다(표 6-4). 미국에서는 국립산업안전보건연구원에서 국제적으로 가장 잘 알려진 농약 중독 감시체계(SENSOR-pesticides)를 운영하고 있다. 이 프로그램에는 캘리포니아, 아이오와, 미시간, 뉴욕, 텍사스, 워싱턴, 애리조나, 플로리다, 루이지애나, 뉴멕시코, 노스캐롤라이나, 오리건 등 12개 주가 참가하고 있으며, 이들로부터 수집된 사례 자료를 이용하여 농약 중독사례 통합데이터베이스를 운영하여 체계적인 농약 중독 자료를 산출하고 있다. 수집된 농약 중독사례에 대해서 성별, 연령, 지역, 인종, 작업 상황, 업종분류, 직업분류, 농약분류 등 다양한 검색기능을 제공하며 이 데이터베이스를 통해 농약 관련 중독의 규모와 경향에 대한 활발한 연구들이 발표되고 있다.

캘리포니아 주에서는 독자적인 농약사례감시 프로그램(Pesticide Illness Surveillance Program)을 운영하여 농작업과 관련된 모든 건강 위해 사례를 수집하며 신고된 사례에 대해서는 자세한 조사를 통해 정보를 수집한다. 캘리포니아에서는 의사들이 농약의 종류와 노출 장소를 막론하고 모든 농약 관련 위해 사례를 지역의 보건부처에 신고하도록 의무화하고 있으며, 이러한 감시프로그램의 재정은 농약 판매세에서 조달하고 있다. 수집된 정보를 통해 농약중독 위험성이 높은 인구집단이 누구인지, 농약 고노출을 야기하는 작업이 무엇인지, 개별 농약물질과 건강문제의 관련 양상이 어떠한지, 농약 표시상의 문제 즉 라벨의 내용이 불분명하거나 부정확하지 않은지, 농약사용이 정해진 대로 이루어졌는지, 보호구를 바꾸어야 하는지 등 예방대책을 위한 사항을 파악하고 있다.

이러한 감시체계 자료를 통해서 미국 내 농약 중독에 대한 규모, 발생률, 중독의 양상 등에 대한 역학적 연구 보고들이 활발히 보고되고 있다. 또한 특정 연령(특히 어린이 및 청소년)과 특정 직업(농작업자, 농약 판매자, 응급 구조사, 항공기 승무원 등) 그리고 개별 농약에 대한 농약 중독 관련 연구들이 진행되고 있다. 그리고 농약 노출자의 자녀들에서의 선천성 이상 등과 같은 흔하지 않은 건강영향의 사례보고들도 감시체계를 통해서 효율적으로 파악되었고 이것은 선천성 이상에 대한 농약의 역할에 대한 향후 연구를 추진하는 계기가 되었다. 이처럼 감시체계는 농약 중독에 대한 보건학적 특히 기술역학에 중요한 기여를 하며 제도 및 교육적 차원에서의 예방활동에 대한 중요한 근거를 제공하고 있다.

농약 중독 감시체계는 중앙아메리카에서도 실시된 바 있다. 1994년부터 범미주기구(Pan American Health Organization)에서 주관이 되어 농약 중독이 많이 발생하는 중앙아메리카 7개 나라(벨리즈, 코스타리카, 엘살바도르, 과테

말라, 온두라스, 니카라과, 파나마)를 대상으로 PLAGSALUD(Occupational and Environmental Aspects of Exposure to Pesticides in the Central America Isthmus)라는 프로그램이 진행되었다. 이 프로그램 결과에 의하면 이들 7개 나라에서 매년 약 400,000명의 농약 중독자가 발생하고 그중 76%가 작업 관련성 중독임이 보고되었다. 또한 기존 자료에 근거한 농약 중독률이 매우 과소 보고되었다는 것을 알아낼 수 있었고 주민들에게 주로 문제가 되는 대표적인 12개의 개별 농약들도 파악할 수 있었다. 중남미 지역에서는 이 프로그램을 통해 각 나라의 농약 중독률이 감소되었고 정확한 농약 중독의 규모 및 위험인자를 밝히는 데 중요한 기능을 할 수 있었으며, 농약에 대한 교육, 연구, 관리에 대한 법제화에 많은 기여를 한 것으로 평가되고 있다.

유엔식량농업기구에서는 캄보디아, 베트남, 스리랑카, 인도네시아, 태국을 대상으로 지역사회 병해충종합관리 프로그램(Community Integrated Pest Management Program)을 실시한 바 있다. 이 사업의 목적은 농업인을 교육하고, 병해충종합관리를 통해 농업을 증진시키며, 교육을 이수한 농업인들로 하여금 농약의 사용을 줄이는 데에 있다. 이 프로그램의 일환으로서 농업인들의 자가 보고에 의한 농약 중독보고체계가 수행되었다. 농업인들이 농약을 살포할 때마다 살포 후에 나타난 증상을 자가 기록하도록 하였고 매주 자료를 수집하는 방식으로 진행되었다. 효과적인 자가 보고를 위하여 사전에 농업인들을 대상으로 신체의 부위별 그림을 이용하여 증상을 표시하게 하였으며 주관적 증상과 의학적 징후의 차이 등에 대한 교육도 이루어졌다. 이러한 과정을 통해 직업성 농약 중독 발생양상과 주로 사용하는 농약의 건강영향을 파악하였고 수집된 자료를 근거로 노출이 감소되도록 농약 살포 방식을 개선할 수 있었다.

그 외에 세계보건기구, 유엔환경계획, 국제노동기구가 공동으로 설립한 국제화학물질안전계획(International Programme on Chemical Safety)에서도 아시아 7개국—인도, 스리랑카, 태국, 미얀마, 네팔, 방글라데시, 인도네시아—을 대상으로 농약 중독감시 프로그램을 수행한 바 있다. 이를 통해 농약 중독의 정보 수집 시 표준화된 프로토콜과 용어를 사용하여 농약 중독 보고에 있어서 일정한 형식이 없기 때문에 발생되는 문제점을 보완하였다. 또한 농약 중독 기록지, 표준화된 환례정의, 그리고 중독 중증도 점수를 개발하고 검증하는 과정을 수행하였다. 이 프로그램을 통해 해당 국가에서의 농약 중독의 양상과 각 원인별 중증도의 분포를 확인할 수 있었고, 국가간 표준화된 농약 중독보고 체계를 도입할 수 있었다.

한편 남아프리카 공화국에서도 여러 국가행정기관이 협력하여 농약 중독 감시체계를 수행하고 있다. 이를 통하여 평상시보다 약 10배 이상 많은 농약 중독자들을 보고 하였고, 농약 중독의 중요한 원인이 농약 중독에 대한 이해부족과 농약사용의 부주의라는 것으로 파악하였으며 따라서 지역사회 내에서의 교육과 홍보를 강화하였다.

이러한 국제 사례들은 감시체계가 각 나라의 농약으로 인한 중독 예방을 위

〈표 6-4〉 국제적인 주요 농약 중독 감시체계

프로그램 이름	대상국가	주관기관	시작 연도
SENSOR[a]-pesticide	미국	미국 국립산업안전보건연구원	1988
PLAGSALUD[b]	벨리즈, 코스타리카, 엘살바도르, 과테말라, 온두라스, 니카라과, 파나마	범미주보건기구	1994
CIPM[c]	말레이시아, 베트남, 스리랑카	유엔식량농업기구	1999
IPCS[d]	인도, 스리랑카, 태국, 미얀마, 네팔, 방글라데시, 인도네시아	세계보건기구, 유엔환경계획, 국제노동기구	1998
농약 중독감시체계	남아프리카 공화국	보건부, 노동부, 가정복지부	1987

[a]SENSOR, Sentinel Event Notification System for Occupational Risks
[b]PLAGSALUD, Project on Occupational and Environmental Aspects of the Exposure to Pesticides in the Central American Isthmus
[c]CIPM, Community Integrated Pest Management
[d]IPCS, International Programme on Chemical Safety

해서 매우 필요하며 실제로 많은 성과가 있다는 것을 보여 주고 있다. 특히 농약 등록 시 평가과정에서 파악되지 못했던 농약의 사람에 대한 건강영향을 발견하는데 필수적인 역할을 한다. 또한 감시체계를 통해서 중독사례에 대한 상세정보(중독의 원인 농약, 중독 발생 상황 및 노출 환경 등)의 파악, 농약 중독의 군집 발견, 위험노출 인구집단 파악, 농약 중독의 임상적 특성과 경과 파악, 등록자・사용자 및 유통자에 대한 교육 및 홍보, 의료기관과 대중의 인식 증가 등 중요한 기능을 할 수 있다.

따라서 우리나라에서 농약 중독 감시체계를 설립하는 것은 중요한 과제이며 종합적인 분석을 통해 우리 상황에 맞는 감시체계 구축이 필요하다. 특히 우리나라에서는 외국과 같은 능동적인 감시체계 외에 건강보험 자료, 사망원인통계 자료, 퇴원손상심층조사 자료, 국가응급환자진료정보망 자료 등 다양한 2차 자료원의 장점을 활용하여 종합하는 수동적 감시체계 설정도 중요하다. 더 나아가 농약을 비롯한 전체 중독물질을 포괄하는 중독 감시체계의 설립이 중요하다.

■ 감시체계(surveillance)

세계보건기구에서는 공중보건 감시체계(public health surveillance, epidemiologic surveillance)를 '체계적이고 지속적으로 자료를 수집하고(collection) 조사하여(collation) 분석하고(analysis) 여기서 얻어진 정보를 보건사업을 직접 수행하는 담당자 및 관계된 사람들에게 전파하는(dissemination) 작업'이라고 정의하고 있다. 어떤 지역에서 특정한 질병이 어느 정도 발생하는지, 그리고 해당 질병 발생이 시간에 따라 어떤 추세를 보이고 있는지를 파악하는 것은 지역사회에서 질병의 예방 및 관리를 위해 필수적이다. 감시체계의 종류는 무엇을 감시하느냐에 따라 농약과 같은 유해물질의 감시에 초점을 맞춘 감시체계(hazard surveillance), 유해물질에 노출되는 정도를 감시하는 감시체계(exposure surveillance), 유해물질에 의한 건강영향을 감시하는 감시체계(outcome surveillance)로 나눌 수 있다. 농약 중독 감시체계는 세 번째에 해당되며 그 외에 농약자체 및 노출에 대한 감시체계도 중요하다.

3. 농약 노출 예방

1) 노출 감소 방법

농작업 시 농약 노출을 감소시키기 위해 여러 방법들이 적용될 수 있으며 이러한 내용들을 우선순위별로 정리하면 〈표 6-5〉와 같다. 우선 가장 근본적인 방법은 독성이 높은 농약의 사용을 원천적으로 금지시키는 것이다. 그 다음으로 독성이 상대적으로 약한 농약으로 대치하거나 향상된 장비를 사용함으로서 살포량 자체를 줄이는 방법이 적용될 수 있다. 이와 관련하여 농약 제조 및 관련 회사들은 독성이 약한 농약을 개발하거나 농약을 적게 살포하면서도 효율성을 높이는 장비 및 기술을 개발하는 중요한 사회적 역할을 담당할 수 있다. 그리고 농약 보관함 운영과 같이 위험물질을 격리시키는 것도 적용될 수 있으나 실제로 적용하기는 쉽지 않다. 또한 농약에 올바른 표시를 하고 안전 사용을 교육시키는 것도 농약 노출 감소를 위해서 중요한 방법이지만 상대적으로 효율성이 높진 않다. 작업자를 교대시키는 행정적 조치는 개인에서 노출의 기회를 줄여 줄 수는 있지만 전체 집단에서의 노출을 줄이지는 못한다. 따라서 바람직한 농약 노출 감소를 위해서는 〈표 6-5〉에서 첫 번째, 두 번째 혹은 세 번째 방법을

〈표 6-5〉 우선순위별 농약 노출 감소를 위한 방법

우선순위	방법
1	고독성 농약의 사용 금지
2	동일한 효과를 갖는 저독성 농약으로 대체
3	개선된 장비를 통한 농약 사용 및 노출 감소 (예, 저용량 살포 노즐)
4	농약을 사람으로 부터 격리 (예, 농약보관함)
5	농약 안전사용을 위한 제품 라벨과 살포자 교육
6	개인 보호구의 사용 증진
7	기관의 행정적 관리 (예, 교대작업)

출처 : Konradsen F et al. Reducing acute poisoning in developing countries- options for restricting the availability of pesticides. *Toxicology*. 2003.

적용하는 것이 우선적으로 권장된다.

보호구 착용이 농약 노출을 감소시키기 위해서 중요하지만 보호구만 착용하면 마치 안전한 것처럼 잘못된 인식을 갖는 것은 위험하다. 보호구 착용으로 많은 부분의 농약 노출을 예방할 수 있는 것은 잘 알려져 있지만 일부 농약은 보호구 착용에도 불구하고 여전히 체내에 노출되는 것으로 보고되고 있다. 따라서 보호구 착용은 먼저 독성이 강한 농약을 금지시키고 독성이 덜한 농약이나 대체가 가능할 때 교육과 함께 적용될 수 있는 마지막 단계의 방법이라고 할 수 있다.

또한 농업인에서의 농약 노출은 보호구 착용 등으로 감소시킬 수 있다고 하더라도 전체 농약 사용량이 감소하지 않으면 결국 가족이나 주변 환경을 통한 일반인에서의 노출 등은 여전히 줄어들지 않게 된다. 따라서 전체적인 농약 사용량을 감소시키는 것이 농업인뿐 아니라 사회 전체를 위해 중요하다. 이를 위해 농업인이 농약을 되도록 적게 사용하는 방식으로 농작업을 할 수 있도록 유도하는 것이 중요하다. 농약 노출 감소를 위해서는 다학제적으로 접근하는 것이 필요하며 단지 보호 장비를 무작위로 나누어 주는 보건사업은 바람직하지 않다.

농약의 안전 사용을 교육하는 것은 매우 중요한 일이다. 그러나 교육이 농약 노출 감소를 위한 행동으로 바로 이어지지 않는 경우가 많고 농업인들은 농약이 유해하다는 것을 이미 잘 알고 있는 경우도 많다. 따라서 교육보다도 농약 노출이 많이 될 수밖에 없는 구조적 상황들 즉 작업 조건, 사용 농약의 독성 및 가격, 보호구 및 장비 구입에 따른 경제적 부담, 세척시설 부족 등 더욱 중요하고 근본적인 문제들을 해결하는 것이 중요하다. 교육은 농약 노출을 감소시키기 위한 여러 방법들 중 한 부분이라는 것을 인식하는 것이 중요하며 교육만 강조하는 것은 바람직하지 못하다. 단순히 교육 및 보호구 착용을 강조하는 방식은 자칫 농약 관리에 있어서 우선순위를 잘못 설정하게 만들 수 있다.

■ **농약의 안전사용(safe use)**

농약의 안전사용은 자칫 농약을 보다 많이 판매하려는 상업적 방식으로 오용될 수 있어 결과적으로 우리 사회에 더 많은 농약을 사용하도록 한다. 또한 일부 국가들에서는(특히 개발도상국) 현실적으로 농약의 안전사용이 가능하지 않는 경우도 많다. 농약뿐 아니라 독성물질에 대한 안전사용에는 분명한 한계가 있기 때문에 위험성 자체를 감소시키는 것이 근본적으로 중요하다. 따라서 국제기구에서는 농약의 안전사용에 대한 교육과 더불어 병해충종합관리를 통해 농약 사용의 효율적인 감소를 동시에 권고하고 있다. 국제실행규약에서도 위험물질의 사용으로 인한 위험도에 대한 부정확한 인식을 피하기 위해 안전사용이라는 단어를 제외한 바 있다. 아무리 위험한 것이라도 안전하게 사용한다면 괜찮다는 접근은 적절하지 않으며 이것은 농약 사용을 오히려 권장하고 거기에 따른 책임은 안전하게 사용하지 못한 개인에게 귀결시키게 될 수 있다.

2) 병해충종합관리

병해충종합관리(Integrated Pest Management)란 환경 친화적인 지속가능한 방법으로 병해충을 관리하는 전략을 말하는 것으로 농약으로 인한 사회 및 보건학적 위험을 감소시키는 것을 목적으로 한다. 이를 위해서는 작물 및 병해충의 생리와 행동들을 파악하고 환경 친화적이면서 효율적인 병해충 방제 방법을 고안하며 이러한 효과들을 모니터링하는 것이 필요하다. 예를 들어 건물 내 병해충의 입구 및 교배 장소와 병해충의 먹이가 되는 음식물 찌꺼기를 없애고, 농약을 반드시 사용해야만 하는 경우에는 비살포성의 저독성 농약을 사용하는 등의 방법들이 적용될 수 있다. 이러한 개념 자체는 새로운 것이 아니며 이미 오래 전부터 단편적으로 사용되어 왔으나 1960-70년대 과도한 화학물질에 대한 우려가 구체화되었으며 국제기구를 비롯하여 많은 나라에서 권장되기 시작하였다. 이러한 관리는 단지 농약에 의한 건강영향에만 적용되는 것이 아니라 병해충을 감소시킴으로 인해 알레르기 및 환경성 질환의 감소에도 기여하고 있다.

병해충종합관리는 역사적으로 1950년대 후반 미국에서 종합관리(Integrated

Control)라는 내용으로 소개되었다. 당시 병해충 관리에 있어서는 화학적 방법과 생물학적 방법의 조화를 강조하였다. 작물 생산의 경제적 손실이 발생하지 않는 가장 낮은 농도의 병해충 농도(economic threshold)를 파악하여 이 정도까지만 화학농약을 사용하는 개념을 적용하였다. 이러한 개념은 1970년대까지 지속되었으며 1980년대로 넘어오면서는 농약을 사용하지 않는 전략들로 전환되기 시작하여 문화적 및 생물학적 방식들이 강조되었다. 현재 이야기되는 병해충종합관리의 내용은 1990년대 들어오면서 본격적으로 활발히 전개되기 시작하였으며, 최근에는 생태학적 병해충 관리(Ecological Pest Management)라는 개념—해충을 줄이고 작물은 증가시켜 궁극적으로 해충발생유행을 막고 저항성 있는 작물 생산 체계를 구축하는 것—으로 확대 발전하고 있다.

그동안 알려진 병해충종합관리의 방제 방법으로는 재배(栽培)적 방제, 숙주식물의 저항성 강화, 생물 공학적 방법, 화학적 방제, 식물검역 및 규제적 방제 등이 포함된다. 재배적 방제는 해충 서식을 억제할 수 있는 생태적 환경을 만드는 것으로 식물을 교대로 재배하는 방식 등이 포함된다. 이를 통해서 해충 발생 억제효과뿐만 아니라 지력 향상 및 종의 다양화, 시간 · 공간의 활용도 향상 등의 장점이 있다. 또한 파종 및 수확 시기를 조절함으로서 해충으로부터의 피해를 최소화하거나 토양 내 독성생물을 죽이는 태양열 소독(solarization) 및 병해충의 피해 작물 및 잡초 제거(phytosanitation)를 통해 해충이 퍼지는 것을 예방할 수 있다. 또한 숙주 식물의 저항성 강화는 병해충종합관리의 환경 친화적 개념에 있어서 중요한 요소로서 병해충에 대한 식물 고유의 보호기능을 갖게 해 준다. 또한 유전공학의 발전으로 병해충 저항성을 가진 다양한 품종개량이 이루어지고 있으며, 천적생물이나 바이러스를 이용하여 해충을 조절하는 방법들이 적용되고 있다. 화학적 방제는 농약을 사용하는 것을 의미하는 것으로 적절하고 절제된 농약사용을 강조한다. 그 밖에 식물의 수출입시 검역 및 규제를 강화함으로서 새로운 해충이나 질병이 유입되지 않도록 관리하는 것도 병해충종합관리의 한 부분이라고 할 수 있다. 그러나 구체적인 방법들은 각 상황별로 차이가 있을 수 있으며 하나의 일관된 정답이 있다기보다는 특성에 맞는 적합한 방법을 만들어 지속 가능한 작물 생산을 가능하도록 만드는 것이 중요하다.

병해충종합관리는 병해충을 효율적으로 관리하기 위해서 생태학적 접근을 강조한다. 즉 병해충종합관리의 목적은 병해충의 박멸(eradication)이 아니고 병해충의 농도를 농작물 생산의 손실을 입히지 않는 수준으로 유지(keeping)하는 것이다. 병해충의 생물학적 특성을 알면 농약을 사용하지 않거나 사용량을 줄이면서 병해충 발생을 효과적으로 예방할 수 있기 때문이다. 실제로 자연상태는 천적 등에 의해 병해충들의 균형이 조화롭게 이루어져 있어 병해충의 유행은 일반적이지 않은 현상이다. 따라서 이러한 변화를 과학적으로 잘 파악하면 매우 효율적이고 자연친화적으로 병해충을 관리해 나갈 수 있다.

병해충종합관리가 반드시 농약 사용을 감소해야만 한다고 생각하는 것은 잘못된 인식이다. 만약 농약 사용이 병해충으로 인한 손실을 효과적으로 줄일 수 있다면 농약을 적절하게 사용할 수도 있다. 병해충종합관리가 지향하는 정확한 표현은 농약의 무분별한(indiscriminate) 사용을 줄이고 다른 방법들과 함께 농약을 현명하게(judicious) 사용하는 것을 강조하는 것이다.

병해충종합관리 프로그램이 농작업에 적용되었을 때 〈그림 6-3〉에서와 같이 4가지 가능한 상황들이 존재할 수 있다. 즉 농약사용과 작물생산이 모두 증가되는 경우, 모두 감소되는 경우, 농약사용은 증가되나 작물생산은 감소되는 경우, 반대로 농약사용은 감소되나 작물생산이 증가될 수 있다. 전 세계 26개국에서 진행된 62개의 병해충종합관리 프로그램의 결과를 분석한 바에 의하면 60% 이상의 프로그램에서 평균 35%의 작물 생산량 증가와 72%의 농약사용 감소가 보고되었다(〈그림 6-3〉의 D영역). 10개 프로그램에서는 평균 45% 작물 생산량 증가와 24% 농약사용 증가(A영역), 일부에서는 농약사용은 많이(59%) 감소되었으나 작물손실이 조금(7%) 발생되었고(C영역) B에 해당되는 결과는 관찰되지 않았다. 이러한 결과는 농작업에서 병해충종합관리 교육과

〈그림 6-3〉 병해충종합관리 프로그램 전후의 농약 사용과 작물 생산량의 변화

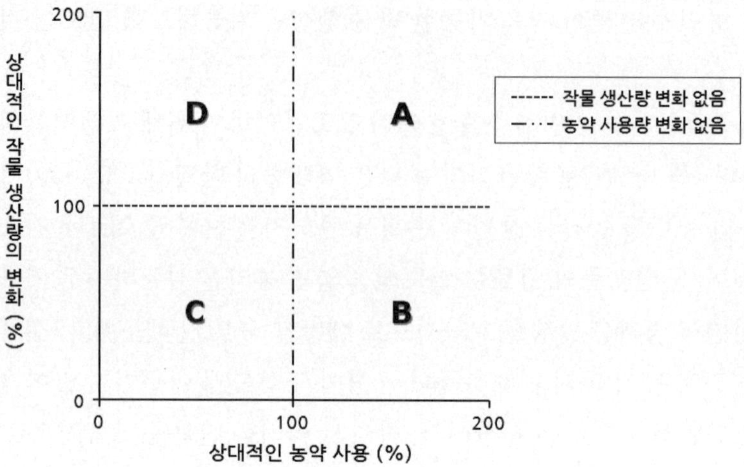

출처 : Pretty J and Waibel H. Paying the Price : The Full Cost of Pesticides. In : Pretty J, ed. *The Pesticide Detox : Towards a More Sustainable Agriculture*. Earthscan. 2005.

실행에 의해서 농약을 효율적으로 줄이면서도 작물 생산을 증가시킬 수 있다는 것을 보여 준다.

주요 참고문헌

권오복, 정은미, 이웅연. 《농약 표시의 문제점과 정책과제》. 서울 : 한국농촌경제연구원. 2009. http://www.krei.re.kr/kor/issue/report_list.php

농촌진흥청. 원제등록 절차. http://rda.go.kr

마리 모니크 로뱅. 《몬산토, 죽음을 생산하는 기업》. 경기 : 도서출판 이레. 2009.

Atreya K. Health costs from short-term exposure to pesticides in Nepal. *Social Science & Medicine*. 2008;67(4):511-9.

Choi Y, Kim Y, Ko Y, Cha ES, Kim J, Lee WJ. Economic burden of acute pesticide poisoning in South Korea. *Tropical Medicine & International Health*. 2012;17(12):1534-43.

Clapp RW, Jacobs MM, Loechler EL. Environmental and occupational causes of cancer : new evidence, 2005-2007. *Reviews on Environmental Health.* 2008;23(1):1-37.

Dhawan AK and Peshin R. Integrated Pest Management : Concept, Opportunities and Challenges. In : Peshin R and Dhawan AK, eds. *Integrated Pest Management : Innovation-Development Process.* New York : Springer. 2009:51-81.

Eddleston M, Adhikari S, Egodage S, Ranganath H, Mohamed F, Manuweera G, Azher S, Jayamanne S, Juzczak E, Sheriff MR, Dawson AH, Buckley NA. Effects of a provincial ban of two toxic organophosphorus insecticides on pesticide poisoning hospital admissions. *Clinical Toxicology(Philadelphia).* 2012;50(3):202-9.

Food and Agriculture Organization. *International Code of Conduct on the Distribution and Use of Pesticides.* Rome : Food and Agriculture Organization. 2005. ftp://ftp.fao.org/docrep/fao/009/a0220e/a0220e00.pdf

Konradsen F, van der Hoek W, Cole DC, Hutchinson G, Daisley H, Singh S, Eddleston M. Reducing acute poisoning in developing countries-options for restricting the availability of pesticides. *Toxicology.* 2003;192(2-3):249-61.

McDaniel PA, Solomon G, Malone RE. The tobacco industry and pesticide regulations : case studies from tobacco industry archives. *Environmental Health Perspectives.* 2005;113(12): 1659-65.

Moon EK, Son M, Jin YW, Park S, Lee WJ. Variations of lung cancer risk from asbestos exposure : impact on estimation of population attributable fraction. *Industrial Health.* 2013;51(1):128-33.

Murray D, Wesseling C, Keifer M, Corriols M, Henao S. Surveillance of pesticide-related illness in the developing world : putting the data to work. *International Journal of Occupational and Environmental Health.* 2002;8(3):243-8.

Pimentel D. Environmental and Economic Costs of the Application of Pesticides Primarily in the United States. In : Peshin R and Dhawan AK, eds. *Integrated Pest Management : Innovation-Development Process.* New York : Springer. 2009:89-111.

Porto MF, Milanez B, Soares WL, Meyer A. Double standards and the international trade of pesticides : the Brazilian case. *International Journal of Occupational and Environmental Health.* 2010;16(1):24-35.

Pretty J and Waibel H. Paying the Price : The Full Cost of Pesticides. In : Pretty J, ed. *The Pesticide Detox : Towards a More Sustainable Agriculture.* London : Earthscan. 2005:39-54.

Pruss-Ustun A, Vickers C, Haefliger P, Bertollini R. Knowns and unknowns on burden of disease due to chemicals : a systematic review. *Environmental Health*. 2011;10:9.

United Nations Environment Programme, Food and Agriculture Organization. *Rotterdam Convention on the Prior Informed Consent Procedure for Certain Hazardous Chemicals and Pesticides in International Trade.* United Nations Environment Programme, Food and Agriculture Organization. 2011.
http://www.pic.int/TheConvention/Overview/TextoftheConvention/tabid/1048/language/en-US/Default.aspx

U.S. Environmental Protection Agency. *Evaluation of the U.S. EPA Pesticide Product Reregistration Process : Opportunities for Efficiency and Innovation.* Washington, D.C. : U.S. Environmental Protection Agency. 2007.
http://www.epa.gov/evaluate/pdf/pesticides/eval-epa-pesticide-product-reregistration-process.pdf

Wickramasinghe K, Steele P, Dawson A, Dharmaratne D, Gunawardena A, Senarathna L, de Siva D, Wijayaweera K, Eddleston M, Konradsen F. Cost to government health-care services of treating acute self-poisonings in a rural district in Sri Lanka. *Bulletin of the World Health Organization.* 2009;87(3):180-5.

후기
afterword

1. 농약 연구의 과제

우리 사회에는 농약에 의해 급성 중독 및 만성 건강영향들이 많이 발생하고 있다. 그동안 농약으로 인한 건강 위험에 대한 규모와 연관성을 구명하기 위해 국내외적으로 다양한 형태의 보건학적 연구들이 실시되어 왔으며 사회적으로 의미 있는 결과들이 제시되고 있다. 우리나라에서 농약 노출로 인한 건강영향을 예방하기 위해서는 이러한 기존 국내외 연구들을 근거로 우리나라 상황에 적합한 우선순위를 설정하여 체계적으로 진행하는 것이 필요하다.

우선 농약은 많은 종류들이 있으며 성분이 계속 변화되고 있어 그동안 우리가 어떠한 농약에 얼마만큼 노출되었는지 그리고 앞으로 어떤 농약들에 노출될지 파악하는 것은 무엇보다도 중요하다. 이를 위해 농약에 대한 정보들이 종합적으로 구축되어야 하며 국가기관 및 농약 제조사들의 정보 공개 및 상시적인 관리가 필요하다. 또한 농약의 유효성분만이 아니라 사람들에게 실제 노출되는 비활성물질이 포함된 농약 제품의 건강영향을 평가하는 것이 보건학적 관점에서 중요하다.

급성 농약 중독은 우리나라에서 매년 수천 명 이상의 사망자를 발생시키는 규모가 큰 사회적 문제이다. 따라서 체계적인 감시를 통해 농약 중독 자체에 대한 발생 규모와 양상을 올바로 파악하는 것이 중요하다. 그리고 농약 중독자들에 대한 기존의 임상적 연구들과 함께 보건학적 연구를 통해 구체적인 예방대책을 마련하는 것이 필요하다. 이를 위해서는 농약 중독 환자들에 대한 역학적 접근이 연구계획 단계부터 접목되어야 한다. 또한 농약 중독 환자들에서의 생물학적 시료를 통한 분자 역학적 접근은 우리나라와 같이 상대적으로 중독 환자가 많으면서 의료체계 및 기술이 발달된 나라에서는 국제 경쟁력을 가질 수 있는 주제이다. 그리고 급성 농약 중독의 예방과 관리에 필요한 사회문화적 연구 및 적극적이고 광범위한 개입 연구가 시급히 필요하다.

농약의 노출 평가는 건강영향과의 연관성 평가를 위해서 중요하다. 특히 개별 농약에 대한 구체적인 정보를 확보하여 각 농약이 인구집단에 주는 건강영향을 평가하는 것은 농약 관리를 위해서 필수적인 부분이기도 하다. 우리나라에서 일부 진행되고 있는 환경 및 개인 농약 측정 자료를 보건학 및 역학적 관점과 연계하여 활용하는 것이 중요하다. 그리고 종합적인 농약 노출 평가를 위해서는 농약에 대한 직업적 노출 뿐 아니라 환경 노출을 포함시키는 것이 필요하다. 현재까지는 농약의 환경적 노출 자체를 평가한 연구가 부족할 뿐더러 그로 인한 건강영향에 대해서는 거의 조사되지 않았다.

한편 식품을 통한 환경 중 건강영향에 대해서는 일반 국민이 우려하는 수준에 비해서 건강영향 위험도가 크지 않은 것으로 판단된다. 그러나 다양한 환경적 노출에 대한 자료가 매우 부족한 상황이며, 특히 산모와 어린이 그리고 유전적 취약집단에게는 적은 양의 환경적 노출에 대해서도 지속적으로 감시하고 예방하여야 한다. 이를 위해 식품 및 기타 환경 요인에서의 농약 오염 정도를 직접 측정한 값과 개인별 노출량 평가를 포함한 종합적인 위해도 평가방식을 적용하는 것이 필요하다.

농약 노출에 의한 만성 건강영향들로서 많은 질환들이 연구되고 있으며 우리나라에서도 연관성이 의심되는 사례들이 간혹 보고되고 있다. 비록 인과관계에 논란이 있는 상황이지만 직업적 노출자들에게 만성질환의 위험도가 높다는 것은 기존 연구들이 뒷받침하고 있다. 따라서 만성 건강영향의 평가를 위해 우리나라 특성에 맞는 역학조사를 진행시키는 것이 중요하다. 미국농업인건강연구와 같은 대규모 코호트도 필요하지만 농업총조사와 같은 기존의 전국적인 농업인 조사를 잘 활용하는 것이 효율적일 수 있다. 이를 위해 일차적으로 간략한 형태로 전국적인 조사를 실시하고 보다 자세한 내용은 표본 농업인에 대해서 조사하는 2단계 연구가 적용될 수 있다. 또한 농약 노출 감소를 위한 개입 연구를 통해서 농업인들의 실질적인 건강향상을 도모하는 것이 중요하다. 이러한 관점에서 우리나라에서는 전향적 코호트 연구와 개입 연구가 결합된 모델이 심도 있게 추진되는 것이 필요하다.

또한 농약으로 인한 우리 사회에서의 질병 부담과 경제적 손익을 계산할 필요가 있다. 농약 사용으로 인해 곡물 생산량 증가에 따른 경제적 이득을 가져온 것은 사실이나 건강 및 환경에 소비되는 사회적 비용도 상당한 것으로 알려져 있다. 농약의 사용은 경우에 따라 불필요한 것을 넘어서 오히려 비경제적일 수도 있다. 이러한 연구들은 비록 많은 부분이 불확실한 가정에 근거하여 계산되기도 하지만 이를 통해 보다 객관적으로 농약의 사회적 필요성을 판단하는데 도움을 준다. 객관적인 자료에 근거하여 농약 사용으로 인한 사회의 이익은 최대화시키고 공중보건학적 비용은 최소화하는 균형 잡힌 판단이 필요하다.

농약이 사회에 도움을 주고 있는 것은 사실이지만 동시에 농업인을 비롯하여 일반 국민들에서 농약으로 인한 사망 및 질병을 발생시키는 것 또한 사실이다. 현실에서 농약 노출을 최대한 줄여 나가는 것이 필요하지만 농약을 완전히 없애는 것은 바람직하지 않을 수 있다. 농약을 반드시 필요한 경우에만 적합하게 사용하면서도 농약에 의한 건강영향을 예방하기 위해 다양한 노력들이 진행되어야 할 것이다. 이를 위해 우리는 농약에 의존된 편의 위주의 습관을 바꾸는 노력이 필요하다. 건강을 유지하기 위해서 규칙적인 건강생활이 가장 중요하고 질병에 걸린 경우에만 치료제를 사용하듯이, 우리 사회의 일상생활을 보다 지속 가능한 형태의 생활습관으로 변화시켜 나가며 꼭 필요한 경우에만 제한된 범위 내에서 농약을 사용하는 것이 중요하다. 궁극적으로 농작업을 포함한 우리의 일상생활을 보다 건강한 형태로 변화시켜 나가는 것이 우리가 지향해 나가야 할 방향이다.

2. 농약 관련 참고 자료원

1) 학회 및 학술지

농약과 건강에 대한 보건학적 내용은 기존 농업인 건강 또는 환경보건 영역의 학회에서 주로 다루고 있다. 농업인에 대한 환경과 건강문제를 연구하는 영역을 외국에서는 Agricultural Medicine, Agromedicine, Rural Health, 또는 Agricultural Health and Safety 등 다양한 이름으로 부르고 있다. 이들 학회 내에서 농약은 농업인 건강에 중요한 영향을 주는 환경 요인으로서 많이 다루어지고 있다. 가장 대표적인 학술단체로는 국제농촌의학회[International Association of Agricultural Medicine and Rural Health(http:// www.iaamrh. org)]가 있으며 3년마다 학술대회(International Congress on Rural Health and Medicine)를 개최한다. 또한 국제산업보건학회(International Congress of Occupational Health) 산하의 농촌건강 분과(Rural Health : Agriculture, Pesticides and Organic Dusts)에서도 농약을 포함한 농업인 건강 관련 활동을 담당한다.

전반적인 농업인 건강과 환경에 대한 주제를 학술적으로 가장 폭넓게 다루는 학회는 캐나다 Saskatchewan에서 4-5년마다 열리는 국제 심포지엄이라고 할 수 있다. 이 학회는 캐나다 University of Saskatchewan의 농촌 안전건강센터가 주관이 되어 미국 국립산업안전보건연구원 등과 함께 진행되는 북미지역 중심의 모임이지만, 다른 어떤 학회보다도 농약 및 농업 관련 분야를 광범위하고 깊이 있게 다루고 있다. 현재까지 6차례의 심포지엄이 이루어졌으며 2014년 10월에 7번째 모임이 개최될 예정이다. 한편 미국 내에서는 North America Agromedicine Consortium와 National Rural Health Association 등의 모임을 통해 농약을 포함한 농업인 건강 주제를 다루고 있다.

학술지로는 농약과 건강의 주제에만 특화된 학술지가 아직 따로 있지는 않으며 대부분 농촌의학 관련 잡지들 속에서 함께 다루어지고 있다. 이들 잡지들로는 Journal of Agromedicine(North American Agromedicine Consortium), Journal of Agricultural Safety and Health(American Society of Agricultural and Biological Engineers), The Journal of Rural Health(National Rural Health Association), Annals of Agricultural and Environmental Medicine(Institute of Agricultural Medicine, Poland), Rural and Remote Health(Deakin University, Australia), Journal of Rural Medicine(The Japanese Association of Rural

Medicine) 등이 있다. 그러나 이들 잡지 대부분은 아직 영향력 지수가 낮으며 일부는 자기 나라 결과를 위주로 발표하기도 한다. 따라서 농약과 건강 관련 연구를 실시하였다면 우선적으로는 환경 및 산업보건 또는 보건학이나 역학 잡지를 통해 보고하는 것이 바람직하다. 그리고 농약 노출과 특정 질환에 대한 연구를 실시하였다면 해당 질환을 다루는 학술지 예를 들어 암, 호흡기, 신경계 학술지 등에 투고하는 것도 좋다.

우리나라에서 농약 또는 농업인 건강과 환경문제를 다루거나 연관된 학회로는 농촌의학 · 지역보건학회를 비롯하여 직업환경의학회, 대한예방의학회, 한국환경보건학회, 환경독성보건학회 등이 있다. 한편 한국농약과학회와 한국환경농학회에서는 비록 보건학적 분야를 직접 다루지는 않지만 농약 자체에 대한 성분과 효과, 잔류 및 노출 등에 대해서 폭넓게 다루고 있다.

2) 서적

가장 대표적인 농약 관련 학술서적은 *Hayes' Handbook of Pesticide Toxicology* (Krieger R, Academic Press, 2010)라고 할 수 있다. 이 책은 농약의 독성학에서 관리 제도에 이르기까지 지금까지 보고된 농약 관련 내용을 가장 광범위하게 정리하였다. 그러나 농약의 급성 중독에 대해서는 자세히 기술한 반면 만성 건강영향을 살펴보는 역학적 내용은 부족하다.

그리고 Pretty J의 *The Pesticide Detox*(Earthscan, 2005)은 농약 사용으로 인한 사회적 영향과 병해충종합관리에 대해 다양한 사례와 깊이 있는 분석을 제공한다. 또한 Human Health Effects of Pesticides라는 제목으로 *Occupational Medicine : State of the Art Reviews* 1997년도에 특집으로 보고된 내용도 농약과 건강에 대한 유용한 참고 자료가 될 수 있다. 한편 보건학적 서적은 아니지만 *Encylopedia of Pest Management*(Pimentel D, CRC Press, 2002)는 농약 전반에 대한 용어 및 개념을 폭넓게 설명하고 있으며, Marrs TC와 Ballantyne B의 *Pesticide Toxicology and International Regulation*(John Wiley & Sons, 2004) 그리고 Matthews

G의 *Pesticides : Health, Safety and the Environment*(Blackwell Publishing, 2006) 등도 농약 관련 참고서적들이다. 그 외 농약을 부분적으로 포함하는 농업인 건강 관련 전문서적들로서 Lessenger JE의 *Agricultural Medicine : A Practical Guide* (Springer, 2006)와 Donham KJ와 Thelin A의 *Agricultural Medicine : Occupational and Environmental Health for the Health Professions*(Blackwell Publishing, 2006)이 있다.

한편 일반 서적들도 전문 학술 서적 못지않게 다양한 시각에서 농약 관련 내용을 깊이 있게 다루고 있다. 저자에 따라 다소 편향적 입장을 보이는 경우들도 있지만 환경과 건강이라는 큰 주제 속에 농약이 인간 사회에 미치는 영향에 대한 내용들을 폭넓게 파악하는데 도움이 된다. 이러한 책자들 중 국내에 번역된 것으로는 《침묵의 봄》(레이첼 카슨 저, 에코리브르, 2002), 《도둑맞은 미래》(테오 콜본 외 저, 사이언스북스, 1997), 《회의적 환경주의자》(비외른 롬보르 저, 에코리브르, 2003), 《내추럴리 데인저러스》(제임스 콜만 저, 다산초당, 2008), 《몬산토》(마리 모니크 로뱅 저, 이레, 2009) 등이 있다. 이 책들은 수많은 논문과 객관적 참고 자료를 근거로 일반인들이 보다 쉽게 농약을 포함한 환경보건에 접근할 수 있도록 작성되었다.

3) 웹사이트

웹을 통해서도 농약 관련 정보들이 다양하게 제공되고 있으며 참고할 수 있는 주요 사이트들은 다음과 같다.

- 농약과 건강(http://pesticides.kr) : 이 책의 내용 및 이 책에서 포함시키지 못한 농약에 대한 최신 보건학적 정보를 지속적으로 제공한다.
- 농촌진흥청 농약관리시스템(http://epmso.rda.go.kr) : 국내 농작업에서 사용되고 있는 농약의 등록 관련 내용 및 품목별 등록 현황을 조회할 수 있다.
- 농약 중독연구소(http://www.schmc.ac.kr/cheonan/honglab/index.do) : 순천향대학교 천안병원의 부설연구소로서 농약 중독에 대한 임상적 진단

과 치료에 대한 내용을 제공한다.

- 한국작물보호협회(http://www.koreacpa.org) : 농약 생산자 단체로서 국내에서 유통 중인 농약에 대한 사용지침서 및 병해충/잡초에 대한 정보들이 수록되어 있다.
- Agricultural Health Study(http://www.aghealth.org) : 미국에서 진행되는 국제적으로 가장 대표적인 농약과 건강 코호트 연구로서 연구의 진행 상황과 결과 그리고 최근 정보등을 제공한다.
- California Department of Pesticide Regulation(http://www.cdpr.ca.gov) : 미국 캘리포니아 주의 농약 담당부서로서 농약 등록, 인체 독성, 작업자 건강 및 안전, 농약 법률, 환경 중 모니터링 등의 내용들이 있다.
- Compendium of Pesticide Common Names(http://www.alanwood.net/pesticides/index.html) : 1,700개 이상의 농약 유효성분에 대해서 일반명, 화학명, 기능 및 화학적 분류, 분자식 등의 정보를 제공한다.
- IPCS Pesticide Data Sheets(http://www.inchem.org/pages/pds.html) : WHO와 FAO가 공동으로 제공하는 데이터베이스로서 각 농약 물질에 대한 기본적인 독성 및 안전사용에 대한 정보를 제공한다.
- National Pesticide Information Center(http://npic.orst.edu/index.html) : 미국 환경보호국과 오리건 대학교가 운영하는 센터로서 농약에 의한 건강영향 및 안전사용, 해충 관리, 농약 성분 및 독성, 농약규제 및 관리, 환경 중 농약 노출, 농약 중독시 신고에 대한 정보를 제공한다.
- Pesticide Action Network(http://www.panna.org) : 농약으로 인한 건강 및 사회문제를 해결하기 위해 설립된 비정부기구로서 농약과 관련된 다양한 내용이 포함되어 있다. 특히 PAN Pesticide Database(http://www.pesticideinfo.org)는 PAN North America에서 관리하는 농약 데이터베이스로서 농약 유효성분별 독성 및 중독 시 증상, 제품명 검색정보 등을 제공한다.
- U.S. EPA Pesticides(http://www.epa.gov/pesticides/index.htm) : 미국

환경보호국에서 운영하고 있는 사이트로서 농약 등록 및 유통 관련 프로그램, 농약 관련 법률 및 규제, 농약의 일반적인 사항, 농약의 안전사용, 건강 및 환경적 영향, 해충관리 등에 대한 정보를 제공한다.

찾아보기

이원진

고려대학교 의과대학 예방의학교실 및 보건대학원 교수

고려대학교 의과대학 졸업/예방의학 박사

예방의학/산업의학 전문의

건국대학교 의과대학 예방의학교실 교수

세계보건기구 국제암연구소(IARC) 환경역학부 연구원

미국 국립 암연구소(US NCI) 환경역학부 연구원

학술연구총서 · 77

농약과 건강의 보건학적 이해

초판발행 2013년 3월 5일
초판 1쇄 2013년 3월 5일
지은이 이원진
펴낸곳 고려대학교출판부
www.kupress.com
kupress@korea.ac.kr
136-701 서울특별시 성북구 안암동
02-3290-4230,4232
Fax 923-6311
찍은곳 한국컴퓨터인쇄정보

ISBN 978-89-7641-798-5 94510
ISBN 978-89-7641-352-9 (세트)

값 14,000원